統計ライブラリー

空間統計学

自然科学から人文・社会科学まで

瀬谷 創
堤 盛人
［著］

朝倉書店

まえがき

20 世紀における統計学の花形の一つと言える時系列解析で主眼が置かれる「時間」は，過去から現在，未来へと一方向に流れる．したがってそこでのモデルも，事象間の一方向の影響関係を前提に構築されている．これに対し，本書が主眼を置く「空間」では事情は複雑である．何故ならば，同一時点に存在する事象同士は，相互に影響を与え合うため，影響関係は双方向的となる．そのため，「空間」を対象とする独自の統計学：『空間統計学（spatial statistics)』が必要になる．今日の空間統計学の基礎となる理論は，1960 年代に遡ることができる．しかし，それが応用研究に広く使われるようになったのは 1990 年代以降であり，特に今世紀に入って花開いた学問であるとも言える．この大きな理由は，人工衛星の利活用が進み，従来の属性に加え「位置」という新たな付加価値を持つ情報の入手が容易になったことと，コンピュータの高性能化・低価格化が進み，事象間の双方向の影響関係をモデル化して計算することが容易になったことである．

しかしながら，我が国では空間統計学の手法を使った応用研究は，非常に限られているのが現状である．筆者らの経験上，この原因の一つは，学習のための適切な和書の教科書が存在しないために最初から洋書に当たらざるを得ず，特に研究を始めて間もない学生にとっては敷居が高くなってしまっていることにあると考える．このような実情を踏まえ本書は，空間統計学の“Lower the bar”を目的として，その理論と具体的なモデリング技法を可能な限り網羅的かつ丁寧に解説することを試みたものである．

ところで，空間データの統計分析については，いわゆる『地球統計学（geostatistics)』とは別の系譜として，『空間計量経済学（spatial econometrics)』と呼ばれる分野でも方法論が蓄積されてきた．後者については，その呼称から，経済学分野での適用のための手法という印象が強いかもしれないが，これは単に学問の発展経緯から名付けられただけであって，手法自体は空間データの分析手法として汎用的なものであり，実際生態学分野での適用も多い．

地球統計学と空間計量経済学は，それぞれ自然科学，人文・社会科学という異なる分野に端を発して発展したこともあり，互いの分野の研究を参照することは比較的少ない．したがって本書では，両分野のモデリング技法を，同一書籍の中で統一的に解説することを試みており，これは洋書を含めて，筆者らの知る限り恐らく初の試みとなる．これによって研究者や実務家は，それぞれが抱える空間データ分析に関わる課題を解決するヒントを，より広い選択肢から選ぶことが可能になると考える．本書の副題とした「自然科学から人文・社会科学まで」は，このような意図を込めて名付けたものである．

内容については，『空間統計学』というタイトルに恥じぬよう，適宜最新の研究知見を取り入れながら，筆者らが有する限りの知識で正確な記述を行うように努めたつもりである．レベル的には，学部レベルの統計学の知識があれば，本書の大半は理解可能であると考えている．また本書では，教科書としては異例の膨大な参考文献を収録している．この試みは，本書で基礎概念を習得するだけでなく，その後実際の課題に応用するにあたってのヒントとなる情報を，できるだけ多く提供したいという意図で行ったものである．

このような取り組みがどの程度読者の役に立つかについては，寄せられるご批判を待たなければならない．しかし，本書が少しでも，空間統計学の分野の発展に寄与できれば幸甚である．

最後に，本書の執筆にあたってご協力いただいた方々に，この場を借りて謝意を表したい．まず，本書を権威ある『統計ライブラリー』の一書として企画していただき，脱稿まで多大なご協力をいただいた朝倉書店編集部を始めとする関係の皆様，執筆の直接のきっかけを作っていただいた東京大学教授の清水英範先生に深甚なる謝意を表したい．また，本書に丁寧に目を通し，大小の誤謬を取り除いていただいた筑波大学不動産・空間計量研究室（堤研究室）の黒田翔氏，吉田崇紘氏，本書の実証パートの共同研究，図表作成でご協力いただいた同研究室の村上大輔氏，爲季和樹氏，研究室 OB の嶋田章氏（環境省）に感謝を申し上げる．無論，本書にありうべき誤謬・誤植については，すべて筆者らの責任である．

2014 年 2 月

瀬谷　創・堤　盛人

目　　次

第 1 章 はじめに

1.1 本書の内容

通常の統計学と，本書のタイトルとなっている「空間統計学（spatial statistics)」の違いは何であろうか．一言でいえば，空間統計学とは，位置座標をもったデータ，すなわち「空間データ」に関する統計学であり，データの空間的な側面を利用することで，統計分析を高度化し，信頼性を向上させようと試みる点に大きな特徴がある．

一つの例を考えてみよう．

今，ある地域の不動産物件 i の価格 y_i を予測するモデルを作りたいとする．不動産価格は，物件固有の要因，交通要因，周辺環境などのさまざまな要因から影響を受けるため，y_i を，これら考えうるさまざまな要因で説明する「回帰モデル」を用いるのが，統計学における標準的なアプローチである[1)]．しかし，不動産物件は，位置座標（経度・緯度）がわかっていることが多い．この位置座標を用いて，モデルの説明力を向上させることはできないだろうか？ここで登場するのが，空間統計学における中心的な話題である，空間データの「空間的自己相関（spatial autocorrelation)」と呼ばれる，「距離が近いほど事物の性質が似る（あるいは異なる)」という特性である．すなわち，近くに立地する物件は通常，価格が似通っていると考えられるため，近隣物件の価格情報をモデルに取り入れることで，物件価格 y_i の予測力を向上させることが可能であると考えられる（Brasington and Hite, 2005)．

Getis（2008）によれば，現在，空間的自己相関分析がもっとも盛んな分野

1) 経済学ではヘドニック・アプローチ（hedonic approach）と呼ばれる．

は，生態学や遺伝学である[2)]．しかし，空間統計学の適用範囲は非常に広く，他にも，地理学や地域科学[3)]，医学・疫学（Waller and Gotway, 2004），犯罪学（Townsley, 2009），画像解析・リモートセンシング（Curran and Atkinson, 1998），鉱山学（Journel and Huijbregts, 1978），土壌学（Goovaerts, 1999），気候分野（Elsner et al., 2011），水分野（Ver Hoef et al., 2006）などでさまざまな研究知見が積み重ねられている．

ここでまず，空間的自己相関分析の系譜を簡単にたどってみよう．

空間的自己相関分析に関する最初の事例としては，19世紀中頃のJohn Snowのコレラマップが挙げられることが多い．中谷（2008）によれば，Snowは，ロンドンのSoho地区において，コレラ患者の発生分布と水道ポンプの分布図を都市図に重ねて表示した疾病地図（disease map）を作成し，コレラ患者が，ブロードストリートの水道ポンプの周囲に集中して分布していることを突き止めた．これは，Robert Kochによるコレラ菌発見の30年も前のことであり，疾病の空間集積・空間的自己相関情報をマッピングすることで有用な情報を取得する，探索的空間データ分析（exploratory spatial data analysis）の最初の本格的事例であると評価されている．そのちょうど100年後，Moran（1948；1950）のI統計量やGeary（1954）のC統計量の開発によって，空間的自己相関の有無に関する定量的評価が可能になった．

1960〜70年代，計量地理学の分野では，空間的自己相関が，もっとも基礎的かつ重要な問題の一つと位置づけられ（奥野編，1996），空間データの分析モデリングのための知見が積み重ねられていった（例えば，Curry, 1966；Cliff and Ord, 1975）．その後，計量地理学の流れをくみながら，主に離散的な空間（市区町村等のゾーンなど）におけるデータ間の関係を扱う空間計量経済学（spatial econometrics）と呼ばれる学問分野が地域科学において発展し，現在では本流の計量経済学の雑誌にも多数の論文が発表されるなど，計量経済学の主要な一分野となっている（Anselin, 2010；Arbia, 2011）．空間計量経済

---

2) この分野における空間的自己相関研究を長年けん引したのは，Robert Sokalであり，彼の業績は，Diniz-Filho et al.（2012）によって丹念に整理されている．

3) 堤・瀬谷（2013）は，都市計画や，地域科学分野を中心に，空間統計学の実証研究を網羅的にまとめたものであり，空間統計学の手法がどのような使われ方をしているかを俯瞰するのに有用であると考える．

学の発展の一つの大きなきっかけになったのが，Anselin（1988）の出版であり，そこでは，空間計量経済学が，「空間的自己相関と空間的異質性（spatial heterogeneity）（地域の固有性や異質性）を扱う計量経済学の一分野」と定義されている．

一方，別の系譜として，自然科学の分野では，鉱山学に端を発し，地球統計学（geostatistics）と呼ばれる空間データを空間上での連続量として扱う学問分野が成立した（Matheron, 1963）．地球統計学では，空間データ間の依存関係を，距離の関数で直接記述するという直感的な方法がとられる．関数が同定されれば，任意地点と観測地点におけるデータ間の依存関係もそれを用いて表現できるため，任意の地点におけるデータの空間予測（spatial prediction）が可能になる[4]．これが，地球統計学におけるモデリングの大きな特徴である．地球統計学は，Cressie（1993）により空間統計学の主要な一分野として位置づけられ，学問として洗練の域に達しつつある[5]．

ここで，Cressie（1993）の分類に従えば[6]，空間データは，大きく，

［a］地球統計データ（geostatistical data）

［b］格子データ（lattice data）

［c］空間点過程データ（spatial point patterns）

に分類できる．このうち，特に［b］を守備範囲とする空間計量経済学の分野では，［a］の地球統計データのモデリングを扱う学問体系を指して，空間統計学という用語が用いられることが多い．一方，我が国では，空間点過程に関する研究者の層が厚いこともあり，［c］の空間点過程のモデリングを扱う学問体系に対して，空間統計学という呼称が用いられる場合もある（例えば，種村，2005）．しかしながら，空間統計学という名称の包括性を勘案すれば，Cressie（1993）同様，これら三つのデータの分析体系として定義するのが良いと思われる．そこで本書では，空間統計学を次のように広く定義することとしたい．

> 「空間データ（地球統計データ，格子データ，空間点過程）に関連する問題を扱う統計学の一分野」

---

4) 5.4 節参照.

5) 空間的自己相関を扱う学問分野の発展については，Getis（2008）に詳しい.

6) 詳しくは第 2 章で述べる.

これら空間データのうち，［b］の格子データの分析は，Besag（1974）などに代表される統計学の分野と，空間計量経済学の両者で発展してきた．前者のアプローチは，画像解析で用いられることが多いマルコフ確率場（Markov random field）と密接なかかわりをもつ．地球統計学・空間計量経済学の両者におけるモデリング技法には共通点が多いが，Anselin（1986）が，“each approach tends to be rather self-contained, with little cross-reference shown in published articles” と述べるように，発展経緯の違いもあり，互いの文献が参照されることは比較的少ない．これにより，同一のモデルに対し二つの分野で異なる呼称が用いられるといった混乱によるある種の相互参入障壁が存在しているのも事実である．

さて，空間統計学をこのように定義したとき，個別のデータのモデリングについては，地球統計データ：地球統計学研究会訳編（2003）（Wackernagel（1998）の邦訳），間瀬（2010），格子データ（特に空間計量経済学の観点から説明されたもの）：清水・唐渡（2007）の第4章，谷村・金（2010）の第5章，星野（2011），空間点過程データ：間瀬・武田（2011），種村（2005）などの邦書が存在するが，分野横断的な「空間統計学」に関する日本語で参照できるテキストが存在しないことに気づかされる．実際，筆者らも空間統計学についてはCressie（1993），空間計量経済学については，Anselin（1988）を用いて勉強したものである．唯一の貴重な例外として，オムニバス的に空間データの統計分析に関する重要なトピックを解説した古谷（2011）があるが，パラメータ推定法などの具体的な技法については，書籍の目的上説明が省かれている．

このような現状を鑑み，本書では両分野のモデル化の考え方やモデリング技法を可能な限り詳しく説明することを試みる．

なお，本書は，［a］～［c］のデータのうち，［a］と［b］のデータのみを対象とする．［c］の空間点過程については，筆者らはほとんど経験を有さないため，間瀬・武田（2001），Diggle（2003）などの包括的なテキストに譲ることをご容赦願いたい．また，本書は空間データ分析（spatial data analysis）に着目するものであり，領域自体の結合・分割などの解析を行う空間解析（spatial analysis）や，空間データの取得（サンプリング・デザイン）は対象としない．なお，空間統計モデルにおいては「距離」が非常に重要であり，その計算のためには，座標は緯度・経度のような度数ではなく，メートルなどの単位に変換しておく必要がある．例えば，UTM 座標や平面直角座標を用いることができる．空間統計学の書籍では，このような座標変換（地図投影法）に頁を割いているものも少なくないが（例えば，Banerjee et al., 2004），この点は紙面の都合上，政春（2011）に譲ることとしたい．

1.2 本書の構成

本書は，以下の六つの章から構成される．

第 1 章では，本書の内容について述べた．

第 2 章では，まず本書における空間データの定義について述べる．具体的には，空間データを［a］地球統計データ，［b］格子データ，［c］空間点過程に分類し，それぞれの特徴について解説を行う．続いて空間データの二つの大きな特徴である「空間的自己相関」と「空間的異質性」についての説明を行う．

第 3 章では，線形回帰モデルを用いて，本書の基礎となる回帰分析について説明する．なお，付録でより応用的な「一般化線形モデル（付録 A）」，「加法モデル（付録 B）」についても解説を行っているので，これらのモデルに馴染みのない読者は，あわせて参照していただきたい．無論，回帰モデルに詳しい読者は，本章を読み飛ばしても構わない．また，近年の空間統計モデルは，ベイズ統計学に基づく理論展開が行われることが多いため，その基礎については知っておくことが望ましい．これについては，付録 C で簡単な解説を行っている．

第 4 章では，空間的自己相関，空間的異質性の有無を統計学的に診断するための統計量と，そのための重要な道具である空間重み行列（spatial weight matrix（SWM））について説明する．

以上の第 1～4 章は，いわば準備の章であり，第 5 章および第 6 章が本書のメインの章となる．第 5 章では，［a］の地球統計データのモデリングについて，第 6 章では，［b］の格子データのモデリングについて，それぞれ適宜具体例を交えながら説明を行う．第 5，6 章はほぼ独立しているため，どちらを先に読んでも問題とならないが，第 6 章については，第 4 章の空間重み行列の知識が前提となっている．

本書を読み進めるにあたっては，初歩的な統計学と計量経済学の知識が備わっていることが必要となる．したがって統計学・計量経済学に馴染みのない読者は，本書を読まれる前に，浅野・中村（2009）などの教科書で事前学習を行っていただきたい．また，本書では紙面の都合上，途中の式展開を省略し，結果のみを示している箇所も多い．したがって本書で空間統計学に興味をもった読者は，Cressie（1993），LeSage and Pace（2009）などのさらに上級の教科書に進まれたい．

第 2 章
空間データの定義と特徴

2.1 本書における空間データの定義

地理空間情報に関するデータは，すでに我々の日常のいたるところで利活用されている．本書において地理空間情報とは，2007 年に成立した地理空間情報活用推進基本法に基づき，『空間上の特定の地点又は区域の位置を示す情報である「位置情報」又は/及びそれに関連付けられた情報』を意味することとし，以下，地理空間情報に関するデータを「空間データ」と呼ぶこととする[7]．また，以下本書では地理空間情報と地理情報を同義のものとして用いる．無論，空間データの定義方法は他にも多様なものが考えられる（例えば，Waller and Gotway, 2004, pp.38-39）．

地理情報システム学会編（2004）によれば，学問としての地理情報科学は，「地理情報を系統的に『処理』する方法，方法論，およびその適用方法を研究する学問」と定義される．ここで処理とは，

①地理情報を取得・構築すること

②地理情報を保存・管理すること

③地理情報を使って分析すること

④地理情報を総合すること

⑤地理情報を表示・伝達すること

を意味する．このうち本書は，特に③の地理情報を使った分析に着目するものである．

---

[7] 地理的な意味をもたない局所的な空間，例えば工業計測などが対象とするような空間において用いられるデータと明示的に区別するためには，本来は「地理空間データ」と呼ぶべきであるが，以下，本書では簡単に「空間データ」と称する．

現在，空間統計学に関するもっとも重要な書籍の一つは，間違いなくCressie (1993) であろう．これは，900頁にも及ぶ大著であり，長年この分野における「辞書」としての役目を果たしてきており，その第1章で空間データを [a] 地球統計データ，[b] 格子データ，[c] 空間点過程に分類している．本節はまず，これらのデータについて概説するところから始めたい．

今，実数全体の集合を $\Re$ とし，$\boldsymbol{s}\in\Re^d$ が，次元 d (通常 $d=2$ または 3)[8] のユークリッド空間における空間的な位置であるとし，$\boldsymbol{Y}(\boldsymbol{s})$ は，位置 $\boldsymbol{s}$ におけるランダムな量であるとしよう．このとき，空間過程[9] (spatial process) は，$\{\boldsymbol{Y}(\boldsymbol{s}):\boldsymbol{s}\in D\}$ と定義される ($D\subset\Re^d$ は領域を示す)．$d=2$ は2次元の空間座標 (例えば，平面直角座標の X 座標，Y 座標) に対応し，$d=3$ はそれに高さ方向 (例えば，標高) が加わった場合である．

前述の通り，空間データとは，「位置 + 属性」をもつ「データ」である．ここで，データという用語は，通常観測値 (observation) に対応するものとして用いられることが多い．本書では，空間過程 $\boldsymbol{Y}(\boldsymbol{s})$ の実現値，すなわち実際の観測値を，$\boldsymbol{y}(\boldsymbol{s})$ と表現することとする[10]．Cressie and Wikle (2011) は，$\boldsymbol{y}(\boldsymbol{s})$ に関連するデータモデル (data model (DM)) と，$\boldsymbol{Y}(\boldsymbol{s})$ に関連する過程モデル (process model (PM)) を明確に分けることで，明快に論を展開している．そこで本書では，DM と PM を明示的に使い分ける形で，3種類の空間データを次のように定義する．

[a] の地球統計データ $\boldsymbol{y}(\boldsymbol{s})$ は，領域 D を連続で固定された集合としたとき，領域中のいたるところで値をとりうる地球統計過程 (geostatistical process) $\boldsymbol{Y}(\boldsymbol{s})$ からの実現値であるとする．例えば，標高，気温データなどがこれに該当する．

[b] の格子データ $\boldsymbol{y}(\boldsymbol{s})$ は，領域 D を固定された集合としたとき，いくつかの離散的なサブ領域において値をとりうる格子過程 (lattice process) $\boldsymbol{Y}(\boldsymbol{s})$ からの実現値であるとする．例えば，市区町村などのゾーンで集計された社会経済

---

8) $d>3$ は，コンピュータ実験の分野で用いられることが多く，DiceKriging, KrigInv, MuFiCokriging といった R の各種パッケージが用意されている．

9) 確率場 (random field) と呼ばれることも多い．

10) Arbia (2006) は，$\boldsymbol{Y}(\boldsymbol{s})$ と $\boldsymbol{y}(\boldsymbol{s})$ を区別することの重要性について議論している．しかしながら応用研究においては，この点が意識されることは少ないように思われる．

データ	Geostatistical 地球統計データ	Lattice 格子データ	Point Patterns 点過程データ
領域：D	・固定（連続） ・無限標本の集合	・固定（離散） ・有限標本の集合	・変化 ・点分布
例	標高など，気温	各種社会経済/衛星リモートセンシング	犯罪密度分布/生物分布
図	Tsutsumi et al. (2011) 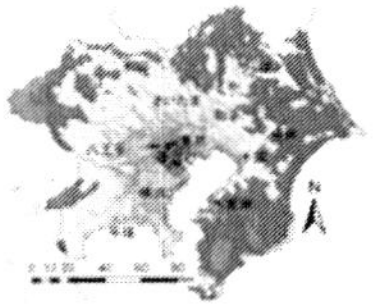	堤ら(2012a) 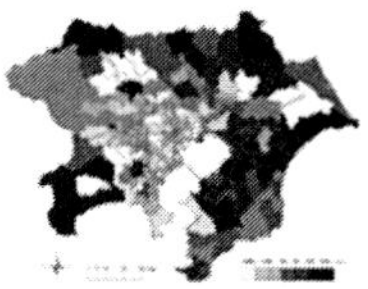	R "spatstat" パッケージより筆者計算（松の木の密度） 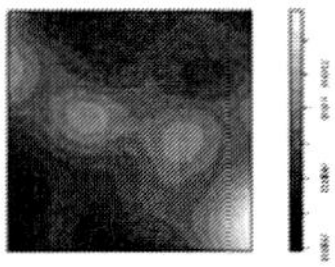

図 2.1.1　空間データの分類

データや，ピクセルを単位とした衛星リモートセンシング画像データなどがこれに該当する．

［c］の空間点過程データ $\boldsymbol{y}(\boldsymbol{s})$ とは，D 自体がランダムな場合に，ランダムに発生するイベントの位置に関する空間過程である空間点過程（spatial point process）からの実現値であるとする．

図 2.1.1 は，以上の説明を模式的に示したものである．なお，いくつかの定評のある標準的テキストのうち，Banerjee et al.（2004）は，［a］，［b］をそれぞれ点データ，面データと称しており，Schabenberge and Gotway（2005）は，［b］を，よりわかりやすく格子/地域データと併記している（他の分類名は同一）．ここで，観測地点を $\boldsymbol{s}_i(i=1, \cdots, n)$ としたとき，本書ではそこでの確率変数を $Y(\boldsymbol{s}_i)$ または Y_i，その実現値を $y(\boldsymbol{s}_i)$ または y_i と表すこととする．また，Cressie and Wikle（2011, p.18）に倣い，時間軸を導入した時空間過程（spatio-temporal process）は，t が $T \subset \Re$ 内を連続的に動くとき，$\{\boldsymbol{Y}(\boldsymbol{s}; t) : \boldsymbol{s} \in D,\ t \in T\}$，離散的に動くとき，$\{\boldsymbol{Y}_t(\boldsymbol{s}) : \boldsymbol{s} \in D,\ t \in T\}$ と表すことにする．

2.2　空間データの特徴：空間的自己相関と空間的異質性

空間データの特徴は，距離が近いほど事物の性質が似る（あるいは異なる）という「空間的自己相関」と，地域の固有性や異質性：「空間的異質性」にある．前者の意味ではしばしば，空間的依存性（spatial dependence）という用語も用いられる．無論，自己相関と依存性という言葉は同一ではないが，実際には両者ともに自己相関の意味で用いられることが多く，本書でも Anselin and Bera（1998, p.240）同様，両者は互いに互換的であるとして議論を進める．また，空間相関（spatial correlation）という用語が用いられることも多いが，異なる変数間の相関ではなく，同一変数における空間的な位置に起因する相関については，自己相関と呼ぶのがより厳密である（Getis, 2008）．

2.2.1　空間的自己相関

空間的自己相関は，図 2.2.1 に示すように，距離の近いデータが似たような傾向を示すという「正の空間的自己相関」と，距離の近いデータが非常に異なった値を示すという「負の空間的自己相関」に大別される．これらは，距離が近い事物はより強く影響しあうという Tobler（1970）の地理学の第一法則（first law of geography）として知られるものである．後者は，図 2.2.1 に示すようなチェッカーボード・パターンを示すものであり，必ずしも直感的な解釈が容易ではないが，例えば，森林や農作物の空間分布を考えたときに，必要とする養分の奪い合いが原因で，適切な間引きを行わなければ，負の空間的自己相関が発生する場合がある．負の空間的自己相関については，Griffith and

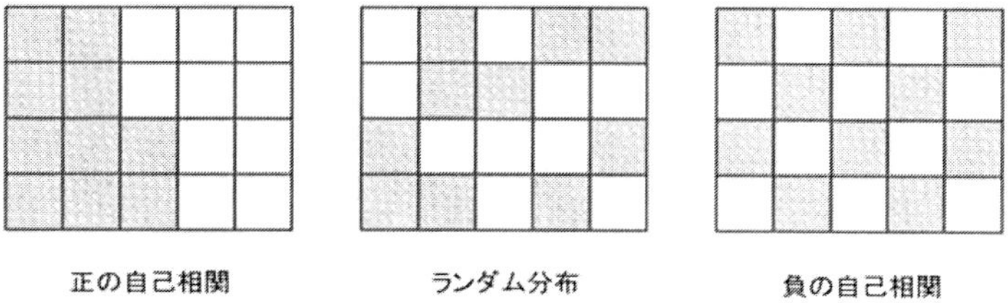

図 2.2.1　空間的自己相関のイメージ．白，黒はそれぞれ 1,0 をとる二値変数．

Arbia（2010）に詳しい．

数学的には，空間的自己相関は，次のような積率条件で表される（Anselin and Bera, 1998）．

$$Cov(y_i, y_j)=E(y_i y_j)-E(y_i)\cdot E(y_j)\neq 0, \qquad \forall i\neq j. \tag{2.2.1}$$

ここで，y_i と y_j は地点 $\boldsymbol{s}_i\in D$，$\boldsymbol{s}_j\in D$ におけるデータを示す．無論，式（2.2.1）が，「空間的な」自己相関であるのは，$\boldsymbol{s}_i$，$\boldsymbol{s}_j$ におけるデータ間の相関が 0 でないということに関して，空間構造，空間的な相互作用，空間的な位置関係という観点から意味のある解釈が可能な場合である（Anselin and Bera, 1998）．

我々の身の回りには，空間的自己相関を示すさまざまな事象が存在する．例えば，我が国の地価データとしてもっとも一般的な国土交通省による公示地価では，不動産鑑定士による鑑定の際，評価手法の一つとして，周囲の取引価格を参照しながら評価する取引事例比較法が用いられるため，結果として価格データに空間的な自己相関関係が発生する可能性が考えられる（堤・瀬谷，2010）．また，別の例として，深澤ら（2009）は，生態学の観点から，「生き物の生息している場所と生息していない場所がそれぞれ空間的に集中している，というようにある変数の値がお互いの距離に応じて連関をもっていること」として，空間的自己相関の定義を導入し，このような現象が発生する原因として，生物の移動分散能力が限られていること，環境要因が近い場所では特性が類似しがちなこと，種間競争，撹乱，捕食，生物地理学的な歴史，種分化などを挙げている．一方，空間疫学（spatial epidemiology）の分野では，疾病集積性の視覚化や検定に特に興味がもたれる．例えば，地域固有の食文化などによって，疾病ごとの発生リスクは地域によって異なることが知られているが，このようなリスクが空間的に集積している場合，正の空間的自己相関が存在することとなる．なお，疾病はイベント（個数）データであるため，空間集積性の検定には，特有の方法が必要である（例えば，Waller and Gotway, 2004；丹後ら，2007）．

ここで，空間的自己相関と時系列相関の違いについて簡単に述べておきたい．時系列の依存関係は，事前の現象と興味のある現象との間の因果連鎖が進行方向に沿っており，ある時点における現象はその時点より過去へは影響を与えないという考えに基づいてモデル化されるのに対し，空間的自己相関は，フィードバックを伴いながら，多方向に同時発生するという点にその特徴があ

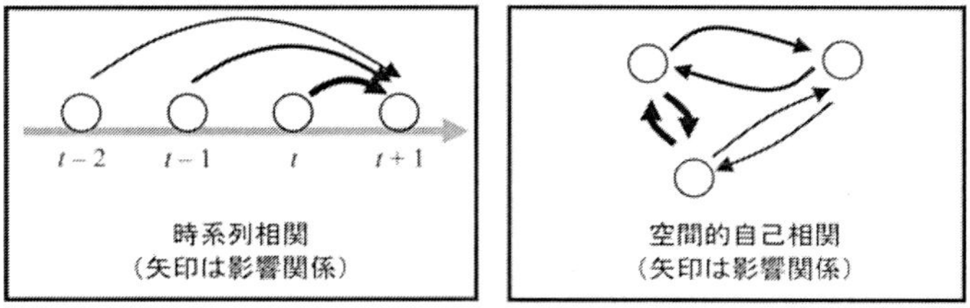

図 2.2.2　時系列相関と空間的自己相関（矢印の太さは，影響の強さを示す）

る（Anselin, 2006）（図 2.2.2）．詳しくは後述するが，この関係がモデルのパラメータ推定や予測などを複雑にする．

2.2.2　空間的異質性

空間的異質性は，主に統計モデルの観点から，モデル構造（関数形や回帰係数）が空間上で安定していない，すなわち構造上の不安定性と，観測誤差などにより，モデルの誤差項の分散が空間的に不均一となる，分散不均一性を指すものとして定義されることが多い（例えば，Anselin, 1988）．例えば，東京 23 区の不動産住宅市場を例にとって考えてみれば，田園調布，南麻布，南青山のような高級住宅街があちらこちらに点在し，不動産価格の空間的な均質性は明らかに満たされていない．したがって統計モデルを構築する際には，不動産市場を，いくつかの均質なクラスターに区分し（マーケットセグメンテーション（例えば，Islam and Asami, 2009）），それぞれにダミー変数を導入するといった工夫や，後述する地理的加重回帰（geographically weighted regression（GWR））モデルなどの空間的異質性を明示的に扱ったモデルの適用が必要となる．

ただし，クロスセクションでは，空間的異質性は，空間的自己相関と見かけ上区別できない場合が多い点には注意が必要である．例えば，回帰分析の残差が正の空間クラスターを形成しているとき，これは，空間的異質性（グループレベルの分散不均一）とも空間的自己相関（似通った残差の集積）とも解釈可能である（Anselin, 2001）．したがって，例えば空間計量経済学では，生じている問題にモデルの特定化を通じて構造を与え，モデルの妥当性を統計的に検定するというアプローチが用いられる（Anselin and Bera, 1998）．

第 3 章
数学的準備

空間統計学について説明する前にまず本章で，空間統計モデルの中心となる，回帰モデルの基礎について説明する．なお，第 5，6 章で登場する一般化線形モデル（generalized linear model），加法モデル（additive model）や，ベイズ統計学について，付録で簡単に説明を行っているので，あわせて参照されたい．特に近年の空間統計モデルの推定は，ベイズ統計学の理論に基づくものが多く，その基礎概念については理解しておくことが望ましい．実際，標準的なテキストの一つである Banerjee et al.（2004）や Diggle and Ribeiro Jr.（2007）では，全面的にベイズ統計学に依拠した理論展開が行われている．

3.1 変数の定義

本書において，スカラーは斜体細字 a，ベクトルまたは行列は $\boldsymbol{a}$ のように斜体太字で示している（小文字の場合も大文字の場合もある）．また，今 $\boldsymbol{a}$ を列ベクトル，$\boldsymbol{A}$ を行列としたとき，a_i は $\boldsymbol{a}$ の第 i 成分，a_{-i} は $\boldsymbol{a}$ から第 i 成分を除いたベクトル，$\boldsymbol{A}_i$ は $\boldsymbol{A}$ の第 i 行，A_{ij} は $\boldsymbol{A}$ の第 i 行 j 列成分，$\boldsymbol{A}_{-i}$ は $\boldsymbol{A}$ から第 i 行を除いた行列とする．さらに，$\boldsymbol{I}$ は単位行列，$\boldsymbol{1}$ は 1 からなる列ベクトル，$\boldsymbol{O}$ は 0 からなる正方行列，$\boldsymbol{0}$ は 0 からなる列ベクトル，$\boldsymbol{A}^{-1}$，$\boldsymbol{A}'$ はそれぞれ $\boldsymbol{A}$ の逆行列と転置行列を示すものとする．行列やベクトルの次元は，文脈から明らかな場合は省略するが，必要に応じて，n 次正方行列：$\boldsymbol{A}_{[n]}$ や，n 行 m 列の行列：$\boldsymbol{A}_{[n\times m]}$ と表記する．なお，数学的な表記は可能な限り，その標準形を示した Abadir and Magnus（2002）に従うこととしている．

3.2 線形回帰モデル

3.2.1 線形回帰モデルと古典的仮定からの違背

本書では，次式で示されるような線形回帰モデルを，「基本モデル」(basic model (BM)) と称して用いる．すなわち，基本モデルでは，位置$\boldsymbol{s}_i(i=1,\cdots,n)$におけるすべての観測値$y_i$について，次の関係が成立するとする．

$$y_i=\beta_0+\sum_{h=1}^{k-1}x_{h,i}\beta_h+\varepsilon_i. \tag{3.2.1}$$

ここで，y_iは従属変数，$x_{h,i}$（$h=1,\cdots,k-1$）は外生説明変数，β_0は定数項，β_hは$x_{h,i}$に対応する回帰係数であり，ε_iは誤差項である．式（3.2.1）を行列表現すると，次式が得られる．

$$\begin{pmatrix} y_1\\ y_2\\ \vdots\\ y_n \end{pmatrix}=\beta_0\begin{pmatrix} 1\\ 1\\ \vdots\\ 1 \end{pmatrix}+\begin{pmatrix} x_{1,1} & x_{2,1} & \cdots & x_{k-1,1}\\ x_{1,2} & x_{2,2} & \cdots & x_{k-1,2}\\ \vdots & \vdots & \ddots & \vdots\\ x_{1,n} & x_{2,n} & \cdots & x_{k-1,n} \end{pmatrix}\begin{pmatrix} \beta_1\\ \beta_2\\ \vdots\\ \beta_{k-1} \end{pmatrix}+\begin{pmatrix} \varepsilon_1\\ \varepsilon_2\\ \vdots\\ \varepsilon_n \end{pmatrix}, \tag{3.2.2}$$

または，$\boldsymbol{y}=\beta_0\boldsymbol{1}+\boldsymbol{x\beta}_1+\boldsymbol{\varepsilon}$.

ここで，$\boldsymbol{y}$はy_iからなる$n\times1$の従属変数ベクトル，$\boldsymbol{1}$は1からなる$n\times1$ベクトル，$\boldsymbol{x}$は$x_{h,i}$からなる$n\times(k\text{-}1)$の外生説明変数行列，$\boldsymbol{\beta}_1$はβ_hからなる$(k\text{-}1)\times1$の回帰係数ベクトル，$\boldsymbol{\varepsilon}$はε_iからなる$n\times1$の誤差項ベクトルである．$\boldsymbol{X}=[\boldsymbol{1}\,;\,\boldsymbol{x}]$，$\boldsymbol{\beta}=[\beta_0\,;\,\boldsymbol{\beta}_1']'$と置き直せば，

$$\boldsymbol{y}=\boldsymbol{X\beta}+\boldsymbol{\varepsilon}, \tag{3.2.3}$$

を得る．基本モデルにおいては，通常{ i }~{ iv }の四つが仮定される．

{ i } $\boldsymbol{X}$は確定的である．

{ ii } $\boldsymbol{X}$が与えられたとき，$\boldsymbol{y}$の条件付き期待値は$\boldsymbol{X\beta}$であり，$\boldsymbol{\varepsilon}$の期待値Eは$\boldsymbol{0}$である．すなわち，$E(\boldsymbol{\varepsilon}|\boldsymbol{X})=\boldsymbol{0}$が成り立つ．

{ iii } $\boldsymbol{X}$が与えられたとき，誤差項$\boldsymbol{\varepsilon}$は次式を満たす．

$$Var(\boldsymbol{\varepsilon}|\boldsymbol{X})=\sigma_\varepsilon^2\boldsymbol{I}_{[n]}=\begin{pmatrix} \sigma_\varepsilon^2 & 0 & \cdots & 0\\ 0 & \sigma_\varepsilon^2 & 0 & \vdots\\ \vdots & \ddots & \ddots & 0\\ 0 & \cdots & 0 & \sigma_\varepsilon^2 \end{pmatrix}. \tag{3.2.4}$$

式 (3.2.4) は，誤差項の均一分散性と共分散がゼロであることを含意する．

{iv} $\boldsymbol{X}$ の階数は k である．すなわち，$(\boldsymbol{X}'\boldsymbol{X})$ には逆行列が存在する．

{v} 上記の四つの他に，誤差項が正規分布に従うという仮定が置かれることも多い $(\boldsymbol{\varepsilon}\sim N(\boldsymbol{0},\ \sigma_\varepsilon^2\boldsymbol{I}_{[n]}))$．このとき，次式が成り立つ．

$$\boldsymbol{y}\sim N(\boldsymbol{X\beta},\ \sigma_\varepsilon^2\boldsymbol{I}_{[n]}). \tag{3.2.5}$$

仮定 {v} により，$\boldsymbol{\beta}$ の最小二乗（ordinary least squares (OLS)）推定量が正規分布に従うこととなり，その有意性に関する仮説検定を行うことが可能になる．

しかしながら，OLS 法によるパラメータ推定自体においては，この仮定は必ずしも必要ではない点には注意されたい．また，基本モデルにおいて $\boldsymbol{n}$ が十分大きいとき，OLS 推定量は仮定 {i}～{iv} の下で一致性と漸近正規性をもつ．したがって，仮定 {v} によらずとも，近似的な信頼区間を形成することができ，パラメータの有意性に関する仮説検定が可能となる．

基本モデルの OLS 推定量 $\hat{\boldsymbol{\beta}}_{ols}$ は，残差ベクトル

$$\hat{\boldsymbol{\varepsilon}}_{ols}=\boldsymbol{y}-\boldsymbol{X}\hat{\boldsymbol{\beta}}_{ols}, \tag{3.2.6}$$

の 2 乗和 $\hat{\boldsymbol{\varepsilon}}'_{ols}\hat{\boldsymbol{\varepsilon}}_{ols}$ を最小化するように決定される．最適化の一階条件より，$\hat{\boldsymbol{\varepsilon}}'_{ols}\hat{\boldsymbol{\varepsilon}}_{ols}$ を $\hat{\boldsymbol{\beta}}_{ols}$ で微分してゼロとおけば，次式の正規方程式が得られる．

$$\boldsymbol{X}'\boldsymbol{y}=\boldsymbol{X}'\boldsymbol{X}\hat{\boldsymbol{\beta}}_{ols}. \tag{3.2.7}$$

仮定 {iv} より $(\boldsymbol{X}'\boldsymbol{X})$ には逆行列が存在するため，$\boldsymbol{\beta}$ の OLS 推定量が次式のように求められる．

$$\hat{\boldsymbol{\beta}}_{ols}=(\boldsymbol{X}'\boldsymbol{X})^{-1}\boldsymbol{X}'\boldsymbol{y}. \tag{3.2.8}$$

また，$\hat{\boldsymbol{\beta}}_{ols}$ の分散は

$$Var(\hat{\boldsymbol{\beta}}_{ols})=E(\hat{\boldsymbol{\beta}}_{ols}-\boldsymbol{\beta})(\hat{\boldsymbol{\beta}}_{ols}-\boldsymbol{\beta})'=E(\boldsymbol{\varepsilon\varepsilon}')(\boldsymbol{X}'\boldsymbol{X})^{-1}=\sigma_\varepsilon^2(\boldsymbol{X}'\boldsymbol{X})^{-1}, \tag{3.2.9}$$

で与えられる．しかしながら，σ_ε^2 は未知であるので，σ_ε^2 を推定量

$$\hat{\sigma}^2_{\varepsilon,ols}=\frac{\hat{\boldsymbol{\varepsilon}}'_{ols}\hat{\boldsymbol{\varepsilon}}_{ols}}{n-k}, \tag{3.2.10}$$

で置き換えて $\hat{\boldsymbol{\beta}}_{ols}$ の分散推定量を得る．

$\boldsymbol{y}$ の当てはめ値（fitted valve）は $\hat{\boldsymbol{y}}=\boldsymbol{X}\hat{\boldsymbol{\beta}}_{ols}$ で与えられるため，これに式 (3.2.8) を代入すれば，$\hat{\boldsymbol{y}}=\boldsymbol{X}(\boldsymbol{X}'\boldsymbol{X})^{-1}\boldsymbol{X}'\boldsymbol{y}$ が得られる．ここで，$\boldsymbol{P}_X=\boldsymbol{X}(\boldsymbol{X}'\boldsymbol{X})^{-1}\boldsymbol{X}'$ は，$\boldsymbol{y}$ から $\hat{\boldsymbol{y}}$ を作る射影行列であり，(＾) に由来してハット行列と呼ばれる．同様に，$\boldsymbol{M}_X=\boldsymbol{I}_{[n]}-\boldsymbol{P}_X$ は，$\boldsymbol{y}$ から残差を作るオペレータ

（ここでは，射影行列）となっていることがわかる．これらのオペレータは，後述する制限付き最尤法（restricted maximum likelihood（REML）method）などにおいても重要となる．

仮定｛i｝～｛iv｝が成り立つとき，OLS 推定量は，最良線形不偏推定量（best linear unbiased estimator（BLUE））となり，この事実は，ガウス・マルコフ定理として知られる．しかし，残念ながら実証分析においては，これらの仮定がすべて満たされることは少なく，特に仮定｛ii｝，および｛iii｝からの違背が生じる場合が多い．したがって以下では，仮定｛ii｝，｛iii｝からの違背の帰結と，それへの対処策について説明する．なお，仮定｛iv｝については，完全な，多重共線性（multicollinearity）の原因となる説明変数を取り除くことで満足させることが可能である．

3.2.2 内　生　性

仮定｛ii｝からの違背，すなわち説明変数と誤差項の相関が生じた場合，OLS 推定量は一致性も不偏性ももたない．このような場合の例として，$\boldsymbol{x}$ が観測誤差をもつ場合，モデルから抜け落ちた除外変数がある場合（除外変数バイアス），$\boldsymbol{x}$ と $\boldsymbol{y}$ に同時性がある場合などが考えられる．この問題の対策としては，誤差項とは無相関であるが，説明変数とは相関をもつ操作変数（instrumental variables（IV））を利用してパラメータの一致推定量を求める IV 法や，その一般化である二段階最小二乗法（two stage least squares（2SLS）method），一般化モーメント法（generalized method of moments（GMM））を用いることが考えられる．これらの方法は，後述する空間計量経済モデルの代表的なパラメータ推定方法でもあるため，ここで簡単に説明しておく．

今，基本モデルに明示的に内生変数を導入し，次のように表現できるとしよう．

$$\boldsymbol{y}=\boldsymbol{X}\boldsymbol{\beta}+\dot{\boldsymbol{X}}\dot{\boldsymbol{\beta}}+\varepsilon. \tag{3.2.11}$$

ここで，$\boldsymbol{X}$ は定数項と外生変数からなる $n\times k$ の説明変数行列，$\dot{\boldsymbol{X}}$ は内生変数からなる $n\times l$ の説明変数行列とする．また，$\boldsymbol{\beta}$ は外生変数に対応する $k\times 1$ の回帰係数ベクトル，$\dot{\boldsymbol{\beta}}$ は内生変数に対応する $l\times 1$ の回帰係数ベクトルとする．ここで，$\dot{\boldsymbol{X}}$ は内生変数であるので，誤差項と相関をもってしまう（(Cov $(\varepsilon_i,\ \dot{x}_i\neq 0)$)．そこで，$\dot{\boldsymbol{X}}$ とは相関をもつが，誤差項とは相関をもたない操作変

数 $\boldsymbol{Z}$ を代わりに導入することを考える．ただし，$\boldsymbol{Z}$ の次数 p は識別のために内生変数の数 l 以上でなければならないことに注意が必要である．ちょうど $p=l$ であればこれを用いればよいが，$p>l$ の場合，過剰識別となるため，操作変数の数がちょうど l 個になるように操作変数の情報を集約する 2SLS 法を用いる必要がある．すなわち今，説明変数行列を $\boldsymbol{R}=[\boldsymbol{X}\,;\,\dot{\boldsymbol{X}}]$ と置き直したとき，2SLS 法では，$\boldsymbol{R}$ を誤差項と無相関な $\boldsymbol{S}=[\boldsymbol{X}\,;\,\boldsymbol{Z}]$ の張る平面上に射影して推定値 $\widehat{\boldsymbol{R}}$ を求め，次に $\boldsymbol{y}$ を $\widehat{\boldsymbol{R}}$ に回帰するという 2 段階の推定を行う．$\boldsymbol{S}=[\boldsymbol{X}\,;\,\boldsymbol{Z}]$ を用いて $\boldsymbol{R}$ と $\boldsymbol{\varepsilon}$ の相関を取り除き，誤差項と無相関な成分 $\widehat{\boldsymbol{R}}$ を用いて分析を行うという素朴なアイデアである．用いる操作変数が適切であれば，2SLS 推定量は一致性をもつ．これにより最終的に，2SLS によるパラメータ $\ddot{\boldsymbol{\beta}}=[\boldsymbol{\beta}'\,;\,\dot{\boldsymbol{\beta}}']'$ の 2SLS 推定量が次式のように得られる．

$$\widehat{\ddot{\boldsymbol{\beta}}}_{2sls}=(\widehat{\boldsymbol{R}}'\widehat{\boldsymbol{R}})^{-1}\widehat{\boldsymbol{R}}'\boldsymbol{y}, \tag{3.2.12}$$

$$Var(\widehat{\ddot{\boldsymbol{\beta}}}_{2sls})=\sigma_{\varepsilon}^2(\widehat{\boldsymbol{R}}'\widehat{\boldsymbol{R}})^{-1}. \tag{3.2.13}$$

ここで，$\widehat{\boldsymbol{R}}=(\boldsymbol{S}'\boldsymbol{S})^{-1}\boldsymbol{S}'\boldsymbol{R}$ である．ただし，σ_{ε}^2 は未知であるので，σ_{ε}^2 を推定量で置き換える．この値は，

$$\widehat{\boldsymbol{\varepsilon}}_{2sls}=\boldsymbol{y}-\boldsymbol{R}\widehat{\ddot{\boldsymbol{\beta}}}_{2sls}, \tag{3.2.14}$$

としたとき，（$\widehat{\boldsymbol{R}}$ でなくて $\boldsymbol{R}$ を用いることに注意），次式を用いて推定できる．

$$\widehat{\sigma}_{\varepsilon,2sls}^2=\frac{\widehat{\boldsymbol{\varepsilon}}_{2sls}'\widehat{\boldsymbol{\varepsilon}}_{2sls}}{n-k}. \tag{3.2.15}$$

2SLS 法における分散推定量は漸近的に得られるため，このように $(n-k)$ で割っても，n で割ってもどちらでもよい．2SLS 法は，後述するように代表的な空間計量経済モデルである，空間ラグモデル（spatial lag model（SLM））の推定法の一つとしても用いられる．

2SLS の一般化として近年使われることが多いのが，GMM である．まず，基本モデルを例にその特殊型であるモーメント法（method of moments（MM））について説明しよう．モーメント法とは，モデルが満たすべきモーメント条件を，標本モーメント条件で置き換えることでパラメータを推定する方法である．基本モデルにおけるモーメント条件は，説明変数と誤差項の無相関性，すなわち

$$E(\boldsymbol{X}_i' \varepsilon_i)=\boldsymbol{0}_{[k\times1]}, \qquad \forall i=1,\cdots,n, \tag{3.2.16}$$

である．ここで，$\boldsymbol{X}_i$は，$\boldsymbol{X}$の第i行成分を示す$1\times k$のベクトルであるため，条件式はk個となる．ベクトルで表現すれば，

$$E(\boldsymbol{X}'\boldsymbol{\varepsilon})=\boldsymbol{0}_{[k\times1]}, \tag{3.2.17}$$

である．これは標本モーメント条件で書き換えると，

$$\frac{\boldsymbol{X}'\varepsilon}{n}=\frac{\boldsymbol{X}'(\boldsymbol{y}-\boldsymbol{X\beta})}{n}, \tag{3.2.18}$$

で与えられる．この式が$\boldsymbol{0}$となることより，MM 推定量

$$\hat{\boldsymbol{\beta}}_{mm}=(\boldsymbol{X}'\boldsymbol{X})^{-1}\boldsymbol{X}'\boldsymbol{y}, \tag{3.2.19}$$

が得られ，OLS 推定量と一致することがわかる．

ここで，式（3.2.16）で示される基本モデルのモーメント条件をより一般的に，

$$E[\boldsymbol{h}(y_i, \boldsymbol{X}_i, \boldsymbol{\beta})]=\boldsymbol{0}_{[r\times1]}, \tag{3.2.20}$$

と書こう．ここで，$\boldsymbol{h}(y_i, \boldsymbol{X}_i, \boldsymbol{\beta})$は$r\times1$のベクトル値関数である．標本モーメント条件で置き換えれば，

$$\boldsymbol{h}_s(\boldsymbol{y}, \boldsymbol{X}, \boldsymbol{\beta})=\frac{1}{n}\sum_{i=1}^{n}\boldsymbol{h}_s(y_i, \boldsymbol{X}_i, \boldsymbol{\beta}), \tag{3.2.21}$$

となる．$\boldsymbol{h}_s(\boldsymbol{y}, \boldsymbol{X}, \boldsymbol{\beta})$もまた，$r\times1$のベクトル値関数である．求めるべきパラメータ$\boldsymbol{\beta}$の数$k$とモーメント条件の数$r$が一致すれば，基本モデルのケースのようにモーメント法によりパラメータを求めることが可能である．しかしながら，$r>k$の場合は式（3.2.21）を満たすようなパラメータが一般には存在しない．そこで，

$$\boldsymbol{h}_s(\boldsymbol{y}, \boldsymbol{X}, \boldsymbol{\beta})'\boldsymbol{V}\boldsymbol{h}_s(\boldsymbol{y}, \boldsymbol{X}, \boldsymbol{\beta}), \tag{3.2.22}$$

のような二次形式を最小化するパラメータを求めることを考える．これによって得られる推定量が，GMM 推定量である．GMM 推定量は，非常に一般的な条件の下で一致性と漸近正規性をもつことが知られている（Hayashi, 2000；Hall, 2005）．ここで，$\boldsymbol{V}$は，各条件に割り当てられる重みであり，Hansen（1982）は，一定の条件下では，次式を用いることによってGMM 推定量の分散の最小化が達成されることを示した．

$$\boldsymbol{V}=\left[\frac{1}{n}\sum_{i=1}^{n}\boldsymbol{h}(y_i, \boldsymbol{X}_i, \boldsymbol{\beta})\boldsymbol{h}(y_i, \boldsymbol{X}_i, \boldsymbol{\beta})'\right]^{-1}. \tag{3.2.23}$$

ただし，式（3.2.23）において$\boldsymbol{V}$の推定量を得るためには，$\boldsymbol{\beta}$の一致推定量を代入することが必要であるため，通常適当な初期値となる重み（単位行列など）を用いて$\widehat{\boldsymbol{\beta}}_{gmm}^{(0)}$を計算し，それを式（3.2.23）に代入して$\widehat{\boldsymbol{V}}^{-1}$を得たうえで最終的な GMM 推定量を得るという 2 ステップでの推定が行われる．以上説明した GMM を用いると，2SLS 推定量が GMM 推定量の特殊形であることが説明できる．

今一度，式（3.2.11）に戻ろう．今，操作変数を$\boldsymbol{Z}(n\times p)$と置くとき，$\boldsymbol{S}=[\boldsymbol{X}\,;\,\boldsymbol{Z}](n\times(k+p))$を定義する．このとき，基本モデルのモーメント条件式に，$\boldsymbol{Z}$に関するモーメント条件が追加されるため，次式がモーメント条件式として得られる．

$$E(\boldsymbol{S}'\boldsymbol{\varepsilon})=\boldsymbol{0}_{[(k+p)\times 1]}. \tag{3.2.24}$$

左辺を標本で置き換えると，

$$\frac{\boldsymbol{S}'(\boldsymbol{y}-\boldsymbol{R}\ddot{\boldsymbol{\beta}})}{n}, \tag{3.2.25}$$

が得られる．ただし，$\boldsymbol{R}=[\boldsymbol{X}\,;\,\dot{\boldsymbol{X}}]$，$\ddot{\boldsymbol{\beta}}=[\boldsymbol{\beta}'\,;\,\dot{\boldsymbol{\beta}}']'$である．$\ddot{\boldsymbol{\beta}}$の GMM 推定量は，

$$\boldsymbol{h}_s(\boldsymbol{y},\boldsymbol{X},\dot{\boldsymbol{X}},\boldsymbol{Z},\ddot{\boldsymbol{\beta}})'\boldsymbol{V}\boldsymbol{h}_s(\boldsymbol{y},\boldsymbol{X},\dot{\boldsymbol{X}},\boldsymbol{Z},\ddot{\boldsymbol{\beta}}), \tag{3.2.26}$$

$$\left(\frac{\boldsymbol{S}'(\boldsymbol{y}-\boldsymbol{R}\ddot{\boldsymbol{\beta}})}{n}\right)'\boldsymbol{V}\left(\frac{\boldsymbol{S}'(\boldsymbol{y}-\boldsymbol{R}\ddot{\boldsymbol{\beta}})}{n}\right), \tag{3.2.27}$$

の最小化によって得られる．$\boldsymbol{V}$は，

$$\boldsymbol{V}=\left(\frac{\sigma_\varepsilon^2\boldsymbol{S}'\boldsymbol{S}}{n}\right)^{-1}, \tag{3.2.28}$$

によって求められる．最適化の一階条件より，式（3.2.27）を$\ddot{\boldsymbol{\beta}}$で微分する操作を経て，GMM 推定量が，

$$\widehat{\ddot{\boldsymbol{\beta}}}_{gmm}=[\boldsymbol{R}'\boldsymbol{S}(\boldsymbol{S}'\boldsymbol{S})^{-1}\boldsymbol{S}'\boldsymbol{R}]^{-1}\boldsymbol{R}'\boldsymbol{S}(\boldsymbol{S}'\boldsymbol{S})^{-1}\boldsymbol{S}'\boldsymbol{y}, \tag{3.2.29}$$

によって与えられる．この式が，2SLS 推定量と同一であるのは明らかであろう．また，漸近分布についても，2SLS 法によるものと一致する．以上 GMM について簡単に説明したが，さらなる詳細については，Hayashi（2000）などを参照されたい．

3.2.3　誤差項の空間的自己相関と分散不均一

次に，仮定｛iii｝からの違背について検討する．誤差項が均一分散性あるいは無相関性を満たさない場合，両ケースとも OLS 推定量は不偏ではあるが，有効性（最小分散性）はもたなくなる．特に空間データの場合，その特徴である空間的自己相関によって，無相関性が成り立たない場合は多い．今，基本モデルを，

$$\boldsymbol{y}=\boldsymbol{X}\beta+\boldsymbol{u}, \tag{3.2.30}$$

$$Var(\boldsymbol{u})=E(\boldsymbol{u}\boldsymbol{u}')=\boldsymbol{\Sigma}, \tag{3.2.31}$$

$$\boldsymbol{\Sigma}=\begin{pmatrix} Var(u_1) & Cov(u_1, u_2) & \cdots & Cov(u_1, u_n) \\ Cov(u_2, u_1) & Var(u_2) & \cdots & Cov(u_2, u_n) \\ \vdots & \vdots & \ddots & \vdots \\ Cov(u_n, u_1) & \cdots & \cdots & Var(u_n) \end{pmatrix},$$

のように拡張する．ここで，$\boldsymbol{\Sigma}$ は分散共分散行列と呼ばれる，対角項に分散，非対角項に共分散をとった行列である．$\boldsymbol{\Sigma}\neq\sigma_\varepsilon^2\boldsymbol{I}$ でなければ，OLS 推定量は BLUE とならず，その標準誤差推定量はバイアスをもつため，無理に OLS 法を用いると，仮説検定において誤った結果を生み出してしまう．しかし一方で，$\boldsymbol{\Sigma}$ の構造が既知であれば，一般化最小二乗法（generalized ordinary least squares（GLS）method）により，$\boldsymbol{\beta}$ の BLUE が

$$\hat{\beta}_{gls}=(\boldsymbol{X}'\boldsymbol{\Sigma}^{-1}\boldsymbol{X})^{-1}\boldsymbol{X}'\boldsymbol{\Sigma}^{-1}\boldsymbol{y}, \tag{3.2.32}$$

と得られる．無論，通常 $\boldsymbol{\Sigma}$ は未知であり，何かしらの仮定を置いて $\boldsymbol{\Sigma}$ の $n\times n$ の要素を定める必要がある．通常，$\boldsymbol{\Sigma}$ を生み出すメカニズムが知られているわけではないので，モデル同定は，システム同定でいうブラックボックス・モデルとならざるをえない．

図 3.2.1 は，Tsutsumi and Seya（2008）において，1999 年のつくばエクスプレス（TX）周辺の地価（公示地価）の自然対数を，いくつかの説明変数に回帰してパラメータを OLS 推定し，得られた残差をプロットしたものである．

この図をみると，明らかに正の残差，負の残差が空間的に偏在し，残差の空間的自己相関が存在する様子が見て取れよう．無論，除外変数バイアスを避けるためにも，このような空間的自己相関をもたらす要因は，可能な限りモデルに取り込まれる必要がある．しかしながら実際には，従属変数に影響を与える要因をすべてモデルに取り入れることは，データの利用可能性や費用の観点か

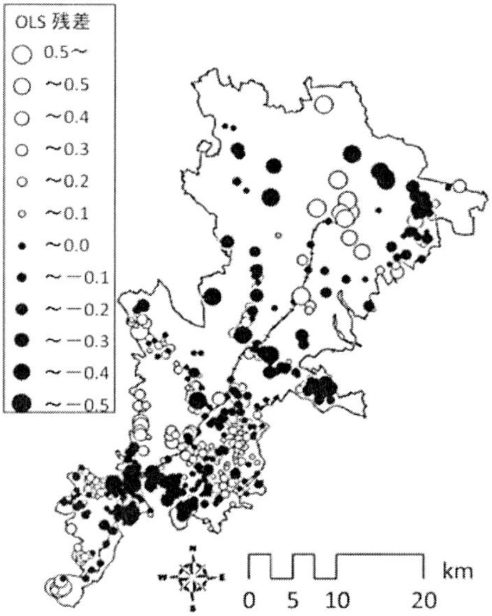

図 3.2.1　OLS 残差の空間的自己相関の例

ら困難であり，何らかの方法で分散共分散行列を構造化する必要がある．

図 3.2.1 をみれば，分散共分散行列の要素 $Cov(u_i, u_j)$ を，$\boldsymbol{s}_i$，$\boldsymbol{s}_j$ 間の距離 d_{ij} の関数を用いて与えるというのが，一つの自然なアイデアであるといえる．ごく簡単にいえば，地球統計データのモデリング（地球統計モデル）では，分散共分散行列を距離の関数で直接構造化し，格子データのモデリング（空間計量経済モデル）では，時系列モデルを援用した誤差項間の依存関係のモデル化（例えば，自己回帰型や移動平均型）を通して，分散共分散行列を間接的に構造化する．なお，これらは，基本的には空間的自己相関の考慮法であるが，近年，分散不均一・空間的自己相関を同時に考慮する方法も発展してきている（Kelejian and Prucha, 2007a；2010；Opsomer et al., 1999）．

第 4 章
空間重み行列と空間的影響の検定

4.1 空間重み行列

4.1.1 空間重み行列の必要性

第 3 章では，回帰モデルの残差に空間的自己相関・空間的異質性が存在すると，パラメータの標準誤差推定量にバイアスが発生することを説明した．離散的に得られる観測値や残差に，空間的自己相関や空間的異質性が存在するか否かを統計学的に検定するためには，以下で述べる空間重み行列（SWM）と呼ばれる道具が広く用いられている．

4.1.2 空間重み行列の定義

空間重み行列は，データ間の空間的自己相関に対処するための，便利でわかりやすい道具である．ここでのデータとは，観測値そのものでもよいし，回帰モデルから得られる残差でも構わない．まず，空間重み行列をややフォーマルに次のような定義で導入する．

$n\times n$ の空間重み行列 $\boldsymbol{W}$ は，地域/地点 $i(i=1,\cdots,n)$ と依存関係にある地域/地点からなるラベル集合（近傍集合）を S_i と定義したとき，i と $j\in S_i$ ($j=1,\cdots,n$) の関係を記述するためのものであり，地域/地点 i, j におけるデータ y_i, y_j に依存関係があれば（$j\in S_i$），その要素を，$w_{ij}\neq 0$ で与え，依存関係がなければ（$j\notin S_i$），$w_{ij}=0$ とする．

以下，より具体的な例を示そう．今，図 4.1.1 のような，五つの地域 {1, 2, 3, 4, 5} からなる簡単な場合を考える．各地域の中心点の座標[11]は，それぞれ

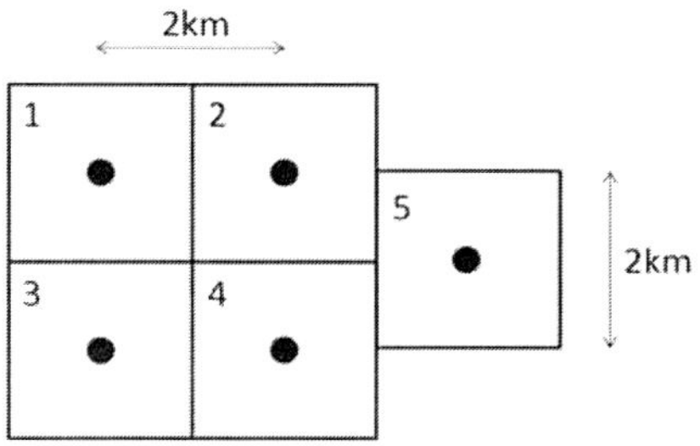

図 4.1.1　仮想地域

$\boldsymbol{s}_1, \boldsymbol{s}_2, \boldsymbol{s}_3, \boldsymbol{s}_4, \boldsymbol{s}_5$ で与えられるとする．ここで例えば，地域 1 にとって，依存関係にある地域が 2 のみであれば，地域 1 の近傍集合は $\{2\}$ となり（$w_{12}\neq 0$），残りの $\{3, 4, 5\}$ は近傍集合から除外される（$w_{1j}=0, for\ j=3, 4, 5$）．地域 $\{1, 2, 3, 4, 5\}$ それぞれについて近傍集合が考えられるため，i を行，j を列とする行列 $\boldsymbol{W}$ を考え，その要素を w_{ij} で与えればよい．自分自身を説明してしまうことを避けるために，対角行列の要素は通常 0 とされる[12]．

前述の通り，空間データの特性は，影響関係が双方向的である点にあるが，これは，$\{w_{ij}\neq 0$ かつ $w_{ji}\neq 0\}$ とすることで自然にモデル化できる．$\boldsymbol{W}$ の与え方は，無数に考えられるが，代表的で実証研究において使われることが多いのは，次のものである[13]．

- 隣接行列（contiguity based SWM）：ゾーンの境界が接していれば 1，接していなければ 0 とする（対称行列）[14]．

---

11) 実証分析においては，人口重心や，市役所の位置などが用いられることもある．

12) 時間軸を考慮したモデルにおいて，例外もある（Fujimoto et al., 2011）．

13) ここで挙げたような典型的な空間重み行列は，R の spdep パッケージや，GeoDa などで容易に実装可能である．

14) 厳密には，隣接行列の中でも，境界による特定化は，rook 型と呼ばれる．例えば，ゾーン 1 にとっての近傍集合を，{2, 3} に加えて，ゾーン 4 のように頂点を共有する場合も隣接と見なす特定化 {2, 3, 4} は，queen 型と呼ばれる．観測値が点データとして得られている場合に，隣接行列を構成したければ，領域 D を観測点をベースとしてボロノイ分割すればよい．

$$\begin{array}{c}\text{影響を与える地域}\\ \begin{array}{ccccc}1&2&3&4&5\end{array}\end{array}$$

$$\boldsymbol{W}=\begin{pmatrix}0&1&1&0&0\\1&0&0&1&1\\1&0&0&1&0\\0&1&1&0&1\\0&1&0&1&0\end{pmatrix}.\quad\begin{matrix}1\\2\\3\\4\\5\end{matrix}\ \text{影響を受ける地域} \tag{4.1.1}$$

- k 近傍法（k nearest neighbor（kNN）based SWM）： 近傍 k 地域であれば，重み1，そうでなければ重み0とする（非対称行列）．例えば，$k=2$ の場合，次の行列が得られる．

$$\boldsymbol{W}=\begin{pmatrix}0&1&1&0&0\\1&0&0&1&0\\1&0&0&1&0\\0&1&1&0&0\\0&1&0&1&0\end{pmatrix}. \tag{4.1.2}$$

kNN 法による $\boldsymbol{W}$ は，必ずしも対称行列とはならないことに注意されたい．何故なら，地域 i の近傍 k 個の地域に j が含まれるとしても，地域 j の近傍 k 個の地域に i が含まれるとは限らないためである．また，$k=3$ の場合，地域5の近傍集合 S_5 に，$\{2, 4\}$ は含まれるが，$\{1, 3\}$ のどちらを含むべきかは自明ではない．したがって，外生的に片方を選ぶ，あるいは重み1/2として両方を含むなどを選択する必要がある．

- 閾値なしの距離の逆数（inverse distance based SWM without cutoff）：

$$\boldsymbol{W}=\begin{pmatrix}0&1/2&1/2&1/(2.83)&1/(4.12)\\1/2&0&1/(2.83)&1/2&1/(2.24)\\1/2&1/(2.83)&0&1/2&1/(4.12)\\1/(2.83)&1/2&1/2&0&1/(2.24)\\1/(4.12)&1/(2.24)&1/(4.12)&1/(2.24)&0\end{pmatrix}.$$

$$\approx\begin{pmatrix} 0 & 0.50 & 0.50 & 0.35 & 0.24 \\ 0.50 & 0 & 0.35 & 0.50 & 0.45 \\ 0.50 & 0.35 & 0 & 0.50 & 0.24 \\ 0.35 & 0.50 & 0.50 & 0 & 0.45 \\ 0.24 & 0.45 & 0.24 & 0.45 & 0 \end{pmatrix}. \tag{4.1.3}$$

ある距離を超えた場合 0 とするような閾値を設けないユークリッド距離の逆数を用いた $\boldsymbol{W}$ であり，対称行列となる．ここでは，$w_{ij}=(1/d_{ij})^{\alpha}$, $\alpha=1$ と設定した．実証分析においては，重力モデルのアナロジーで，$\alpha=2$ が用いられることが多いが，データの特性によっては，$\alpha=5$ のように，直近のデータに強い重みを与えたほうがモデルの説明力が良い場合もある（例えば，堤ら，2000a）．ただし近年，このように 0 がほとんどない密な行列を用いると，空間過程が過度にスムージングされ，後に述べる空間計量経済モデルにおいて，空間相関パラメータが系統的に過小推定されることが指摘されているため，適用には注意が必要である（Smith, 2009）．距離の減衰関数には，指数型，tricube 型など，さまざまなものがある．

• 閾値ありの距離の逆数（inverse distance based SWM with cutoff）： ある距離を超えた場合重みを 0 とするような閾値を設けたユークリッド距離の逆数を用いた $\boldsymbol{W}$ であり，対称行列となる．例えば，閾値を 0.40 と設定すれば，次の行列が得られる．

$$\boldsymbol{W}=\begin{pmatrix} 0 & 0.50 & 0.50 & 0 & 0 \\ 0.50 & 0 & 0 & 0.50 & 0.45 \\ 0.50 & 0 & 0 & 0.50 & 0 \\ 0 & 0.50 & 0.50 & 0 & 0.45 \\ 0 & 0.45 & 0 & 0.45 & 0 \end{pmatrix} \tag{4.1.4}$$

4.1.3 空間重み行列の特定化

重み行列 $\boldsymbol{W}$ は，空間計量経済モデルのパラメータ推定，空間的自己相関・

異質性の検定の両者に影響を及ぼす（例えば，Florax and Folmer 1992；Griffith, 1996；Stakhovych and Bijmolt, 2009）．しかしながら，正しい $\boldsymbol{W}$ の選択に関するガイドラインは，ほとんど存在しないのが現状である（Anselin, 2002）．Stakhovych and Bijmolt（2009）は，$\boldsymbol{W}$ の与え方を，

［A］完全に外生とする

［B］データから決定する

［C］推定する

という三つに分類している．

［A］は，上述したような，地域の境界が接しているか否か（隣接行列）や，距離の逆数，ドローネ三角網（LeSage, 1999）などで与える典型的な方法である．ただし，ここでの距離はユークリッド距離に限定される必要はない．例えば，LeSage and Polasek（2008）は，交通ネットワーク距離を用いている．

［B］には，社会ネットワークや，経済的な結びつきで与えるアプローチ（渡辺・樋口，2005；Corrado and Fingleton, 2011）や，Getis and Aldstadt（2004）の，局所空間統計量 G_i に基づき構築する手法などが該当する．ただし，識別の観点（Manski, 1993），パラメータの解釈の観点（LeSage and Pace, 2011）から，$\boldsymbol{W}$ はモデルに対して外生的である必要があるとの指摘もある[15]．Kostov（2010）は，地理的距離ベースの $\boldsymbol{W}$ が用いられることが多い理由は，その外生性が必然的に満たされるためであると指摘している．Aldstadt and Getis（2006）は，$\boldsymbol{W}$ の構築のために，AMOEBA（A multidirectional optimal ecotope-based algorithm）と呼ばれる，画像解析における代表的な画像セグメンテーション手法である region growing と似たアルゴリズムを提案している[16]．

［C］に分類される研究は非常に少ない．Fernández-Vázquez et al.（2009）は，エントロピー最大化法の枠組みで $\boldsymbol{W}$ を内生化し，推定している．

このように，［C］の $\boldsymbol{W}$ の要素の推定に関する研究は，まだまだ発展途上であるため，現状では［A］や［B］のアプローチを用いて作成された複数の $\boldsymbol{W}$ から，何らかの基準により，最適なものを選択するというアプローチが重要に

---

15) Kelejian and Piras（2012）らによって，近年内生的な空間重み行列に関する研究も行われつつある．

16) 第一著者の HP より，AMOEBA を実装する GIS ソフトウェアが入手可能である（http://www.acsu.buffalo.edu/~geojared/tools.htm）．また，R の AMOEBA パッケージでも実装可能である．

なろう．このような既往研究としては，ブースティングに基づく Kostov (2010)，ベイズ・アプローチに基づく事後モデル確率を用いたモデル選択を試みている LeSage and Pace (2009) などが挙げられる[17)]．特に，後者のベイズ・アプローチは，$\boldsymbol{X}$ の選択にも $\boldsymbol{W}$ の選択にも有用であることが指摘されている (Hepple, 1995a, b；LeSage and Pace, 2009)．Kelejian (2008)，Kelejian and Piras (2011) は，非入れ子型モデル選択の代表的手法である J 検定を，空間計量経済モデルに拡張した．一方，Mur and Angulo (2009) は，情報量基準の有用性（わかりやすさと，唯一の最良なモデルを選択するという意味での結果の明確さ）を指摘している．同様に，Stakhovych and Bijmolt (2009) は，情報量規準（例えば，赤池情報量規準（Akaike's information criterion (AIC)）を用いることで，正しいモデル特定化が行える可能性が増加すると述べており，Seya et al. (2013) は，reversible jump MCMC と simulated annealing を組み合わせた trans dimensional simulated annealing と呼ばれる手法を応用して，AIC を最小化する $\boldsymbol{W}$ と $\boldsymbol{X}$ の同時選択を試みている．そこでは，慣習的な二段階選択，すなわち最初に全説明変数を導入したモデルにおいて最適な $\boldsymbol{W}$ を選択し，その後説明変数を選択するという手法では，大域的に最適な AIC が達成できない場合があり，両者は同時に選択すべきであるということが示されている．

なお，近年では，空間フィルタリング (Griffith, 2003；Tiefelsdorf and Griffith, 2007)，空間 HAC (Kelejian and Prucha, 2007a；2010)，セミパラメトリックアプローチ (Robinson, 2008)，構造方程式モデリング (Folmer and Oud, 2008) といった，$\boldsymbol{W}$ を用いない手法も発展してきている[18)]．

4.1.4 空間重み行列の基準化

代表的な空間計量経済モデルに，第 6 章で述べる SLM がある．このモデルのパラメータを最尤推定する場合，第 6 章で述べるように計算の過程で $(\boldsymbol{I}-\rho\boldsymbol{W})^{-1}$ という項の計算が必要になる（ここで，ρ は空間的自己相関の強さの度合いを示すパラメータ）．既往研究の多くでは，時系列モデルのアナロ

---

17) Tiefelsdorf and Griffith の手法は，R の spdep パッケージ，Kelejian and Prucha の手法は R の sphet パッケージでそれぞれ実装可能であり，Folmer and Oud は，Mx のコードを公開している．

18) 第一著者の HP より，MATLAB の Spatial Econometrics Toolbox が利用可能である．

ジーで，$\rho \in (-1, 1)$ が仮定されているが，$(\boldsymbol{I}-\rho\boldsymbol{W})$ の特異点は，$(-1, 1)$ の範囲の外にあるとは限らない．そこで，逆行列の存在を保証するために，通常 $\boldsymbol{W}$ に対して何らかの基準化が行われる．もっとも広く用いられている基準化は，行和を 1 とする行基準化（row-standardization/row-normalization）である．先の隣接行列（式（4.1.1））の例でいえば，

$$\boldsymbol{W}=\begin{pmatrix} 0 & 1/2 & 1/2 & 0 & 0 \\ 1/3 & 0 & 0 & 1/3 & 1/3 \\ 1/2 & 0 & 0 & 1/2 & 0 \\ 0 & 1/3 & 1/3 & 0 & 1/3 \\ 0 & 1/2 & 0 & 1/2 & 0 \end{pmatrix}, \qquad (4.1.5)$$

とすればよい．行基準化によって，空間ラグ（spatial lag）変数 $\boldsymbol{W}\boldsymbol{y}=\sum_{j=1}^{n} w_{ij}y_j$ が，近傍集合における観測値から受ける影響の重み付き平均となるなど，解釈が容易になる[19]．距離の逆数ベースの重みの場合，スケールの影響（メートル，キロメートルなど）がなくなるというのも重要である．また，一般に，$\boldsymbol{W}$ の最小・最大固有値をそれぞれ $\omega_{\min}$，$\omega_{\max}$ としたとき，$\rho \in (1/\omega_{\min}, 1/\omega_{\max})$ となるが（LeSage and Pace, 2009），$\boldsymbol{W}$ が行基準化される前に対称行列であれば，行基準化によって，空間パラメータのとりうる範囲が，$\rho \in (1/\omega_{\min}, 1)$ に制限されることとなり（行基準化後の $\boldsymbol{W}$ の最大固有値は 1 となるため），特異点は $(-1, 1)$ の外側にあるので，$\rho \in (-1, 1)$ という仮定によって，特異点を避けることができる（Lee, 2004）．$\boldsymbol{W}$ が行基準化される以前に，重み行列が非対称行列である場合（例えば，kNN 法），固有値は実数値をとるとは限らないため，空間パラメータは，虚数を除いて，$(1/\varpi_{\min}, 1)$ の範囲で探索する（LeSage and Pace, 2009, pp.88–89）．（ただし，$\varpi_{\min}$ は行基準化後の重み行列の最小実数固有値）．

一方社会ネットワーク分析の分野では，列基準化が行われることもある．この場合，ある観測値が，他の観測値に与える影響が 1 に基準化されることを意味する（Elhorst, 2010a）．ただし，行基準化でも列基準化でも，ユークリッド

---

19) 逆にいえば，基準化を行わない場合，ρ の値そのものから空間的自己相関の強さの程度を判断するのが難しい．

距離 d_{ij} を用いた重み行列においては，基準化によって距離のもつ意味が失われてしまうため，かえって経済的解釈を難しくするという問題もある（Anselin, 1988, p.24）．

Kelejian and Prucha（2010）は，行基準化のこのような問題点から，二つの行基準化方法を示している．そのうちの一つは，基準化前の行列を $\boldsymbol{W}$ としたとき，

$$\boldsymbol{W}^{*}=\frac{\boldsymbol{W}}{\omega_{\max}}, \tag{4.1.6}$$

と基準化するものである．このとき，$\boldsymbol{W}^{*}$ の最大固有値は1になるため，パラメータ空間は，$\rho\in(1/\omega_{\min}, 1)$ となる．この基準化は，Corrado and Fingleton（2012）でも紹介されている．固有値演算が正確に可能な程度の大きさの $\boldsymbol{W}$（データ数が1000程度まで）であれば，この方法を用いることができよう．また，Ord（1975）は，次のような基準化を提案している．

$$\boldsymbol{W}^{*}=\boldsymbol{D}^{1/2}\boldsymbol{W}\boldsymbol{D}^{1/2} \tag{4.1.7}$$

ここで，$\boldsymbol{w}=\boldsymbol{W1}$（行和からなるベクトル）としたとき，$\boldsymbol{D}_{ii}=diag(1/\boldsymbol{w}_i)$ である[20]．行列 $\boldsymbol{D}^{1/2}\boldsymbol{W}\boldsymbol{D}^{1/2}$ と，行基準化によって得られる重み行列は同一の固有値をもつため，両者のパラメータ推定結果は大きくは異ならないと考えられる（Ord, 1975；LeSage and Pace, 2009, p.88）．LeSage and Pace（2009）は，ヤコビアンの計算の部分では数値計算の安定性の観点から $\boldsymbol{D}^{1/2}\boldsymbol{W}\boldsymbol{D}^{1/2}$ を用い，統計的計算の部分では，行基準化された $\boldsymbol{W}$ を用いるのがもっとも良い戦略であると指摘している．

そのほか，Tiefelsdorf（2000）は，ゾーンの地理的位置に基づく分散不均一性を考慮したS-codingと呼ばれる基準化手法を提案し，塚井・小林（2007）で実証的に用いられている．

4.2　空間的自己相関の検定

一口に空間的自己相関といっても，実際にはさまざまな空間スケールでの変動成分が存在する．例えば，関東地方で大域的にみれば，東京都心部で不動産

20) 行基準化の場合は，$\boldsymbol{W}^{*}=\boldsymbol{D}\boldsymbol{W}$ とすればよい．

価格が高く，地方部では低いといった自己相関が存在する．一方，東京都心部の中でも，高級住宅地の存在といった，局所的なスケールでの空間的自己相関，あるいは空間的集積（spatial agglomeration）が存在する．

前者に対応する，データの全体的な空間的自己相関の有無に関する測度（検定統計量）は，global indicators of spatial association（GISA）と呼ばれ，後者に対応するホットスポット（平均以上の値の集積）やクールスポット（平均以下の値の集積）などの局所的な空間的自己相関の有無に関する測度（検定統計量）は，local indicators of spatial association（LISA）と呼ばれる．GISA では，「データに空間的自己相関が存在するか」という点に着目する一方で，LISA では，空間的自己相関が「どこに」が存在するか，という点に着目する．

4.2.1　大域的空間的自己相関の検定

(a)　グローバル・モラン

GISA としてもっとも有名な指標は，Moran の I 統計量（Moran's I）（Moran, 1948, 1950；Cliff and Ord, 1981）と Geary の C 統計量（Geary's C）（Geary, 1954）である．ここでは，LISA との対比で，それぞれグローバル・モラン，グローバル・ギアリーと呼称することとする．

グローバル・モランは，次式で定義される．

$$I=\frac{n}{S_0}\frac{\sum_{i=1}^{n}\sum_{j=1}^{n}w_{ij}(y_i-\bar{y})(y_j-\bar{y})}{\sum_{i=1}^{n}(y_i-\bar{y})^2}. \tag{4.2.1}$$

ここで，n はサンプル数，$S_0=\sum_{i=1}^{n}\sum_{j=1}^{n}w_{ij}$ は基準化定数（重み行列の全要素の和）であり，重み行列の行和が 1 に基準化されているとき，n と S_0 が一致して n/S_0 の項が消えるため，グローバル・モランはシンプルな形になる．$\bar{y}$ は観測値の平均を示す．グローバル・モランの値が 0 より大きいことは，正の自己相関の存在を示唆し，逆に 0 より小さいとき，負の自己相関の存在を示唆する．

一方，グローバル・ギアリーは次式で与えられる．

$$C=\frac{n-1}{2S_0}\frac{\sum_{i=1}^{n}\sum_{j=1}^{n}w_{ij}(y_i-y_j)^2}{\sum_{i=1}^{n}(y_i-\bar{y})^2}. \tag{4.2.2}$$

グローバル・ギアリーは，値が1より小さいことは，正の自己相関の存在を示唆し，逆に1より大きいとき，負の自己相関の存在を示唆する．式（4.2.1），（4.2.2）より，グローバル・モランは，平均からの偏差の積として定義されている一方で，グローバル・ギアリーは，値の偏差そのものに着目した統計量であることがわかる．このような差異により，グローバル・モランは大域的な空間的自己相関をとらえるのに強いのに対し，グローバル・ギアリーは局所的な空間的自己相関に対してより鋭敏な統計量となっている．

グローバル・モランやグローバル・ギアリーは，回帰モデルの残差の空間的自己相関の診断に用いられることも多い．何故なら，誤差項に空間的自己相関が存在する場合，OLS 推定量が一致性をもたず，回帰係数の t 値が過大評価されるという問題が発生するためである．今，回帰モデルの残差を $\boldsymbol{e}=\boldsymbol{y}-\boldsymbol{X}\hat{\boldsymbol{\beta}}$ と計算したとき，残差の平均はゼロであるため，グローバル・モランは次式で与えられる．

$$I=\frac{n}{S_0}\frac{\boldsymbol{e}'\boldsymbol{W}\boldsymbol{e}}{\boldsymbol{e}'\boldsymbol{e}}. \tag{4.2.3}$$

さて，式（4.2.1）～（4.2.3）に基づきグローバル・モランやグローバル・ギアリーの値が計算できたら，次に興味がもたれるのは，空間的自己相関の有無に関する統計学的な診断である．代表的なアプローチには，並べ替え検定（permutation test）を用いる方法と，漸近正規性を仮定した上で，Z 検定を行う方法がある（Cliff and Ord, 1981）．前者は，n 個の観測点を，観測値にランダムに割り当てて統計量（グローバル・モランやグローバル・ギアリー）を計算する施行を十分な回数（99 または 999 回が多い）繰り返し，得られた経験分布を用いて元々の統計量を評価するというアプローチである．このアプローチは特に，漸近正規性を利用できないような小標本において有用である．しかしながら，回帰残差には並べ替え検定は不適切であり，使用すべきでないことが指摘されている．これは今，射影行列を $\boldsymbol{M}=\boldsymbol{I}-\boldsymbol{X}(\boldsymbol{X}'\boldsymbol{X})^{-1}\boldsymbol{X}'$ としたとき，残差は $\boldsymbol{e}=\boldsymbol{M}\boldsymbol{\varepsilon}$ で与えられ，$\boldsymbol{M}$ が対角行列（すなわち，$\boldsymbol{X}=\boldsymbol{1}$）とならない限り必然的に（“by construction”）相関をもっており，ランダム標本と見なして並べ替えを行うことができないためである（Anselin and Rey, 2001；Schmoyer, 1994）.

一方，正規性を仮定した場合，グローバル・モランを期待値$E[I]$，分散$Var[I]$を用いて次式のように標準化すると，

$$Z=\frac{I-E(I)}{\sqrt{Var(I)}}. \tag{4.2.4}$$

Zは漸近的に標準正規分布$N(0, 1)$に従うため，「与えられた$\boldsymbol{W}$の下で空間的自己相関が存在しない」を帰無仮説とする仮説検定が可能となる．ただし，

$$E(I)=\frac{-1}{n-1}, \tag{4.2.5}$$

$$Var(I)=\frac{1}{(n-1)(n+1)S_0^2}(n^2S_1-nS_2+3S_0^2)-[E(I)]^2, \tag{4.2.6}$$

$$\begin{aligned} S_1&=\frac{1}{2}\sum_{i=1}^{n}\sum_{j=1}^{n}(w_{ij}+w_{ji})^2, & S_2&=\sum_{i=1}^{n}(w_i+w_i^*)^2 \\ w_i&=\sum_{j=1}^{n}w_{ij}, & w_i^*&=\sum_{j=1}^{n}w_{ji} \end{aligned}. \tag{4.2.7}$$

である．一方，残差の場合，今，$k=rank(\boldsymbol{X})$（定数項を含む説明変数の数）とすると，期待値と分散は正規性の仮定の下それぞれ次式で与えられる．

$$E(I)=\left(\frac{n}{S_0}\right)\frac{tr(\boldsymbol{MW})}{n-k}, \tag{4.2.8}$$

$$Var(I)=\left(\frac{n}{S_0}\right)^2\frac{[tr(\boldsymbol{MWMW}')+tr(\boldsymbol{MW})^2+\{tr(\boldsymbol{MW})\}^2]}{(n-k)(n-k+2)}-[E(I)]^2. \tag{4.2.9}$$

Iが$E[I]$より十分に大きければ正の自己相関の存在が示唆され，逆に十分に小さければ負の自己相関の存在が示唆されることになる．グローバル・モランは，残差の空間的自己相関だけでなく，従属変数の空間的自己相関（空間ラグ）の検出能力があり（Anselin and Rey, 1991），さらにダービン・ワトソン比と異なる点として，分散不均一の検出能力があることも示されている（Anselin and Griffith, 1988）．したがって，グローバル・モランのみでは，空間的自己相関の存在は検定できても，もっとも望ましいモデルの特定化を行うことは難しい．そのため，対立仮説に特定の空間的自己相関構造を仮定した最尤法に基づく検定法が同時に用いられることが多い．代表的な検定法として，

表 4.2.1 グローバル・モラン（Moran's I）の計算例

Moran's I	0.4297
Z	32.0
p	0.00

ワルド（Wald）検定，尤度比（likelihood ratio（LR））検定，ラグランジュ乗数（Lagrangean multiplier（LM））検定などがある．LM 検定は，Rao' s Score 検定とも呼ばれる（Anselin 2001）．これらについては，特に空間計量経済モデルと関連するため，第 6 章で説明する．

表 4.2.1 は，図 3.2.1 の OLS 残差に対して，距離の逆数の 2 乗に基づく $\boldsymbol{W}$ を用いてグローバル・モランを計算した結果である．統計量は 0.43 と強い正の空間的自己相関を示しており，「空間的自己相関が存在しない」という帰無仮説が，1％水準で棄却された．

Kelejian and Prucha（2001）は，グローバル・モランを，SLM，離散選択モデル（二項，多項），トビットモデル，サンプルセレクションモデルの誤差項に適用可能なように一般化した．また，Jacqmin-Gadda et al.（1997）は GLM に，Leung et al.（2000a）は後述の GWR モデルに対するモラン統計量を提案している．グローバル・モランやグローバル・ギアリーに似た統計量に，Kelejian Robinson 統計量（Kelejian and Robinson, 1992）がある．この統計量は，正規性の仮定を必要としないのが特徴である．グローバル・モランと Kelejian Robinson 統計量の関係性については，Anselin and Bera（1998）を参照されたい．

また，空間疫学の分野では，イベントデータの空間集積性に関する研究が蓄積されており，空間スキャン検定，Tango 検定，Besag-Newell 検定などが代表的な手法として挙げられる．詳細については，Waller and Gotway（2004），丹後ら（2007），古谷（2011）などを参照されたい．

4.2.2 局所的空間的自己相関の検定

(a) ローカル・モラン

Anselin（1995）は，LISA は，次の二つの要請を満たすべきであるとした．

[A] LISA は，統計学的に有意な空間クラスターの範囲を同定する．

[B] LISA の和は，GISA に比例する．

このような要請を満たすLISAとして，Anselin（1995）は次式のように定義されるローカル・モラン（local Moran）を提案した．

$$I_i=\frac{y_i-\bar{y}}{m_2}\sum_j w_{ij}(y_j-\bar{y}). \tag{4.2.10}$$

ただし，m_2は比例定数：$m_2=n^{-1}\sum_i(y_i-\bar{y})^2$である．このように，$I_i$は，自身の値の平均値からの偏差と，近傍集合における観測値の平均からの偏差との類似度として定義される[21]．すなわち，自身の値が，周囲の値と似通った値をとれば，I_iは正の大きな値をとり，非常に異なった値をとれば，負の大きな値をとる．一方，周囲の値との間に関連性がなければ，I_iは0に近い値をとる．

ローカル・モランの和をとると，

$$\sum_i I_i=\sum_i\frac{y_i-\bar{y}}{m_2}\sum_j w_{ij}(y_j-\bar{y}), \tag{4.2.11}$$

となり，これをグローバル・モランと比較すると，

$$I=\frac{I_i}{S}, \tag{4.2.12}$$

という関係が得られる．このように，ローカル・モランの和とグローバル・モランは比例関係にあることがわかる．

ローカル・モランの期待値と分散は，ランダム化仮説（Cliff and Ord, 1981；Getis and Ord, 1992）のもと，それぞれ，

$$E(I_i)=-\frac{w_i}{n-1}, \tag{4.2.13}$$

$$Var(I_i)=\frac{w_{i(2)}(n-b_2)}{n-1}+\frac{2w_{i(kh)}(2b_2-n)}{(n-1)(n-2)}-\frac{w_i^2}{(n-1)^2}, \tag{4.2.14}$$

と求められる．ただし，$w_i=\sum_j w_{ij}$，$b_2=m_4/m_2^2$，$m_4=\sum_i(y_i-\bar{y})^4/n$，$w_{i(2)}=\sum_{j\neq i}w_{ij}^2$，$2w_{i(kh)}=\sum_{k\neq i}\sum_{h\neq i}w_{ik}w_{ih}$である．これにより，それぞれの観測値について，空間的自己相関の存在に関する仮説検定を行うことが可能になり，後述するモラン散布図（Moran scatter plot）をあわせて用いれば，空間クラスターの範囲が特定できる．

ローカル・モランの拡張として，Rusche et al.（2011）は，産業の共集積に関して分析するために，二変量ローカル・モラン（bivariate local Moran）を

21）グローバル・モランと異なり，−1から1の値をとるとは限らない点に注意されたい．

用いている．二変量ローカル・モランは，GeoDa[22]で計算できるため，今後このような実証研究が増加していくものと考えられる．

(b)　G_i, G_i^* 統計量

Getis-Ord の G_i, G_i^* 統計量は，代表的な LISA の一つである．これらに比例する大域的な統計量 G を構築することも可能である（Haining, 2003）．地域 i における G_i, G_i^* 統計量は，次式で与えられる[23]．

$$G_i = \frac{\sum_{j \neq i} w_{ij} y_j}{\sum_{j \neq i} y_j}, \tag{4.2.15}$$

$$G_i^* = \frac{\sum_j w_{ij} y_j}{\sum_j y_j}. \tag{4.2.16}$$

ここで，y は注目する量（>0）を表す．G_i, G_i^* はその定義から必ず 0 以上の値をとり，ゾーン i の近隣に大きな値のデータが多い場合大きな値を示し（ホットスポット），逆にゾーン i の近隣に小さな値のデータが多い場合小さな値を示す（クールスポット）．G_i, G_i^* は値そのものの大小に着目した統計量であるため，y_j は正値である必要がある点に注意されたい．ここで，$j=i$ を許容しない場合 G_i 統計量，許容する場合 G_i^* 統計量として区別される．例えば，ゾーン i から半径 500 m 以内の産業集積を分析したい場合，自身の y_i 値も含めるべきであるため，$w_{ii}=1$ とし，G_i^* 統計量を用いる．

分布が完全にランダムな場合の G_i, G_i^* の期待値，分散は，ランダム化仮説のもと，それぞれ，表 4.2.2 のように求められ，期待値と分散を用いて標準化すれば，ホットスポット・クールスポットの有意性に関する仮説検定が可能になる．

Ord and Getis（1995）は，非正の観測値を含む場合にも適用可能なように，標準化された（仮説検定用の）G_i, G_i^* 統計量を次のように拡張した．これにより，モデルの残差への適用が可能になる．修正統計量（標準化）は，次式で与えられる．

$$G_i = \frac{\sum_{j \neq i} w_{ij} y_j - w_i Q_{i1}}{(Q_{i2})^{1/2} \{[(n-1) S_i - w_i^2]/(n-2)\}^{1/2}}, \tag{4.2.17}$$

---

22) 著名な空間計量経済学者である Luc Anselin らの研究チームである GeoDa Center より無償で提供されている空間計量経済学の汎用ソフトウェア．

23) （global/local）Moran, Geary, G_i といった代表的な空間的自己相関統計量は，R の spdep パッケージで実装可能である．

表 4.2.2 G_i統計量の特性（Getis and Ord (1992) 表1より著者作成）

統計量名	$G_i\ (j \neq i)$	$G_i^*\ (j=i)$
統計量	$\frac{\sum_{j\neq i} w_{ij} y_j}{\sum_{j\neq i} y_j}$	$\frac{\sum_j w_{ij} y_j}{\sum_j y_j}$
期待値	$\frac{w_i}{n-1}$	$\frac{w_i^*}{n}$
分散	$\frac{w_i(n-1-w_i)Q_{i2}}{(n-1)^2(n-2)Q_{i1}^2}$	$\frac{w_i^*(n-w_i^*)Q_{i2}^*}{n^2(n-1)(Q_{i1}^*)^2}$
（変数定義）	$w_i=\sum_{j\neq i} w_{ij}$ $Q_{i1}=\frac{\sum_{j\neq i} y_j}{n-1}$ $Q_{i2}=\frac{\sum_{j\neq i} y_j^2}{n-1}-Q_{i1}^2$	$w_i^*=\sum_j w_{ij}$ $Q_{i1}^*=\frac{\sum_j y_j}{n}$ $Q_{i2}^*=\frac{\sum_j y_j^2}{n}-(Q_{i1}^*)^2$

$$G_i^* = \frac{\sum_j w_{ij} y_j - w_1^* Q_{i1}^*}{(Q_{i2}^*)^{1/2}\{(nS_i^* - w_i^{*2})/(n-1)\}^{1/2}}. \tag{4.2.18}$$

ただし，$S_i=\sum_{j\neq i} w_{ij}^2$，$S_i^*=\sum_j w_{ij}^2$.

Ord and Getis (2001) は，大域的な空間的自己相関が存在する場合，LISA のパフォーマンスが悪化することを指摘し，その修正手法を提示している．Boots (2003) は，カテゴリカルデータに対する LISA を提案している．

4.2.3 計 算 例

筆者らの研究グループは，Tamesue et al. (2013) において，GISA, LISA を用いて，我が国の近年の地域間所得格差分析を行っている．ここでは，その結果の一部を簡単に紹介する．

用いた所得のデータは，市区町村単位の 1998 年から 2007 年における『人口一人当たり所得額』である[24, 25]．我が国の所得格差の研究は，社会科学分野での地理座標を伴わない表形式のデータをもとにした分析が多く，空間的な分布まで踏み込んだ分析は少ない．しかし，所得格差の空間的な分布に関して

24) (株)日本統計センターの NSC マーケティングデータベースより（総務省自治税務局の市町村課税状況などの調べを基に作成）.

25) データの集計区分は平成の大合併後の 2007 年時点のものであるが，沖縄県の 2 市区町村で，特定の高所得者による住所の移動により他の年と比較して一人当たり所得が異常に高い値となる特殊事情が存在したため，それらを除いた 1,809 市区町村を対象に分析を行っている.

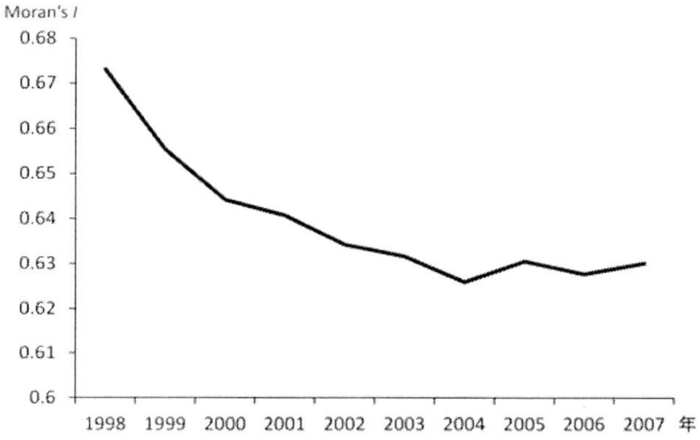

図 4.2.1　我が国における所得のグローバル・モランの値の推移

は，所得水準が類似した市区町村が地理的に集積している，すなわち，一人当たり所得が低い市区町村の近隣には低い市区町村，高い市区町村の近隣には高い市区町村が分布していることが多いと考えられるため，空間的自己相関分析が有用である．

図 4.2.1 は，我が国における所得のグローバル・モランの値の推移を表している．すべての年において，「空間的自己相関が存在しない」という帰無仮説が 1% 水準で棄却されており，強い正の空間的自己相関の存在が示された．しかしグローバル・モランの値は 98 年から徐々に低下し，空間的自己相関の度合いは弱まっていると考えられる．

次に，Anselin（1996）によって提案されたモラン散布図（Moran scatter plot）を用いて，所得格差の空間的な分布の視覚化を行う．モラン散布図は，標準化（平均 0，分散 1）した観測値を x 軸，標準化した従属変数の空間ラグ変数を y 軸にプロットしたものである．標準化により，原点が平均所得水準となり，それ以上であれば高所得水準，それ以下であれば低所得水準と考えることができる（Dall'erba, 2005）．これにより，モラン散布図は，分割された四つの象限によって，その地域と近隣地域との関係性を考慮したクラスター分類が可能となる（図 4.2.2 参照）．既存研究は主に第 1 象限（ホットスポット：(High-High（HH)））や第 3 象限（クールスポット：（Low-Low（LL)））の地域の抽出を目的としているが，Tamesue et al.（2013）は，近隣地域との所

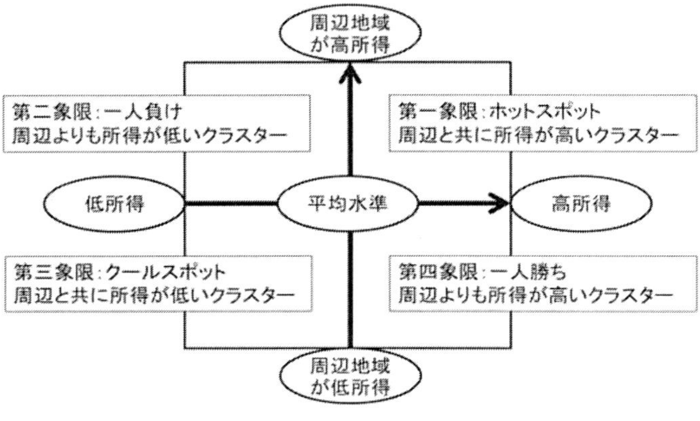

図 4.2.2 モラン散布図による分類のイメージ（所得を例として）

得レベルのギャップを示す第2象限と第4象限にも着目し，それぞれをその特徴から「一人負け（Low-High（LH））」および「一人勝ち（High-Low (HL))」と定義している．

図4.2.3は，各市区町村をモラン散布図によって分類したクラスターごとに色分けし，その地理的分布を表したものである（紙面の制約により1998年と2007年の分布図のみ）．ホットスポットは太平洋ベルト沿いに多く分布してお

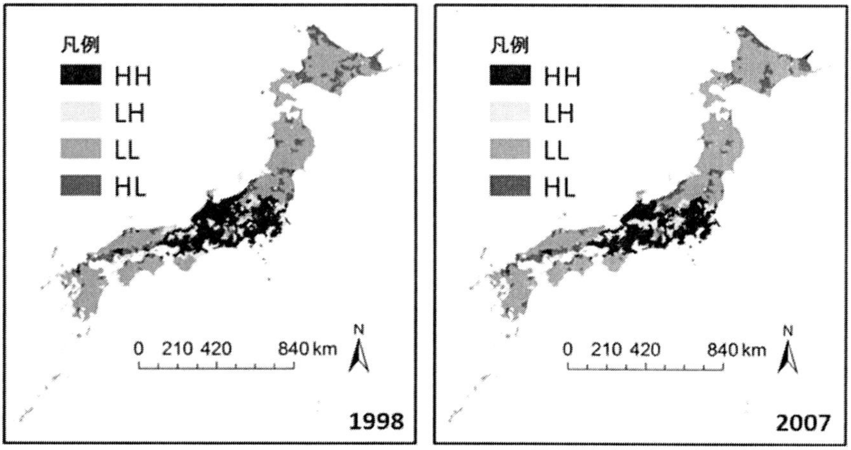

図 4.2.3 モラン散布図によるクラスターの空間分布

り，また北陸でもホットスポットの存在が確認できることがわかる．同時に，ホットスポットのクラスターに一人負けが混在している地域も見受けられる．これは前述の通り，一人負けは周辺を高所得地域で囲まれた低所得地域であるため，これらの地域は必然的に高所得クラスターであるホットスポットの周辺に位置するからである．一方クールスポットのクラスターは，北海道，東北，中国，四国，そして九州に分布している．また一人勝ちクラスターは，北海道と瀬戸内海沿いに多く存在しており，その他にも沿岸付近に分布する傾向があることが確認できる．

このように，空間的自己相関分析は，所得格差分析に新しい視点を提供してくれる．ローカル・モラン統計量の計算結果など，さらなる詳細については，Tamesue et al.（2013）を参照されたい．なお，ここでの所得格差分析は，高齢化による所得の自然変動の影響を考慮していないという意味で簡易的なものである点に注意されたい．

4.3 空間的異質性の検定

計量経済学における代表的な分散不均一に関する検定統計量としては，Breusch-Pagan（BP），White 検定統計量が挙げられる．また，回帰係数の時系列的な構造変化に関する検定統計量としては，Chow 検定統計量が知られている．しかしながら，誤差項に空間的な自己相関が存在する場合，これらの検定統計量が影響を受けることが指摘されている（Anselin, 1988）[26]．そこで Anselin（1988）は，誤差項に空間的自己相関が存在するということを前提とした検定統計量として，分散不均一に対する spatially adjusted Breusch-Pagan（SABP）検定統計量，空間的な構造変化（回帰係数の空間的な安定性）に対する spatial Chow 検定統計量を提案している（Anselin 1988, pp. 122-124）．これらは，空間計量経済モデルを前提としているため，詳しくは第 6 章で述べることとする．

Ord and Getis（2012）は，G_i統計量のアナロジーとして，局所分散不均一

[26] 強い空間的自己相関が存在する場合，BP 検定における「分散不均一なし」の帰無仮説の棄却確率が，空間的自己相関が存在しない場合の 2～3 倍になることがモンテカルロ実験で示されている．また，Chow 検定の場合は，逆の影響がある（Anselin, 1988）．

統計量H_iを提案した．例えば，犯罪分析において，高い犯罪率のクラスター（ホットスポット）が検出されたとして，その中は一様に危険なのか（分散が小さい），それとも安全な地域と危険な地域が入り混じっているのか（分散が大きい）を区別することは重要である．

今，Ord and Getis（2012）に倣い，次のような10×10のバイナリデータを考えよう．

0	0	0	0	0	0	0	0	0	0
0	0	0	0	0	0	0	0	0	0
0	0	0	0	0	0	0	0	0	0
0	0	0	1	1	1	1	0	0	0
0	0	0	1	1	1	1	0	0	0
0	0	0	1	1	1	1	0	0	0
0	0	0	1	1	1	1	0	0	0
0	0	0	0	0	0	0	0	0	0
0	0	0	0	0	0	0	0	0	0
0	0	0	0	0	0	0	0	0	0

1

ここで，3×3グリッドごとに分散を計算すれば，次式が得られる．ただし，一番端は3×3がとれないので，結果は8×8になる．また，結果は，全体の平均が1になるようにスケーリングされている[27]．

0.00	0.00	0.00	0.00	0.00	0.00	0.00	0.00
0.00	1.00	1.75	2.25	2.25	1.75	1.00	0.00
0.00	1.75	2.50	2.25	2.25	2.50	1.75	0.00
0.00	2.25	2.25	0.00	0.00	2.25	2.25	0.00
0.00	2.25	2.25	0.00	0.00	2.25	2.25	0.00
0.00	1.75	2.50	2.25	2.25	2.50	1.75	0.00
0.00	1.00	1.75	2.25	2.25	1.75	1.00	0.00
0.00	0.00	0.00	0.00	0.00	0.00	0.00	0.00

このように，ホットスポットの中でも，その分散は一定でないことがわか

[27] 3×3の移動窓内の分散を順に計算していき，その結果の平均をとると0.09877であるため，この値で割ることで平均が1になるようにスケーリングしている．

表 4.3.1 G_i統計量とH_i統計量による局所的な空間影響の探索（Ord and Getis (2012) を参考に著者作成）

	H_iが大きい	H_iが小さい
$\|G_i^*\|$が大きい	ホットスポット・異質性が大きい	ホットスポット・異質性が小さい
$\|G_i^*\|$が小さい	クールスポット・異質性が大きい（あまり起こらない）	クールスポット・異質性が小さい

る．そこで今，$\bar{y}_i$を次のように定義し，

$$\bar{y}_i = \frac{\sum_j w_{ij} y_j}{\sum_j w_{ij}}, \qquad (4.3.1)$$

近傍地域における局所的な残差を，

$$e_j = y_j - \bar{y}_j, \qquad j \in S_i. \qquad (4.3.2)$$

と定義する．このとき，H_i統計量は，

$$H_i = \frac{\sum_j w_{ij} |e_j|^\alpha}{\sum_j w_{ij}}, \qquad (4.3.3)$$

で与えられる．$\alpha=1$ であれば絶対値測度，$\alpha=2$ であれば分散測度に対応する．もちろん，他の設定でも構わない．また，$i=j$ を許容するか否かは，G_i統計量と同様，目的によって使い分ける．ここでは，$i=j$ を許容する場合について述べている．G_i統計量とH_i統計量を組み合わせて用いれば，対象の空間的な特性を表 4.3.1 のように整理することが可能である（Ord and Getis, 2012）．

分散不均一の検定は，ランダム化仮説のもと，$Z_i=2H_i/V_i$が，自由度$2/V_i$のカイ二乗分布に従うことによって行う．ただし，

$$V_i = \frac{1}{n-1}\left(\frac{1}{h_1 w_i}\right)^2 (h_2 - h_1^2)\left(n w_{i(2)} - w_i^2\right). \qquad (4.3.4)$$

$$w_i = \sum_j w_{ij}, \quad w_{i(2)} = \sum_j w_{ij}^2, \quad h_1 = \frac{1}{n}\sum_{i=1}^{n} |e_i^\alpha|, \quad h_2 = \frac{1}{n}\sum_{i=1}^{n} |e_i^\alpha|^2,$$

である．

第 5 章 地球統計学

5.1 地球統計学とは

Chilès and Delfiner (2012) によれば，地球統計学という名称は，1962 年にモルフォロジー理論の提唱者でもある Georges Matheron が，埋蔵鉱量評価のための手法として自身が発展させた手法体系のために与えたものである．地球統計学は，2.1 節で述べたように領域 D における連続な空間過程 $Y(\mathrm{s})$ を想定する．これによって，任意地点での予測量が容易に定義可能になり，この任意地点における確率変数の予測は，クリギング (kriging) と呼ばれる．クリギングという呼称は，1950 年代初頭に埋蔵鉱量の予測手法に関する先駆的な研究を行った D.G. Krige (Krige, 1951) にちなんで Matheron によって名づけられたものである．Matheron は，観測データの最良線形不偏予測量 (best linear unbiased predictor (BLUP)) としてのクリギング法の理論を 1960 年代前半に確立した (Matheron, 1963)[28]．

しかしながら，Matheron は確率論を背景とする数学者であったため，間瀬 (2010) が「クリギング法が Matheron という数学者により基礎理論が構築されたため，当初より高度な数学的背景を備えており，それが逆に災いしてか必ずしも速やかに応用分野の研究者に受け入れられたわけではなく，その有用性について激しい議論が交わされた時期があった」と指摘する通り，地球統計学の手法が広く使われるようになったのは，比較的近年になってからである．現

---

28) さらなる地球統計学の歴史については，Cressie (1990) を参照されたい．一方，Haining et al. (2010) は，地理学の立場から，地球統計学の手法全般についてレビューを行った興味深い研究であり，そこでも地球統計学の歴史について紹介されている．Hengl et al. (2009) は，学術分野としての地球統計学の位置づけや動向を丹念にレビューしている．

在では，クリギングを実行するための，多くの統計パッケージが開発され，GIS ソフトにも手法が搭載されるなど，実装のための敷居は大きく低下している（堤・瀬谷，2013）．

ここで，地球統計学に関する書籍を簡単に整理しておきたい．前述したとおり Cressie（1993）は長年この分野における辞書としての役割を果たしており，現在でもその重要性は変わらない．標準的な教科書としては，Schabenberger and Gotway（2005），Webster and Oliver（2007），Sherman（2010），Chilès and Delfiner（2012）などが挙げられる．このうち Schabenberger and Gotway（2005）は特に内容が包括的である．Kitanidis（1997），Armstrong（1998），Leuangthong et al.（2008）はより入門的な教科書である．Stein（1999），Gaetan and Guyon（2010）は，数学的に厳密な理論展開を行っており，上級者向きである．Wackernagel（1998）（地球統計学研究会訳編, 2003）は，特に多変量データのモデリングに詳しい．Cressie and Wikle（2011）は，時空間データのモデリングを全面的に扱っている．Deutsch and Journel（1997）は GSLIB, Remy et al.（2009）は SGeMS と呼ばれる地球統計学のソフトウェアの解説書である．Banerjee et al.（2004），Diggle and Ribeiro（2007）は，理論展開にベイズ統計学を用いている点に特色がある．地理学者による，Chun and Griffith（2013）は，空間計量経済学の説明も含む，現時点で最新の教科書である．

より分野に特化した文献として，Journel and Huijbregts（1978）は，鉱山学分野での適用に重きがあり，特にブロックデータ（5.4.5 項参照）の扱いは参考になる．後述するインディケータクリギングなど，非線形のクリギングに興味のある読者には，Goovaerts（1997），Olea（1999）が参考になる．Stein et al.（1999）は，リモートセンシング分野での適用をまとめたものであり，解像度の異なる画像データのモデリングは興味深い．Fortin and Dale（2005）は，生態学分野での適用をまとめたものであるが，どちらかといえば空間点過程に比重が置かれている．Oliver（2010）は，農業分野での適用をまとめたものである．Gelfand et al.（2010）は，重要な概念をオムニバス的に説明したハンドブックであり，最新の動向について調査するのに有用である．

5.2　共分散関数とセミバリオグラム

5.2.1　空間における定常性

空間データの実際の観測は，離散的な地点で行われることが多い．例えば，アメダスの観測点は国内約1,300か所の離散的な地点であるし，地価公示制度に基づき評価（鑑定）されている公示地価は，いくつかの代表的な地点のみで評価が行われている．地震探査のためのボーリング調査も，費用の観点から限られた地点でしか行うことはできない．地球統計モデルは，このような離散的な観測地点におけるデータを用いて空間過程を推定し，任意地点における確率変数の予測を行うことに用いられる．

今，離散的な観測地点$\boldsymbol{s}_i(i=1, \cdots, n)$で得られたデータ（観測値）を$y(\boldsymbol{s}_i)$としよう．無論，基本モデルのように$y_i$と書いてもよいが，地球統計学の分野では$y(\boldsymbol{s}_i)$が用いられることが多いので，本章ではそれに従う．$y(\boldsymbol{s}_i)$は，観測誤差をもっていると考えるのが自然である．したがって，

$$y(\boldsymbol{s}_i)=Y(\boldsymbol{s}_i)+\varepsilon(\boldsymbol{s}_i), \qquad i=1, \cdots, n, \tag{5.2.1}$$
$$\varepsilon(\boldsymbol{s}_i)\sim \text{i.i.d.}(0, \sigma_\varepsilon^2),$$

と表現できると考える．Cressie and Wikle（2011, p.121）は，この観測誤差の捉え方について，古典的な地球統計学は曖昧であったと指摘している．彼らの議論に基づくことにすれば，我々のモデル化の対象は，$y(\boldsymbol{s}_i)$ではなく，観測誤差を抜いた$Y(\boldsymbol{s}_i)$となる．

地球統計過程は，$Y(\boldsymbol{s}_i)$に関する連続な空間過程$\{Y(\boldsymbol{s}):\boldsymbol{s}\in D\}$を想定する．ここで，$Y(\boldsymbol{s})$の実現値である，$\{y(\boldsymbol{s}):\boldsymbol{s}\in D\}$は，領域変数（regionalized variable）と呼ばれる（Matheron, 1963）．

さて，地球統計過程のキーとなる概念の一つに，空間における定常性がある．n個の異なる位置$\{\boldsymbol{s}_1, \cdots, \boldsymbol{s}_n\}$における確率変数$\{Y(\boldsymbol{s}_1), \cdots, Y(\boldsymbol{s}_n)\}$によって構成される多変量分布の分布関数が，任意の移動$\boldsymbol{h}\in\Re^d$に対して不変，すなわち

$$\Pr[Y(\boldsymbol{s}_1)<y_1, \cdots, Y(\boldsymbol{s}_n)<y_n]=\Pr[Y(\boldsymbol{s}_1+\boldsymbol{h})<y_1, \cdots, Y(\boldsymbol{s}_n+\boldsymbol{h})<y_n], \tag{5.2.2}$$

が満たされるとき，空間過程は強定常（strictly stationary）であるという．強定常性は，点配置を任意の方向に任意の距離だけ移動しても多変量分布に変化

はないということを意味する．しかしこの定義によると，与えられた空間過程が定常か調べるためには，n 次元分布がすべて位置座標に依存しないことを確かめなければならない．分布を与えるためにはすべてのモーメントを与えなければならないが，すべての n 次元分布を確定し，位置座標に依存しないことを確かめるのは事実上不可能である（川嶋・酒井, 1989, p.130）．そこで強定常性の仮定を緩和し 1 次と 2 次のモーメントの定常性だけを仮定する方法がしばしば用いられる．この方法は，1 次・2 次モーメントによって完全に分布を記述できるガウス過程（Gaussian process（GP））の場合には問題とはならないが，GP に限らず，データのヒストグラムの裾があまり広くない場合に対しても，うまく機能することが知られている（地球統計学研究委員会訳編, 2003, p. 39）．

5.2.2　共分散関数とセミバリオグラム

1 次・2 次モーメントに関する定常性には二つの考え方がある．第 1 の考え方は，変数に直接 1 次・2 次モーメントの定常性を仮定する 2 次定常性（second-order stationary）・または弱定常性（weak stationary）であり，第 2 の方法は，対をなす 2 点間の差分値に対して 1 次・2 次のモーメントの定常性を仮定する固有定常性（intrinsic stationary）である．

ここではまず，前者について説明しよう．今，空間過程における共分散関数（covariance function）は，次式により定義される（Schabenberger and Gotway, 2005）．

$$\begin{aligned} C(\boldsymbol{s},\boldsymbol{h}) &= Cov[Y(\boldsymbol{s}), Y(\boldsymbol{s}+\boldsymbol{h})] \\ &= E[\{Y(\boldsymbol{s})-m(\boldsymbol{s})\}\{Y(\boldsymbol{s}+\boldsymbol{h})-m(\boldsymbol{s}+\boldsymbol{h})\}], \qquad \forall \boldsymbol{s},\boldsymbol{h}\in D \end{aligned} \quad (5.2.3)$$

ただし，$m(\boldsymbol{s})$ は空間過程の期待値である．ここで，次の関係が成り立つとき，$Y(s)$ は 2 次定常な空間過程であるといわれる．

$$E[Y(\boldsymbol{s})]=m(\boldsymbol{s})=\bar{m}, \qquad \forall \boldsymbol{s}\in D, \quad (5.2.4)$$

$$Cov[Y(\boldsymbol{s}), Y(\boldsymbol{s}+\boldsymbol{h})]=C(\boldsymbol{h}), \qquad \forall \boldsymbol{s},\boldsymbol{h}\in D, \quad (5.2.5)$$

$$Cov[Y(\boldsymbol{s}), Y(\boldsymbol{s}+\boldsymbol{0})]=Var[Y(\boldsymbol{s})]=C(\boldsymbol{0}), \qquad \forall \boldsymbol{s},\boldsymbol{h}\in D. \quad (5.2.6)$$

ここで，$\bar{m}$ は定数である．$C(\boldsymbol{h})$ は，2 次定常共分散関数，あるいはコバリオグラム（covariogram）と呼ばれる．ただし，コバリオグラムという呼称はあまり用いられていないため，本書は，一般的な研究論文に合わせて，$C(\boldsymbol{h})$ 自

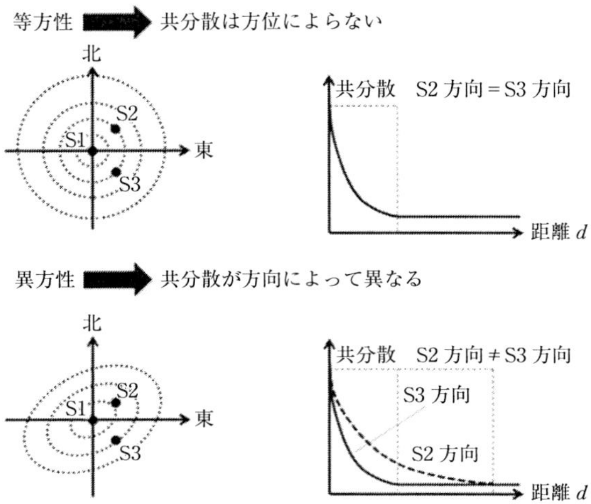

図 5.2.1 等方性と異方性

体を共分散関数と称することとする．式（5.2.3）と式（5.2.5）を見比べてみれば，2次定常性の仮定は，「共分散が位置 $\boldsymbol{s}$ によらず，$\boldsymbol{h}$ のみに依存する」という仮定であることがわかる．これは，前述した「地理学の第一法則」，すなわち，距離が近い事物はより強く影響しあうという性質を直接的にモデル化する方法の一つであるといえる．$\boldsymbol{h}$ が方位に依存せず，距離 $d=\|\boldsymbol{h}\|$ のみに依存するとき，空間過程は等方性をもつ（isotropy）といわれる（$\|\cdot\|$ はベクトルのノルム）．

ここで，図 5.2.1 をみてみよう．座標の原点の ● を，地点 $\boldsymbol{s}_1$ とする．また，円・楕円は，$\boldsymbol{s}_1$ と各地点の共分散の等高線を示す．空間過程が等方的であるとき，共分散関数は方位に依存せず，すべての方位について同じ形状となる．したがって，確率変数間の依存関係は距離のみによって決まり，$\|\boldsymbol{s}_1-\boldsymbol{s}_2\|=\|\boldsymbol{s}_1-\boldsymbol{s}_3\|$ であるとき，地点 $\boldsymbol{s}_1$，$\boldsymbol{s}_2$ における確率変数間の依存関係は，地点 $\boldsymbol{s}_1$，$\boldsymbol{s}_3$ 間のそれと同一となる．一方で，異方性（anisotropy）が存在するとき[29]，地点 $\boldsymbol{s}_1$，$\boldsymbol{s}_2$ における確率変数間の依存関係と，地点 $\boldsymbol{s}_1$，$\boldsymbol{s}_3$ 間のそれは異

[29] 厳密には，後述する幾何学的異方性である．

なる．詳しくは後述するが，異方性が存在する場合，適切な座標変換によって等方的な空間過程に変換する必要がある．

空間過程が2次定常性を満たさない場合，非定常共分散を用いることも考える必要があるが，非定常共分散は柔軟である一方で構造が比較的複雑であり，計算負荷が大きくなる．したがって実証研究で用いられることは現状ではあまり多くない．いくつかの代表的な非定常モデルについては，5.6節で紹介する．

以下，共分散関数の性質について述べよう．

共分散関数は有界である．

$$|C(\boldsymbol{h})| \leq C(\boldsymbol{0}), \qquad \forall \boldsymbol{s}, \boldsymbol{h} \in D. \tag{5.2.7}$$

また，対称である．

$$C(-\boldsymbol{h}) = C(\boldsymbol{h}). \tag{5.2.8}$$

分散は，非負である．

$$C(\boldsymbol{0}) = Var[Y(\boldsymbol{s})] \geq 0. \tag{5.2.9}$$

一方，固有定常では，任意の $\forall \boldsymbol{s}, \boldsymbol{h} \in D$ に対し次式が成立すると仮定される．

$$E[Y(\boldsymbol{s}+\boldsymbol{h}) - Y(\boldsymbol{s})] = \boldsymbol{0}, \tag{5.2.10}$$

$$Var[Y(\boldsymbol{s}+\boldsymbol{h}) - Y(\boldsymbol{s})] = 2\gamma(\boldsymbol{h}). \tag{5.2.11}$$

ここで，$2\gamma(\boldsymbol{h})$ はバリオグラム（variogram），$\gamma(\boldsymbol{h})$ 自体はセミバリオグラム（semi-variogram）と呼ばれる関数である．ここでは，2次定常とは異なり，差分（増分）に注目している．これにより，無限に大きい分散をもつ関数も表現することが可能である（例えば後述の線形バリオグラム）．

バリオグラムは，その性質として，

$$\gamma(\boldsymbol{0}) = 0, \tag{5.2.12}$$

$$\gamma(\boldsymbol{0}) \geq 0, \tag{5.2.13}$$

$$\gamma(-\boldsymbol{h}) = \gamma(\boldsymbol{h}), \tag{5.2.14}$$

を満たす．

さて，後述するように地球統計学のモデルは，任意地点における確率変数の空間予測を行う点が特徴的である．この際，定数 $a_1, \cdots, a_n$ を用いて予測量は $\sum_{i=1}^{n} a_i Y(\boldsymbol{s}_i)$ と，$Y(\boldsymbol{s}_i)$ の線形結合として与えられる．その分散

$$Var\left[\sum_{i=1}^{n} a_i Y(\boldsymbol{s}_i)\right] = \sum_{i=1}^{n} \sum_{j=1}^{n} a_i a_j C(\boldsymbol{s}_i - \boldsymbol{s}_j), \tag{5.2.15}$$

は，正値またはゼロとなる必要があるため（Chilès and Delfiner, 2012, p.62），

右辺は≥0でなければならない（非負定値性）．すなわち，共分散関数は非負定値性を満たすように構成される必要がある．$C(\cdot)$が非負定値であるための必要十分条件は，Bochnerの定理により与えられ（例えばStein, 1999），この条件を満たすさまざまな関数が提案されている．

一方バリオグラムを用いた場合，定数$\tilde{a}_1, \cdots, \tilde{a}_n$を用いて$\sum_{i=1}^{n} \tilde{a}_i Y(\boldsymbol{s}_i)$の分散は，

$$Var\left[\sum_{i=1}^{n} \tilde{a}_i Y(\boldsymbol{s}_i)\right] = -\sum_{i=1}^{n}\sum_{j=1}^{n} \tilde{a}_i \tilde{a}_j \gamma(\boldsymbol{s}_i - \boldsymbol{s}_j), \tag{5.2.16}$$

と表現できる．$\sum_{i=1}^{n} \tilde{a}_i = 0$の下で右辺が非負定値となる，すなわち

$$\sum_{i=1}^{n}\sum_{j=1}^{n} \tilde{a}_i \tilde{a}_j \gamma(\boldsymbol{s}_i - \boldsymbol{s}_j) \leq 0, \tag{5.2.17}$$

となる性質は，条件付き非正定値性といわれる．実際には，分散が0でない正値となることが保障された理論関数が用いられる．

さて，バリオグラムは，

$$2\gamma(\boldsymbol{h}) = Var[Y(\boldsymbol{s}+\boldsymbol{h}) - Y(\boldsymbol{s})] = Var[Y(\boldsymbol{s}+\boldsymbol{h})] + Var[Y(\boldsymbol{s})] - 2Cov[Y(\boldsymbol{s}+\boldsymbol{h}), Y(\boldsymbol{s})], \tag{5.2.18}$$

と変形できるため，2次定常性が満足される場合，式（5.2.5），（5.2.6）より，次の関係が成立する．

$$\gamma(\boldsymbol{h}) = \frac{1}{2}[2C(\boldsymbol{0}) - 2C(\boldsymbol{h})] = C(\boldsymbol{0}) - C(\boldsymbol{h}). \tag{5.2.19}$$

一方，バリオグラムは必ずしも有界ではないため逆は必ずしも真ではない．例えば，図5.2.2における線形バリオグラムは，分散が∞であり，共分散関数をもたない．バリオグラムを，確率変数の非類似性と解釈すれば，距離が離れ

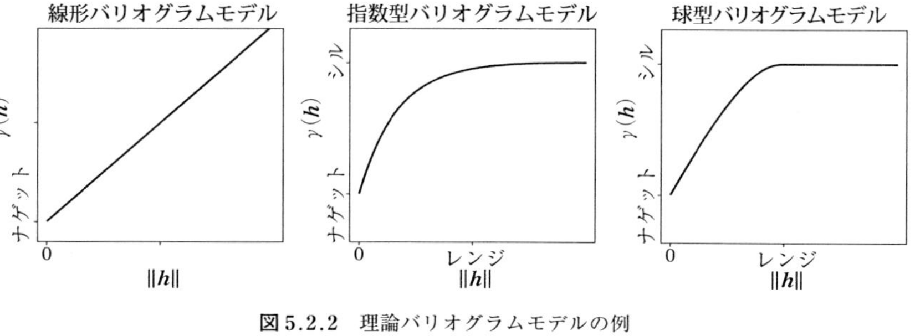

図5.2.2　理論バリオグラムモデルの例

るにつれてこの値が大きくなると考えるのは自然であろう．これが，ある一定値に収束する，すなわち$\|\boldsymbol{h}\|\to\infty$のとき$C(\boldsymbol{h})\to 0$が成り立つならば，空間過程はエルゴード性をもつといわれる（Arbia, 2006, p.48）．このとき，式（5.2.19）において$\|\boldsymbol{h}\|\to\infty$とすれば，$\lim_{\|\tilde{\boldsymbol{h}}\|\to\infty}\gamma(\boldsymbol{h})=C(\boldsymbol{0})$が得られる．今，混乱を避けるため，変数$\tilde{\boldsymbol{h}}$を用いれば，次式が成り立つ．

$$C(\boldsymbol{h})=C(\boldsymbol{0})-\gamma(\boldsymbol{h})=\lim_{\|\tilde{\boldsymbol{h}}\|\to\infty}\gamma(\tilde{\boldsymbol{h}})-\gamma(\boldsymbol{h}). \tag{5.2.20}$$

このように，一定の条件下では，バリオグラムから共分散関数を求めることができる．

バリオグラム，対応する共分散関数の理論モデルとしては，さまざまなものが提案されている．これらの形状は，基本的にはナゲット（nugget），シル（sill），レンジ（range）と呼ばれる三つのパラメータで規定される．ナゲットとは，地点間距離を$\boldsymbol{0}$に近づけたときの極限値であり，切片の値になる．バリオグラムは，定義より$\gamma(\boldsymbol{0})=0$であるが，実際のデータを用いた分析では，$\gamma(\boldsymbol{0})=0$は満たされないことが多い．これは，観測地点間よりも短いところでの局所的な変動と観測誤差からなる．したがって，バリオグラムは$\boldsymbol{h}=\boldsymbol{0}$において不連続となる．シルは，空間過程の分散を示し，シルからナゲットを引いた値は，パーシャルシル（partial-sill）と呼ばれる．レンジとは，$Y(\boldsymbol{s})$と$Y(\boldsymbol{s}+\boldsymbol{h})$とが相関をもたなくなる最小の$\boldsymbol{h}$である．

表5.2.1に代表的な理論バリオグラムを，表5.2.2に対応する共分散関数を示す．図5.2.2は，このうち線形，指数型，球型を図示したものである．τ^2はナゲット，$\tau^2+\sigma^2$はシル（σ^2はパーシャルシル），$1/\phi$はレンジである．線形モデルにおいては，ナゲットは存在するが，シル，レンジは無限大である．指数型モデルにおいては，シルは存在するが，その値は漸近的にしか達成できない．また，そのときレンジは無限大となる．したがって，解釈上は有効レンジ（effective range），あるいは実用レンジ（practical range）と呼ばれる概念が有用となる．この値は，空間的自己相関がほとんどなくなる（例えば相関が0.05）距離であり，通常セミバリオグラムがシルの95%を達成する距離として与える．指数型の場合，有効レンジは$3/\phi$となる．一方，球型モデルの場合は，セミバリオグラムはシルの値の100%を厳密に達成することができ，有効レンジという概念が必要なくなる．したがって分散共分散行列が疎となるため

表 5.2.1　理論バリオグラムモデルの例

線形 (linear)	$\gamma(\boldsymbol{h})=\begin{cases}\tau^2+\sigma^2\lVert\boldsymbol{h}\rVert \\ 0\end{cases}$	$if\ \lVert\boldsymbol{h}\rVert>0$ *otherwise*
球型 (spherical)	$\gamma(\boldsymbol{h})=\begin{cases}\tau^2+\sigma^2 \\ \tau^2+\sigma^2\left[\frac{3}{2}\phi\lVert\boldsymbol{h}\rVert-\frac{1}{2}(\phi\lVert\boldsymbol{h}\rVert)^3\right] \\ 0\end{cases}$	$if\ \lVert\boldsymbol{h}\rVert>1/\phi$ $if\ 0<\lVert\boldsymbol{h}\rVert\leq 1/\phi$ *otherwise*
指数型 (exponential)	$\gamma(\boldsymbol{h})=\begin{cases}\tau^2+\sigma^2[1-\exp(-\phi\lVert\boldsymbol{h}\rVert)] \\ 0\end{cases}$	$if\ \lVert\boldsymbol{h}\rVert>0$ *otherwise*
ガウシアン (Gaussian)	$\gamma(\boldsymbol{h})=\begin{cases}\tau^2+\sigma^2[1-\exp(-\phi^2\lVert\boldsymbol{h}\rVert^2)] \\ 0\end{cases}$	$if\ \lVert\boldsymbol{h}\rVert>0$ *otherwise*
波型 (wave)	$\gamma(\boldsymbol{h})=\begin{cases}\tau^2+\sigma^2\left[1-\frac{\sin(\phi\lVert\boldsymbol{h}\rVert)}{\phi\lVert\boldsymbol{h}\rVert}\right] \\ 0\end{cases}$	$if\ \lVert\boldsymbol{h}\rVert>0$ *otherwise*
Matérn 型	$\gamma(\boldsymbol{h})=\begin{cases}\tau^2+\sigma^2\left[1-\frac{(2\sqrt{\nu}\lVert\boldsymbol{h}\rVert\phi)^\nu}{2^{\nu-1}\Gamma(\nu)}K_\nu(2\sqrt{\nu}\lVert\boldsymbol{h}\rVert\phi)\right] \\ 0\end{cases}$	$if\ \lVert\boldsymbol{h}\rVert>0$ *otherwise*

$\Gamma(\cdot)$は通常のガンマ関数，K_νは修正ベッセル関数（modified Bessel function）である．

表 5.2.2　理論共分散関数モデルの例

線形 (linear)	$C(\boldsymbol{h})$は存在しない	
球型 (spherical)	$C(\boldsymbol{h})=\begin{cases}0 \\ \sigma^2\left[1-\frac{3}{2}\phi\lVert\boldsymbol{h}\rVert+\frac{1}{2}(\phi\lVert\boldsymbol{h}\rVert)^3\right] \\ \tau^2+\sigma^2\end{cases}$	$if\ \lVert\boldsymbol{h}\rVert>1/\phi$ $if\ 0<\lVert\boldsymbol{h}\rVert\leq 1/\phi$ *otherwise*
指数型 (exponential)	$C(\boldsymbol{h})=\begin{cases}\sigma^2\exp(-\phi\lVert\boldsymbol{h}\rVert) \\ \tau^2+\sigma^2\end{cases}$	$if\ \lVert\boldsymbol{h}\rVert>0$ *otherwise*
ガウシアン (Gaussian)	$C(\boldsymbol{h})=\begin{cases}\sigma^2\exp(-\phi^2\lVert\boldsymbol{h}\rVert^2) \\ \tau^2+\sigma^2\end{cases}$	$if\ \lVert\boldsymbol{h}\rVert>0$ *otherwise*
波型 (wave)	$C(\boldsymbol{h})=\begin{cases}\sigma^2\frac{\sin(\phi\lVert\boldsymbol{h}\rVert)}{\phi\lVert\boldsymbol{h}\rVert} \\ \tau^2+\sigma^2\end{cases}$	$if\ \lVert\boldsymbol{h}\rVert>0$ *otherwise*
Matérn 型	$C(\boldsymbol{h})=\begin{cases}\sigma^2\frac{(2\sqrt{\nu}\lVert\boldsymbol{h}\rVert\phi)^\nu}{2^{\nu-1}\Gamma(\nu)}K_\nu(2\sqrt{\nu}\lVert\boldsymbol{h}\rVert\phi) \\ \tau^2+\sigma^2\end{cases}$	$if\ \lVert\boldsymbol{h}\rVert>0$ *otherwise*

$\Gamma(\cdot)$は通常のガンマ関数，K_νは修正ベッセル関数（modified Bessel function）である．

計算の都合上便利であり，実証研究において用いられることが多い．Matérn 型は，Matérn（1960, 1986）によって提案され，Handcock and Stein（1993）によって改良された関数族であり，スムージングパラメータ ν によって，指数型（$\nu=0.5$）とガウシアン型（$\nu\to\infty$）を包含するという意味で非常にフレキシブルな関数である（Hoeting et al., 2006）．ここで，Matérn 型に関する詳細については，Stein（1999），Guttorp and Gneiting（2006）を参照されたい．

また，どの理論バリオグラム関数を用いるかというモデル選択も重要である．代表的な基準としては，クロスバリデーション[30]や，AIC（Hoeting et al., 2006），ベイズ理論に基づく場合は，ベイズファクター（Berger et al., 2001；Cowles, 2003）や，deviance information criterion（DIC）（Finley et al., 2007[31]），reversible jump MCMC（Johnson and Hoeting, 2011）を用いることができる．

5.2.3　異　方　性

ここで，前述した異方性についてもう少し詳しく述べたい．異方性とは，空間的自己相関の構造，すなわちバリオグラムや共分散関数の構造が，方向によって異なるという現象である．例えば都市を例にとれば，我が国の都市は，城塞都市としての歴史をもつ欧州の多くの都市とは異なり，鉄道を中心として発展してきたという経緯があり，鉄道の路線方向には地価データ間の相関が強いが，路線と垂直の方向には相関が弱いというような特徴があると考えられる（Tsutsumi and Seya, 2009）．異方性には，レンジのみが方向によって異なり，シルは方向に関係なく一定である幾何学的異方性（geometric anisotropy）と，両者とも異なる帯状異方性（zonal anisotropy）の 2 種類がある（例えば，Zimmerman, 1993；松田・小池, 2004）．このうち幾何学的異方性については，座標変換によって比較的簡単に考慮することが可能である．

今，$Y_1(\boldsymbol{s})$ が，上で考察してきたような，平均 $\bar{m}$，共分散関数 $C_1(\boldsymbol{h})$ をもつ 2 次定常でかつ等方的な空間過程であるとしよう．ここで，$\boldsymbol{B}$ を $d\times d$ の実行

30　R の gstat パッケージの krige.cv 関数や，geoR パッケージの xvalid 関数が利用可能．

31)　DIC は R のパッケージの spBayes を用いて計算できる．

列とし，$\boldsymbol{B}$ を用いて座標変換した空間過程 $Y(\boldsymbol{s})=Y_1(\boldsymbol{Bs})$ を考える．幾何学的異方性が存在する場合でも，$E[Y(\boldsymbol{s})]=E[Y_1(\boldsymbol{s})]$ が成り立ち，シルの大きさは $Y(\boldsymbol{s})$ と $Y_1(\boldsymbol{s})$ で変わらないので，$Var[Y(\boldsymbol{s})]=Var[Y_1(\boldsymbol{s})]$ が成り立つ．一方で，共分散については，

$$Cov[Y(\boldsymbol{s}),Y(\boldsymbol{s}+\boldsymbol{h})]=C(\boldsymbol{h})=Cov[Y_1(\boldsymbol{Bs}),Y_1(\boldsymbol{B}(\boldsymbol{s}+\boldsymbol{h}))] \tag{5.2.21}$$

$$=C_1(\boldsymbol{Bh}), \tag{5.2.22}$$

となる．したがって，$C_1(\boldsymbol{h})$ が等方的であれば，$C(\boldsymbol{h})=C_1(\|\boldsymbol{Bh}\|)$ は幾何学的異方性をもつ共分散関数となり，$Y(\boldsymbol{s}^*)=Y(\boldsymbol{B}^{-1}\boldsymbol{s}^*)$ は等方的な共分散関数をもつ．例えば，図 5.2.1 に示される幾何学的異方性については，$d=2$ の例では次のような拡大/縮小と回転を表す線形変換によって対処可能である．

$$\boldsymbol{B}^{-1}=\begin{bmatrix}1 & 0\\ 0 & \delta\end{bmatrix}\begin{bmatrix}\cos(\phi) & -\sin(\phi)\\ \sin(\phi) & \cos(\phi)\end{bmatrix}. \tag{5.2.23}$$

ここで，ϕ は座標系の回転の角度を表すパラメータであり，δ は異方性比（anisotropy ratio）と呼ばれる，2 方向のレンジの比を表すパラメータである．$d=3$ の例については，Chilès and Delfiner（2012, p.99）を参照されたい．

ϕ と δ は，いくつかの方向にデータから 5.3 節で述べる経験バリオグラム（empirical variogram）をプロットして，その違いから目視で定めることが多い．図 5.2.3 は，堤・瀬谷（2010）において，つくばエクスプレス（TX）周辺の公示地価を OLS 推計した残差から，方向別（0°(−22.5°〜22.5°)，45°(22.5°〜67.5°)，90°(67.5°〜112.5°)，135°(112.5°〜157.5°)）に経験バリオグラム[32]をプロットし，球型バリオグラム関数を当てはめたものである．ここでは，45°の方向，すなわち TX の秋葉原駅とつくば駅を直線で結んだ方向において，レンジが 135°方向の約 2 倍となったため，$\delta=0.5$ と設定した．実証分析では，多くの場合空間過程の等方性が仮定されるが，この図をみれば，等方性の仮定は過度に強い仮定であることがわかる．

ここでは ϕ と δ を目視で求めているが，これらのパラメータに事前分布を設定してベイズ推定するようなアプローチも存在する（Ecker and Gelfand, 1999）．また，レンジの異方性の処理に関するその他のアプローチとしては，Ecker and Gelfand（2003）を参照されたい．

---

[32] 5.3 節参照.

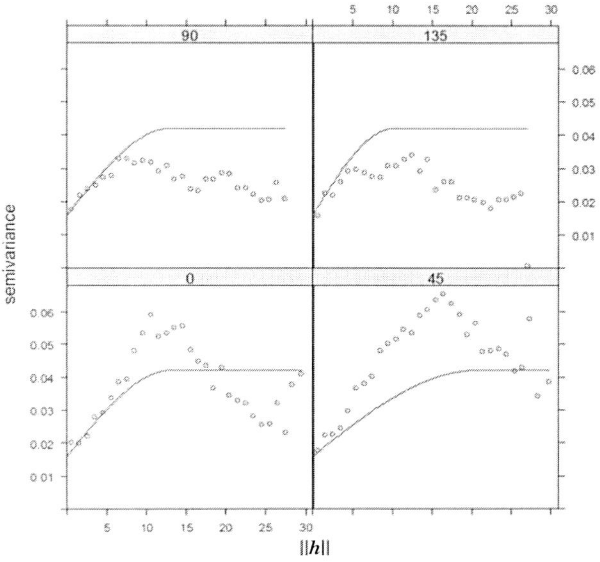

図 5.2.3 異方性の例

帯状異方性については，バリオグラムが，等方的なバリオグラムと，より大きなシルをもつ方向に関するバリオグラムの和で与えられるという入れ子構造を想定したモデル化によって対処可能である（Schabenberger and Gotway 2005, p.152）．図 5.2.3 でも，帯状異方性の存在が示唆されている．しかしながら，このようなモデル化では，空間過程の分散が 0 になってしまう場合があり，必ずしも確立された手法とはいえない．したがって実際には幾何学的異方性が存在するものとして処理されることが多い．帯状異方性の処理については，今後方法論の発展が期待される．

5.2.4 空間過程とトレンド

「確率変数間の依存関係が，距離のみに依存して決まる」という 2 次定常性は，特に社会経済データには当てはまるとは考えにくい．例えば地価で考えれば，駅付近で価格が高く，土地利用によっても価格は大きく変わるであろう．したがって，式（5.2.4）のように期待値が領域全体について一定という条件

は一般には成り立たない．そこで，Cressie（1993, p.113）では，空間過程を

$$Y(\boldsymbol{s})=m(\boldsymbol{s})+\eta(\boldsymbol{s})+\zeta(\boldsymbol{s}), \qquad \forall \boldsymbol{s}\in D, \tag{5.2.24}$$

と，大域的なトレンド（large-scale trend）成分$m(\boldsymbol{s})$，平滑（smooth-scale）成分$\eta(\boldsymbol{s})$，局所的な変動（local-scale variation）成分$\zeta(\boldsymbol{s})$に分解している．$m(\boldsymbol{s})$は，この地価の例で述べたようなトレンド成分であり，$\eta(\boldsymbol{s})$が，2次（固有）定常過程に従う成分である．ただし，実際の観測地点は離散的であり，$\min\|\boldsymbol{s}_i-\boldsymbol{s}_j\|$よりも短い距離における変動は観測できない．$\min\|\boldsymbol{s}_i-\boldsymbol{s}_j\|$が0に近いような状況を除けば，この観測点より短いところにおける局所的変動も考慮すべきであり，この変動を$\zeta(\boldsymbol{s})$によって表す．$\zeta(\boldsymbol{s})$は2次（固有）定常過程に従う成分と考えうるが，観測データがない部分での局所的な変動であるため，その相関構造を実データからモデル化することはできない．そこで，分散σ_ζ^2をもつ変動成分であると仮定されることが多い．ここで，あまり認識されていないが，重要な点を述べておきたい．式（5.2.1），(5.2.24）より，ナゲット効果は，$\tau^2=\sigma_\varepsilon^2+\sigma_\zeta^2$となる．すなわち，ナゲット効果は，観測地点間よりも短いところでの局所的な変動と，観測誤差からなるものとして定義される．しかし，繰り返しの観測のない一度の観測では，この二つの項を識別できない．したがって分析者は，統計モデルの外側（“non-statistical grounds”, Schabenberger and Gotway, 2005, p.150）において，ナゲット効果がどちらの影響によるものか，あるいはそれぞれがどの程度の割合かを決定しなければならない．また，もう一つ別の問題もある．今，任意地点に拡張した式（5.2.1）と式（5.2.24）より，

$$y(\boldsymbol{s})=m(\boldsymbol{s})+\eta(\boldsymbol{s})+\zeta(\boldsymbol{s})+\varepsilon(\boldsymbol{s}), \tag{5.2.25}$$

を得る．ここで，大域的トレンドを線形式を用いて$m(\boldsymbol{s})=\boldsymbol{X}(\boldsymbol{s})\boldsymbol{\beta}$と特定化すれば，

$$y(\boldsymbol{s})=\boldsymbol{X}(\boldsymbol{s})\boldsymbol{\beta}+u(\boldsymbol{s}), \tag{5.2.26}$$

$$u(\boldsymbol{s})\equiv\eta(\boldsymbol{s})+\zeta(\boldsymbol{s})+\varepsilon(\boldsymbol{s}), \tag{5.2.27}$$

を得る．ただし，$\boldsymbol{X}(\boldsymbol{s})$の1列目は1からなる定数項とする．この式に対するSchabenberger and Gotway（2005, p.232）の“one modeler's fixed effect (regressor variable) is another modeler's random effect (spatial dependency)”という考察は興味深い．すなわち，統計学では通常$\boldsymbol{\beta}$に興味があるため，除外変数を除去するために可能な要因は$\boldsymbol{X}(\boldsymbol{s})$を通してモデルに取り組み

たいと考える．一方で，地球統計学では，空間的な意味での予測/内挿に興味があるため，例えば地域ダミー変数などの詳細な$\boldsymbol{X}(\boldsymbol{s})$で誤差項の空間相関をほとんど除去してしまうと，空間予測の正確度が低下してしまう場合もある（堤ら, 2008）．このような選択は分析者に委ねられているので，目的による使い分けや解釈が必要である．例えば，第3章で導入した基本モデルは，地球統計モデルの枠組みでは，相関成分$\eta(\boldsymbol{s})+\xi(\boldsymbol{s})=0$の場合に相当すると解釈できよう．

現在の地球統計学のソフトウェアは，基本的にナゲット効果がすべて局所的な変動からなる，すなわち$\varepsilon(\boldsymbol{s})$がゼロで，空間過程は観測誤差を伴わずに実現するという前提で計算されている（Cressie and Wikle, 2011, p.121）．したがって本書も基本的にこの考え方を踏襲することとする．

5.3 バリオグラムのパラメータ推定

本節では，前節で導入したバリオグラムのパラメータ推定方法について述べる．代表的なバリオグラムのパラメータ推定法には，非線形最小二乗法，ML法（最尤法），REML法，ベイズ推定法がある．以下，これらの具体的方法について述べるが，その前にまず重要な概念であるバリオグラム雲（variogram cloud）と経験バリオグラムについて説明を行う．ただし，前節における議論に従い，空間過程が

$$Y(\boldsymbol{s})=m(\boldsymbol{s})+u(\boldsymbol{s}), \qquad \forall \boldsymbol{s}\in D, \tag{5.3.1}$$

と表現できるとし，観測誤差は存在しないとする．したがってここでは，$u(\boldsymbol{s})=\eta(\boldsymbol{s})+\tau(\boldsymbol{s})$と考える．

以下ではまず，$m(\boldsymbol{s})$が既知と仮定し，$u(\boldsymbol{s})$に固有定常性，あるいは2次定常性を仮定したうえで議論を進める（Hengl et al., 2007）．無論，$m(\boldsymbol{s})$が既知であることはまれであるため，何らかの方法で構造化し，そのパラメータについてもバリオグラムのパラメータ$\boldsymbol{\theta}=(\tau^2, \sigma^2, \phi)'$と同様に推定する必要がある．多くの場合，$m(\boldsymbol{s})=\boldsymbol{X}(\boldsymbol{s})\boldsymbol{\beta}$と線形型に特定化されるが，地理的加法（geoadditive）モデル（Kammann and Wand, 2003；Seya et al., 2011）のように，非線形型に特定化することも可能である．

今，点$\boldsymbol{s}_i, \boldsymbol{s}_j=\boldsymbol{s}_i-\boldsymbol{h}$における誤差成分を，それぞれ$u(\boldsymbol{s}_i)$，$u(\boldsymbol{s}_j)$としよう．

u_i, u_jと書いてもよいが，地球統計学の分野ではこの表記が用いられることが多いので，ここでもそれを踏襲する．このとき，二つの値の非類似度を表す測度γ^*は，次式で与えられる（地球統計学研究委員会, 2003, p.40）．

$$\gamma^*(\boldsymbol{h})=\frac{[u(\boldsymbol{s}_i)-u(\boldsymbol{s}_j)]^2}{2}, \tag{5.3.2}$$

ここで，非類似度γ^*が距離のみに依存すると考え（等方性の仮定），$\|\boldsymbol{h}\|=d$に対してプロットすると，図5.3.1のようなバリオグラム雲が得られる．

バリオグラム雲は，観測されたデータのみから与えられるため，任意のdについて，空間的自己相関関係をモデル化するためには，前述したような何かしらの理論バリオグラムによって置き換える必要がある（これによって同時に，観測値の任意の線形結合による予測量の分散が非負となることが保証されることになる）．しかしながら，図5.3.1のように，実際のデータから求められるバリオグラム雲では，多くの距離帯において低い非類似度を示す標本対で占められていることが普通であり（地球統計学研究委員会訳編, 2003, p.42），また外れ値などの問題から，バリオグラム雲を理論バリオグラムに当てはめることは困難な場合も多い．

そこで，距離dを，互いに範囲が重なることのないR個の区間$\hbar_r(r=1, \cdots, R)$に分割し，各区間において非類似度の平均値（経験バリオグラム）を求めるbinningと呼ばれる作業を行う[33]（図5.3.2）．区間$\hbar_r$における経験バリオ

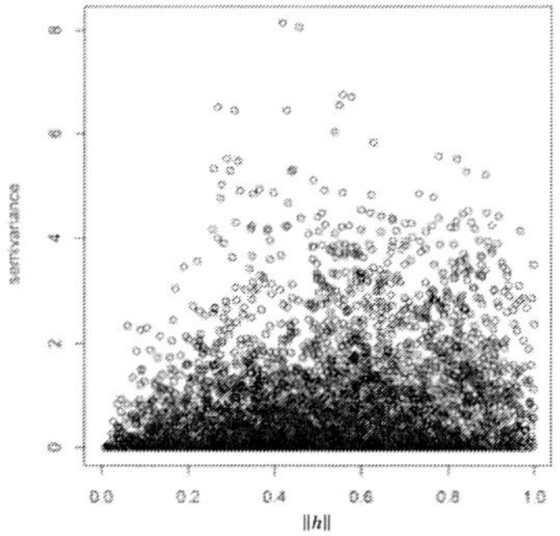

図5.3.1 バリオグラム雲の例．Rパッケージ geoR サンプルデータ s100 より計算．

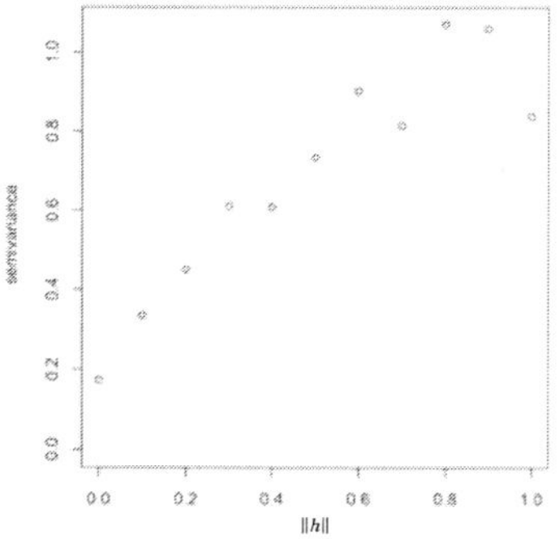

図5.3.2 経験バリオグラムの例．Rパッケージ geoR サンプルデータ s100 より計算．

グラムは次式で与えられる．

$$\gamma^*(\hbar_r)=\frac{1}{2\#N_r}\sum_{(i,j)\in N_r}[u(\boldsymbol{s}_i)-u(\boldsymbol{s}_j)]^2. \tag{5.3.3}$$

ただし，N_rは$\|\boldsymbol{s}_i-\boldsymbol{s}_j\|\approx\hbar_r$となる標本対の集合，$\#N_r$は$\|\boldsymbol{s}_i-\boldsymbol{s}_j\|\approx\hbar_r$となる標本対の数である．式（5.3.3）は$(\cdot)^2$項をもつため，異常な観測値に対する抵抗性をもたない．そこで外れ値に強い推定量としてCressie-Hawkins頑健推定量（Cressie and Hawkins, 1980）が用いられることが多い．

$$\tilde{\gamma}^*(\hbar_r)=\frac{\dfrac{1}{2}\left\{\dfrac{1}{\#N_r}\displaystyle\sum_{(i,j)\in N_r}|u(\boldsymbol{s}_i)-u(\boldsymbol{s}_j)|^{\frac{1}{2}}\right\}^4}{0.475+\dfrac{0.494}{\#N_r}}. \tag{5.3.4}$$

ここで，$|\cdot|$は絶対値を示す．具体的な導出方法については，Cressie and Hawkins（1980）を参照されたい[34]．異常値に頑健なバリオグラムとしては，他にもDowd（1984）の中央値推定量など，さまざまなものが提案されている．頑健バリオグラム推定量については，Marchant and Lark（2007）に詳しい．しかしながら，頑健推定量を適用する以前に，外れ値のチェックは入念に行われるべきである．Borssoi et al.（2011）は，Cook（1986）の局所影響法が外れ値のチェックに有用であると指摘している．また，ブートストラップによりバリオグラムの不確実性の評価を行う手法も発達してきており（Ortiz and Deutsch, 2002；Wang and Wall, 2003），そのためのプログラムも開発されている（Pardo-Igúzquiza and Olea, 2012）．

以下では，経験バリオグラムに理論バリオグラムを当てはめる（理論バリオグラムのパラメータ推定）方法について具体的に述べる．

5.3.1　非線形最小二乗法

今，理論バリオグラムをγ，経験バリオグラムをγ^*とする．理論バリオグラムのパラメータベクトルを$\boldsymbol{\theta}$としたとき，非線形通常最小二乗法（nonlinear ordinary least squares（NOLS）method）では，次式を最小化するパラメータ

---

[33] このような，一定の集計によってデータの構造が浮かび上がることも少なくないが，binningは恣意的になりがちな難しい作業であるため，観測点数が多すぎない場合は，バリオグラム雲に直接理論バリオグラムを当てはめるべきであるという指摘もある（Glatzer and Müller, 2004）．

[34] この関数は，例えばRのgstat, geoRパッケージなどで容易に実装可能である．

$\boldsymbol{\theta}$を推定する.

$$\sum_{r=1}^{R}[\gamma^*(\hbar_r)-\gamma(\hbar_r|\boldsymbol{\theta})]^2. \tag{5.3.5}$$

しかしこの手法では，γ^*の分布の変動（不均一分散の存在）や共変動（バリオグラム同士の系列相関）が考慮されていない（Cressie, 1993）．そこで実証研究では，Cressie（1985）による非線形重み付き最小二乗法（nonlinear weighted least squares（NWLS）method）が用いられることが多い.

$$\sum_{r=1}^{R}[Var\{\gamma^*(\hbar_r)\}]^{-1}[\gamma^*(\hbar_r)-\gamma(\hbar_r|\boldsymbol{\theta})]^2. \tag{5.3.6}$$

一般に，dが大きくなると標本対数は減少し，分散が大きくなる．統計学では分散の逆数を精度と呼ぶことがあるが，このケースでいえば，精度はdが小さい部分で大きく，dが大きい部分で小さいということになる．したがって，式（5.3.6）における分散項を，標本対の数に応じた重み付けによって近似するという方法が用いられる．具体的には，

$$Var[\gamma^*(\hbar_r)]\approx 2\gamma(\hbar_r|\boldsymbol{\theta})^2/\#N_r, \tag{5.3.7}$$

を用いる．いうまでもなく，NWLS法は，不均一分散の存在のみを考慮した方法であり，γ^*の分布の共変動は考慮できない．これに対して，バリオグラム同士の系列相関も考慮した非線形一般化最小二乗法（nonlinear generalized least squares（NGLS）method）によるパラメータ法も提案されている．しかしながら実際には簡便性からNWLS法が使われることが多い.

さて，ここまで$m(\boldsymbol{s})$は既知であると仮定してきたが，無論このようなケースはまれである．多くの場合，$m(\boldsymbol{s})=\boldsymbol{X}(\boldsymbol{s})\boldsymbol{\beta}$という線形型のトレンド項をもつモデルが想定される．自然科学においては，$\boldsymbol{X}(\boldsymbol{s})$に導入される変数が，位置座標の多項式のみである場合も多い．ここで，$\boldsymbol{\beta}$は未知であるため，$\boldsymbol{\theta}$とともに推定する必要がある．今，離散的なn個の地点で説明変数が得られたとして，説明変数行列を$\boldsymbol{X}$としたとき，既往研究では，簡単に$\boldsymbol{\beta}$をOLS推定し，その残差から作成した経験バリオグラムに，理論バリオグラムを当てはめることが少なくない（例えば，Chua, 1982；Dingman et al., 1988）．しかしながら，OLSは誤差項における空間的自己相関が存在しないことを前提としたパラメータ推定手法であり，OLS法で推定された残差から経験バリオグラムを求めることには論理的な矛盾がある．また，OLS残差から求めたバリオグ

ラムや共分散関数のパラメータ推定量にはバイアスがあることが知られている（Cressie, 1993, p.71）．したがって，トレンド項のパラメータ推定はGLS法による必要があるが，GLSで必要となる分散共分散行列が未知であるという問題が生じる．そこで，次のような繰り返し計算でパラメータを推定する，iteratively re-weighted generalized least squares（IRWGLS）法が用いられる（例えば，Schabenberger and Gotway, 2005, pp.256–259）．アルゴリズムは，次のようにまとめられる．

［1］OLSにより$\boldsymbol{\beta}$の推定値$\widehat{\boldsymbol{\beta}}_{ols}$を求める．

［2］残差ベクトル$\boldsymbol{y}-\boldsymbol{X}\widehat{\boldsymbol{\beta}}_{ols}$を計算する．

［3］Cressie and Hawkins（1980）推定量などにより残差に関する経験バリオグラムを得る．

［4］経験バリオグラムに，NWLSにより理論バリオグラムを当てはめ，$\widehat{\boldsymbol{\theta}}_{nwls}$を得る．

［5］推定された理論バリオグラムから共分散関数を求め，分散共分散行列を既知として，EGLS（estimated GLS）法によりトレンドパラメータの推定値$\widehat{\boldsymbol{\beta}}_{gls}$を得る．

［6］［3］～［5］を，$\boldsymbol{\beta}$および$\boldsymbol{\theta}$が十分に収束するまで繰り返す．

$\boldsymbol{\beta}$のIRWGLS推定量はEGLS推定量となり，繰り返し計算の結果次式で与えられる．

$$\widehat{\boldsymbol{\beta}}_{irwgls}=[\boldsymbol{X}'\boldsymbol{\Sigma}(\widehat{\boldsymbol{\theta}}_{irwgls})^{-1}\boldsymbol{X}]^{-1}\boldsymbol{X}'\boldsymbol{\Sigma}(\widehat{\boldsymbol{\theta}}_{irwgls})^{-1}\boldsymbol{y}. \tag{5.3.8}$$

また，その分散共分散行列は，

$$Var(\widehat{\boldsymbol{\beta}}_{irwgls})=[\boldsymbol{X}'\boldsymbol{\Sigma}(\widehat{\boldsymbol{\theta}}_{irwgls})^{-1}\boldsymbol{X}]^{-1}, \tag{5.3.9}$$

で与えられる．ここで，$\boldsymbol{\Sigma}$はその要素を共分散関数で与える分散共分散行列である．dが大きくなるにつれて，標本対の数が少なくなるため，NWLSにおいてどこまでのdを考慮すべきかという閾値の設定は悩みどころである．Cressie（1985）は$\# N_r>30$かつ最大距離の半分以下の距離帯は，推定に含めるという実用的なルールを紹介している．しかし，いうまでもなくこれも一般性をもつ回答ではなく，実証分析においては一定の試行錯誤が必要となる．

5.3.2　ML　法

地球統計モデルのパラメータをML推定する．今，観測誤差はないとし，次のようなモデルを考えよう.

$$\boldsymbol{y} \sim N(\boldsymbol{X}\beta, \boldsymbol{\Sigma}(\boldsymbol{\theta})). \tag{5.3.10}$$

ここで, $\boldsymbol{\Sigma}(\boldsymbol{\theta})=\tau^2\boldsymbol{I}_{[n]}+\sigma^2\boldsymbol{H}(\phi)$ であり, $\boldsymbol{H}$ はその i, j 要素を相関関数で与える $n\times n$ の相関行列である. 例えば, 指数型の場合, 表5.2.2より, $H_{ij}=\exp(-\phi\|d_{ij}\|)$ となる（ただし, 等方性を仮定). このとき, 対数尤度関数は, 次式のように与えられる.

$$l(\boldsymbol{y}|\beta, \boldsymbol{\theta})=-\frac{n}{2}\ln(2\pi)-\frac{1}{2}\ln|\boldsymbol{\Sigma}(\boldsymbol{\theta})|-\frac{1}{2}(\boldsymbol{y}-\boldsymbol{X}\beta)'\boldsymbol{\Sigma}(\boldsymbol{\theta})^{-1}(\boldsymbol{y}-\boldsymbol{X}\beta). \tag{5.3.11}$$

この対数尤度関数を最大化するパラメータ β, $\boldsymbol{\theta}$ を求めればよい. 通常, β の最尤推定量

$$\widehat{\beta}_{ml}=[\boldsymbol{X}'\boldsymbol{\Sigma}(\boldsymbol{\theta})^{-1}\boldsymbol{X}]^{-1}\boldsymbol{X}'\boldsymbol{\Sigma}(\boldsymbol{\theta})^{-1}\boldsymbol{y}, \tag{5.3.12}$$

を式（5.3.11）に代入することで, $\boldsymbol{\theta}$ に関する集約対数尤度関数（concentrated log likelihood function）が

$$l_C(\boldsymbol{y}|\boldsymbol{\theta})=const.-\frac{1}{2}\ln|\boldsymbol{\Sigma}(\boldsymbol{\theta})|-\frac{1}{2}\boldsymbol{y}'\boldsymbol{P}(\boldsymbol{\theta})\boldsymbol{y}, \tag{5.3.13}$$

と得られる. ただし, $\boldsymbol{P}(\boldsymbol{\theta})=\boldsymbol{\Sigma}(\boldsymbol{\theta})^{-1}-\boldsymbol{\Sigma}(\boldsymbol{\theta})^{-1}\boldsymbol{X}[\boldsymbol{X}'\boldsymbol{\Sigma}(\boldsymbol{\theta})^{-1}\boldsymbol{X}]^{-1}\boldsymbol{X}'\boldsymbol{\Sigma}(\boldsymbol{\theta})^{-1}$ である. $l_C(\boldsymbol{y}|\boldsymbol{\theta})$ は $\boldsymbol{\theta}$ に対する非線形関数なので, 最尤推定量 $\widehat{\boldsymbol{\theta}}_{ml}$ は, 非線形最適化によって得る. 具体的な方法についてはZimmerman（2010), およびその参考文献を参照されたい.

5.3.3 REML法

ML法では, 本来不必要なパラメータ β（いわゆる, 局外母数）も同時に推定しているため, $\boldsymbol{\theta}$ の推定精度が低下してしまうという問題が起こる. 特にサンプル数が小さいとき, この問題は影響が大きい（Harville, 1977). そこで, $\boldsymbol{\theta}$ が β に依存しないように線形変換を施した, REML法が提案されている. REML法は, 1980年代, Kitanidisらによって地球統計モデルに持ち込まれた（例えば, Kitanidis, 1983). そこでは, 観測値に関する尤度ではなく, error contrastsと呼ばれる観測値の線形結合に関する尤度を最大化する. すなわち, 今, $\boldsymbol{B}$ を $E[\boldsymbol{By}]=\boldsymbol{0}$ かつ $rank[\boldsymbol{By}]=n-k$ を満たす $(n-k)\times n$ 行列としたとき, $\boldsymbol{y}$ ではなく $\boldsymbol{By}$ に対して, ML法が適用される. この変換により平均に関する項は消えるため, 残差最尤法（residual maximum likelihood）と呼ばれる

こともある（Schabenberger and Gotway, 2005, p.262）．$\boldsymbol{B}$ の与え方はさまざま考えられるが，3.2 節で述べたべき等行列 $\boldsymbol{M_X}=[\boldsymbol{I}-\boldsymbol{X}(\boldsymbol{X}'\boldsymbol{X})^{-1}\boldsymbol{X}']$ を前から $\boldsymbol{y}$ にかけると，残差ベクトルが得られるため，これを用いることが考えられる．対数尤度関数は次式のようになる．

$$l_R(\boldsymbol{y}|\boldsymbol{\theta})=const.-\frac{1}{2}\ln|\boldsymbol{\Sigma}(\boldsymbol{\theta})|-\frac{1}{2}\ln|\boldsymbol{X}'\boldsymbol{\Sigma}(\boldsymbol{\theta})^{-1}\boldsymbol{X}|-\frac{1}{2}\boldsymbol{y}'\boldsymbol{P}(\boldsymbol{\theta})\boldsymbol{y}. \qquad (5.3.14)$$

この対数尤度関数を最大化するような共分散関数のパラメータ $\hat{\boldsymbol{\theta}}_{reml}$ を求めればよい．$l_R(\boldsymbol{y}|\boldsymbol{\theta})$ の最大化による推定量は，局外母数を推定せず直接 $\boldsymbol{\theta}$ を推定しているため，特に小標本において $\boldsymbol{\theta}$ の ML 推定量がもつ過小方向のバイアスを軽減する効果をもつと考えられる（Kitanidis, 1985）．しかし，Irvine et al.（2007）は，指数型モデルについて ML 法と REML 法の推定量の比較を行い，REML 法は効果的に共分散関数パラメータのバイアスを減少させる一方で，レンジの分布の上側裾が厚くなる傾向にあるため，平均二乗誤差でみて，ML 推定量より悪化する場合もあると指摘している．この問題は，レンジが大きく，ナゲットシル比（ナゲット/シル）が大きくなるほど深刻になる．しかしながらこの結果は，$k=1$ に関する結果であり，説明変数が多いような状況では，一般に REML 法が ML 法より良い結果をもたらすと指摘されている（Cressie, 1993, p.93）．

さて，ML/REML 法においては，非線形最小二乗アプローチと異なり経験バリオグラムを使用しないため，式（5.3.3）のように，非類似度を距離帯ごとに「平均」するという binning を必要としない．binning や考慮する最大距離帯の設定は最終的な予測結果にまで影響を与える難しい作業であるため，この点は重要である．

5.3.4　ベイズ推定法

今，パラメータをベイズ推定するにあたり，パラメータ集合（ベクトル）$\boldsymbol{\delta}=(\beta,\sigma^2,\tau^2,\phi)'$ に関する事前分布は独立，すなわち $\pi(\boldsymbol{\delta})=\pi(\beta)\pi(\sigma^2)\pi(\tau^2)\pi(\phi)$ が満たされるとしよう．ベイズの定理 $p(\boldsymbol{\delta}|\boldsymbol{y})\propto p(\boldsymbol{y}|\boldsymbol{\delta})p(\boldsymbol{\delta})$ より，尤度関数と事前確率密度関数を合成することで各パラメータの事後確率密度関数を求めることができる．基本モデルにおいては，条件付き事後分布が標準的な分布となったため，ギブズ・サンプラーによる事後分布評価が可能であった．しか

しながら，地球統計モデルにおいては，一般に相関パラメータ ϕ（レンジの逆数）の事後分布が標準的な分布とはならないため，MH アルゴリズムなどを用いる必要がある．以下，この点を具体的にみていこう．

式（5.3.10）を，計算の都合上次のような条件付きモデルに書き換える (Banerjee et al., 2004, p.131)．

$$\boldsymbol{y}|\boldsymbol{\beta}, \boldsymbol{\eta}, \tau^2 \sim N(\boldsymbol{X\beta}+\boldsymbol{\eta}, \tau^2\boldsymbol{I}), \tag{5.3.15}$$
$$\boldsymbol{\eta}|\sigma^2, \phi \sim N(\boldsymbol{0}, \sigma^2\boldsymbol{H}(\phi)).$$

ここで，$\boldsymbol{\eta}$ は空間ランダム効果 $\eta(\boldsymbol{s}_i)$ からなるベクトルである．このような階層モデルとすることで，分散パラメータに関する条件付き事後分布が簡単な形で書けるようになる．ただし，一般に数値計算の安定性は，逆行列が $\sigma^2\boldsymbol{H}(\phi)^{-1}$ で与えられる本式より，$(\tau^2\boldsymbol{I}+\sigma^2\boldsymbol{H})^{-1}$ を用いる式（5.3.10）のほうが高い点には注意が必要である．事後分布は次式に比例することとなる．

$$p(\boldsymbol{y}|\boldsymbol{\beta}, \boldsymbol{\eta}, \tau^2)\,p(\boldsymbol{\eta}|\sigma^2, \phi)\,p(\boldsymbol{\beta})\,p(\tau^2)\,p(\sigma^2)\,p(\phi). \tag{5.3.16}$$

ここで，各パラメータの事前分布を，$\boldsymbol{\beta} \sim N(\dot{\boldsymbol{\beta}}, \dot{\boldsymbol{E}})$, $\sigma_\varepsilon^2 \sim IG(a_\sigma/2, b_\sigma/2)$, $\tau^2 \sim IG(a_\tau/2, b_\tau/2)$，$\phi \sim Ga(a_\phi, b_\phi)$ と設定する．ただし，$Ga(a, b)$ は平均が $a \cdot b$ となるガンマ分布を示す．各パラメータに関する条件付き事後分布は，次のように求められる．

$$\boldsymbol{\beta}|\boldsymbol{\eta}, \tau^2, \boldsymbol{y}, \boldsymbol{X} \sim N(\ddot{\boldsymbol{\beta}}, \ddot{\boldsymbol{E}}), \tag{5.3.17}$$
$$\boldsymbol{\eta}|\boldsymbol{\beta}, \tau^2, \sigma^2, \phi, \boldsymbol{y} \sim N(\ddot{\boldsymbol{\eta}}, \ddot{\boldsymbol{F}}), \tag{5.3.18}$$
$$\tau^2|\boldsymbol{\beta}, \boldsymbol{\eta}, \boldsymbol{y} \sim IG(a_\tau+n, b_\tau+(\boldsymbol{y}-\boldsymbol{X\beta}-\boldsymbol{\eta})'(\boldsymbol{y}-\boldsymbol{X\beta}-\boldsymbol{\eta})), \tag{5.3.19}$$
$$\sigma^2|\boldsymbol{\eta}, \phi \sim IG(a_\sigma+n, b_\sigma+\boldsymbol{\eta}'\boldsymbol{H}^{-1}(\phi)\boldsymbol{\eta}), \tag{5.3.20}$$
$$p(\phi|\boldsymbol{\eta}, \sigma^2) \propto p(\phi) \times \exp\left(-\frac{1}{2\sigma^2}\boldsymbol{\eta}'\boldsymbol{H}^{-1}(\phi)\boldsymbol{\eta}\right), \tag{5.3.21}$$

ただし，$\ddot{\boldsymbol{\beta}}=\left(\frac{1}{\tau^2}\boldsymbol{X}'\boldsymbol{X}+\dot{\boldsymbol{E}}^{-1}\right)^{-1}\left(\frac{1}{\tau^2}\boldsymbol{X}'(\boldsymbol{y}-\boldsymbol{\eta})+\boldsymbol{E}^{-1}\dot{\boldsymbol{\beta}}\right)$, $\ddot{\boldsymbol{E}}=\left(\frac{1}{\tau^2}\boldsymbol{X}'(\boldsymbol{y}-\boldsymbol{\eta})+\boldsymbol{E}^{-1}\dot{\boldsymbol{\beta}}\right)$,

$\ddot{\boldsymbol{\eta}}=\left(\frac{1}{\tau^2}\boldsymbol{I}+\frac{1}{\sigma^2}\boldsymbol{H}^{-1}(\phi)\right)^{-1}\left(\frac{1}{\tau^2}(\boldsymbol{y}-\boldsymbol{X\beta})\right)$, $\ddot{\boldsymbol{F}}=\left(\frac{1}{\tau^2}(\boldsymbol{y}-\boldsymbol{X\beta})\right)$.

パラメータの推定には，MCMC 法を用いる．条件付き分布の式からわかるように，パラメータ ϕ 以外は，条件付き事後分布が標準的な分布となっており，ギブズ・サンプラーにより容易に乱数を発生できる．しかしながら，ϕ に関する事後分布は標準的な形式となっておらず，MH アルゴリズムなどを用いる必要がある．

次節で詳しく述べるように，任意地点におけるデータ値の空間予測は，クリギングと呼ばれるが，ベイズ統計の枠組みでは，これを予測分布を用いて行うことが可能である（ベイジアン・クリギング（Bayesian kriging））．

$$p(y(\boldsymbol{s}_0)|\boldsymbol{y})=\int p(y(\boldsymbol{s}_0)|\boldsymbol{y},\boldsymbol{\theta})p(\boldsymbol{\theta}|\boldsymbol{y})d\boldsymbol{\theta} \qquad (5.3.22)$$

$$\approx\frac{1}{T}\sum_{t=1}^{T}p(y(\boldsymbol{s}_0)|\boldsymbol{y},\boldsymbol{\theta}^{(t)}).$$

ここで，$p(y(\boldsymbol{s}_0)|\boldsymbol{y},\boldsymbol{\theta})=N[\{\boldsymbol{X}'(\boldsymbol{s}_0)\boldsymbol{\beta}+\boldsymbol{c}'\boldsymbol{\Sigma}^{-1}(\boldsymbol{y}-\boldsymbol{X}\beta)\},\{\tau^2+\sigma^2-\boldsymbol{c}'\boldsymbol{\Sigma}^{-1}\boldsymbol{c}\}]$，$T$ は burn-in を除く MCMC サンプル数，$\boldsymbol{y}(\boldsymbol{s}_0)$は予測値，$\boldsymbol{X}(\boldsymbol{s}_0)$は$k\times1$の予測地点における説明変数ベクトル，$\boldsymbol{c}$ は予測値と観測値の共分散関数からなる $n\times1$ ベクトルである．パラメータ推定に，頻度主義や尤度主義の手法（二乗誤差最大化アプローチや ML 法）を用いた場合，推定されたパラメータをクリギング予測量を求める式に代入（プラグイン）するという方法をとるため，パラメータの不確実性が空間予測に反映されない．一方，ベイジアン・クリギングでは，式（5.3.22）によって，パラメータの不確実性を分布として予測に取り込むことが可能である．

MCMC の計算においては，MCMC サンプル間の高い相関を除くため，二つの分散パラメータは，対数変換されることもある（Johnson and Hoeting, 2011）．また，より洗練された MH アルゴリズム（Minasny et al., 2011）や，スライスサンプラー（Agarwal and Gelfand, 2005）を用いるなどのアルゴリズムの効率化に関する研究や，事前分布の与え方の工夫といった研究も行われている（Kazianka and Pilz, 2012）．

5.4 クリギング

5.4.1 空間予測とクリギング

地球統計モデルは，空間過程に弱定常性や固有定常性を仮定するため，自然な形で任意地点における確率変数の空間予測に用いることができる．予測という用語は，将来予測を目的に用いられることも多いため，紛らわしさを含むが，ここでは，観測点以外の任意点における確率変数の推計という意味で用い

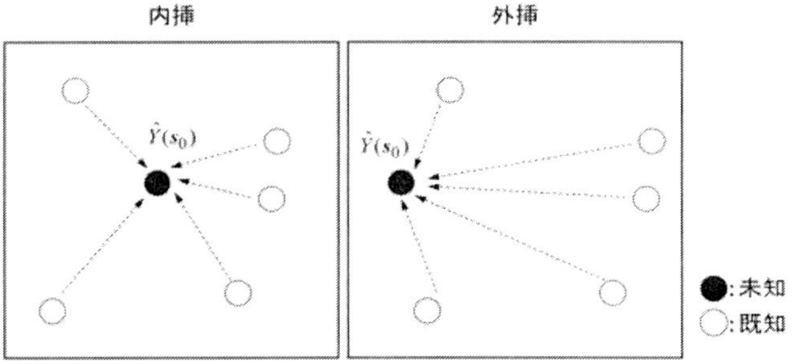

図 5.4.1 空間内挿（補間）と空間外挿（補外）

ている．以下，本書では，空間予測と，予測を特に区別せずに用いることとする．

空間データは，予算・技術などの制約，あるいは，プライバシー保護の政策など，さまざまな理由から限られた観測地点でしか測定が行われないことが多い．したがって，離散的な観測データから，データの地理的な分布を推計するなど，何らかの予測が必要になる場合は少なくない．空間予測は，空間内挿と，空間外挿からなる（図 5.4.1）．前者は，観測値の存在する地理的範囲の内側の数値を予測するものであり，後者は外側の数値を予測するものである．直観的に明らかなように，外挿は内挿に比べて高い正確度や精度での予測が難しい[35]．

現在に至るまで，数多くの空間予測手法が提案されてきた[36]．古典的な空間予測法である inverse distance weighting（IDW）法では，距離の逆数を重みとし，観測値の線形和として任意地点におけるデータの予測値を確定的に求める．この手法は，空間的自己相関情報のみから予測を試みる手法であるといえる．ただし，この手法では観測点相互の関係（例えば，図 5.4.1 において，観測点が上側にばかり配置されているか，上側にも下側にもバランス良く配置

---

35) 本書では，真値とのずれの少なさという意味で，「正確度」（accuracy）という呼称を用いている．我が国ではこの意味で精度という言葉が用いられることも多いが，精度は予測量のばらつき（precision）を表す用語として使われることもあるため，紛らわしい用語となる可能性をはらむからである（例えば，有川・太田，2007）．

36) さまざまな空間予測手法に関するレビューについては，Lam（1993）を参照されたい．

されているかの違い）は考慮されない．

一方，回帰モデルでは，属性情報 $\boldsymbol{X}$ を用いて確率的に予測値を求める．そのため，予測誤差の分散が得られるというメリットがある．これにより，内挿値・外挿値の信頼性を客観的に評価することが可能になる．しかしながら，基本モデルによる予測においては，空間的自己相関は考慮されない．

クリギング手法の一つである普遍型クリギングは，これら両側面を考慮した手法である．Li and Heap（2011）は，代表的な空間予測手法についてまとめるとともに，空間予測の精度や正確度に関する 18 の比較研究を紹介しているが，そこでは主要な結論として，"*In general, kriging methods perform better than non-geostatistical methods*" と述べている．

クリギングは，任意地点の確率変数の BLUP を与える統計的に優れた手法であり[37]，［ i ］空間的自己相関を考慮する，［ ii ］観測値同士の相対的な位置関係を考慮する，［iii］回帰モデルを組み合わせてさまざまなトレンド要因を考慮できる，［iv］観測地点では，観測誤差がなければ観測値と予測値が一致する，［ v ］予測誤差が計算可能といった特徴がある．以下，前節までの議論を踏まえながら，クリギングについて説明する．

今，予測量の「良さ」を定義するために，予測地点 $\boldsymbol{s}_0$ における予測量 $\widehat{Y}(\boldsymbol{s}_0)$ と真の値 $Y(\boldsymbol{s}_0)$ との間の損失関数（loss function）を，

$$Loss\ Function = [Y(\boldsymbol{s}_0) - \widehat{Y}(\boldsymbol{s}_0)]^2, \tag{5.4.1}$$

で定義する．しかしながらこの量は確率的に変動するため，その期待値（平均二乗予測誤差（mean squared prediction error（MSPE）））

$$E[\{Y(\boldsymbol{s}_0) - \widehat{Y}(\boldsymbol{s}_0)\}^2], \tag{5.4.2}$$

を最小化するような予測量を求めることを考える．クリギング予測量は，MSPE を最小化するように求められる合理的な予測量である．以下，いくつかの代表的なクリギング手法について説明を行う．

5.4.2 通常型クリギング

通常型クリギング（ordinary kriging（OK））では，トレンド成分 $m(\boldsymbol{s})$ も含めた変量 $Y(\boldsymbol{s})$ に対して固有定常が仮定される．すなわち，領域内のすべての

---

37) ただし，いくつかの非線形予測量も存在する．

点において$E[Y(\boldsymbol{s})]=m(\boldsymbol{s})=\overline{m}$であるという強い仮定が置かれている点に注意が必要である．OK において，任意地点$\boldsymbol{s}_0$における予測量$\widehat{Y}(\boldsymbol{s}_0)_{ok}$は，観測地点における確率変数の線形和として次式のように与えられるとする．

$$\widehat{Y}(\boldsymbol{s}_0)_{ok}=\sum_{i=1}^{n}\chi_i Y_i=\boldsymbol{\chi}'\boldsymbol{Y}. \tag{5.4.3}$$

ただし，$\boldsymbol{\chi}=(\chi_1,\cdots,\chi_n)'$である．また，観測地点$\boldsymbol{s}_i$における確率変数ベクトル$\boldsymbol{Y}=[Y(\boldsymbol{s}_1), Y(\boldsymbol{s}_2),\cdots, Y(\boldsymbol{s}_n)]'$を簡単に$\boldsymbol{Y}=(Y_1,\cdots,Y_n)'$と記述している．ここで，予測量が不偏となるためには，予測誤差の期待値が次式のように0とならなければならない．

$$E[Y(\boldsymbol{s}_0)-\widehat{Y}(\boldsymbol{s}_0)_{ok}]=E[Y(\boldsymbol{s}_0)-\sum_{i=1}^{n}\chi_i Y_i]=\overline{m}-\sum_{i=1}^{n}\chi_i E[Y_i]=0. \tag{5.4.4}$$

すなわち，$\sum_{i=1}^{n}\chi_i=1$（または$\overline{m}=0$）が不偏性の条件となる．この不偏制約の下で損失関数の期待値を最小にすればよい．これは，次式に示されるラグランジュ関数Φの最小化に他ならない．ここで，$\tilde{\lambda}$はラグランジュ乗数であるが，後述の SEM のパラメータλと区別するために$\tilde{\lambda}$と表記している．また，式展開の見やすさを考えて，ラグランジュ項は2倍している．

$$\Phi=E[(Y(\boldsymbol{s}_0)-\widehat{Y}(\boldsymbol{s}_0)_{ok})^2]-2\tilde{\lambda}\left(\sum_{i=1}^{n}\chi_i-1\right). \tag{5.4.5}$$

ここで，期待二乗予測誤差$E[(Y(\boldsymbol{s}_0)-\widehat{Y}(\boldsymbol{s}_0)_{ok})^2]$は，不偏性の制約より，$Var[(Y(\boldsymbol{s}_0)-\widehat{Y}(\boldsymbol{s}_0)_{ok})]$に等しい．

式（5.4.5）より，次式を得る．

$$\Phi=-\sum_{i=1}^{n}\sum_{j=1}^{n}\chi_i\chi_j\gamma(\boldsymbol{s}_i-\boldsymbol{s}_j)+2\sum_{i=1}^{n}\chi_i\gamma(\boldsymbol{s}_0-\boldsymbol{s}_i)-2\tilde{\lambda}\left(\sum_{i=1}^{n}\chi_i-1\right). \tag{5.4.6}$$

この式を最小化するようなパラメータ$\chi_1,\cdots,\chi_n$および$\tilde{\lambda}$を決定するには，これらのパラメータでΦを偏微分して0と置けばよく，それにより次式のような正規方程式が得られる（Cressie, 1993, p.121）．

$$\begin{pmatrix}\gamma(\boldsymbol{s}_1-\boldsymbol{s}_1) & \cdots & \gamma(\boldsymbol{s}_1-\boldsymbol{s}_n) & 1\\ \vdots & \gamma(\boldsymbol{s}_i-\boldsymbol{s}_j) & \vdots & \vdots\\ \gamma(\boldsymbol{s}_n-\boldsymbol{s}_1) & \cdots & \gamma(\boldsymbol{s}_n-\boldsymbol{s}_n) & 1\\ 1 & \cdots & 1 & 0\end{pmatrix}\begin{pmatrix}\chi_1\\ \vdots\\ \chi_n\\ \tilde{\lambda}\end{pmatrix}=\begin{pmatrix}\gamma(\boldsymbol{s}_0-\boldsymbol{s}_1)\\ \vdots\\ \gamma(\boldsymbol{s}_0-\boldsymbol{s}_n)\\ 1\end{pmatrix}, \tag{5.4.7}$$

または，$\boldsymbol{\Gamma}_0\boldsymbol{\chi}_0=\boldsymbol{\gamma}_0$.

これを解くと，重みパラメータベクトル$\boldsymbol{\chi}=(\chi_1,\cdots,\chi_n)'$，ラグランジュ乗数$\tilde{\lambda}$

が次のように求まる.

$$\boldsymbol{\chi}'=\left[\boldsymbol{\gamma}+\boldsymbol{1}\frac{(1-\boldsymbol{1}'\boldsymbol{\Gamma}^{-1}\boldsymbol{\gamma})}{\boldsymbol{1}'\boldsymbol{\Gamma}^{-1}\boldsymbol{1}}\right]'\boldsymbol{\Gamma}^{-1}, \tag{5.4.8}$$

$$\tilde{\lambda}=-\frac{1-\boldsymbol{1}'\boldsymbol{\Gamma}^{-1}\boldsymbol{\gamma}}{\boldsymbol{1}'\boldsymbol{\Gamma}^{-1}\boldsymbol{1}}. \tag{5.4.9}$$

ただし, $\boldsymbol{\gamma}=[\gamma(\boldsymbol{s}_0-\boldsymbol{s}_1),\cdots,\gamma(\boldsymbol{s}_0-\boldsymbol{s}_n)]'$で, $\boldsymbol{\Gamma}$はその(i,j)要素を$\gamma(\boldsymbol{s}_i-\boldsymbol{s}_j)$で与える$n\times n$行列である.

以上より地点$\boldsymbol{s}_0$におけるOK予測量は,

$$\widehat{Y}(\boldsymbol{s}_0)_{ok}=\boldsymbol{\chi}'\boldsymbol{Y}, \tag{5.4.10}$$

で与えられる. 最小化された予測誤差の分散$\sigma^2(\boldsymbol{s}_0)_{ok}=Var[Y(\boldsymbol{s}_0)-\widehat{Y}(\boldsymbol{s}_0)_{ok}]$(または, 期待二乗予測誤差)は, クリギング分散 (kriging variance) と呼ばれ, OK分散は

$$\widehat{\sigma}^2(\boldsymbol{s}_0)_{ok}=\boldsymbol{\chi}'\boldsymbol{\gamma}+\tilde{\lambda}, \tag{5.4.11}$$

または

$$\widehat{\sigma}^2(\boldsymbol{s}_0)_{ok}=2\sum_{i=1}^{n}\chi_i\gamma(\boldsymbol{s}_0-\boldsymbol{s}_i)-\sum_{i=1}^{n}\sum_{j=1}^{n}\chi_i\chi_j\gamma(\boldsymbol{s}_i-\boldsymbol{s}_j), \tag{5.4.12}$$

で与えられる. クリギング分散は, 予測量の分散を意味するものではない点に注意されたい. 5.2節において, バリオグラムは, 条件付き負定値符号性を満たす必要があると述べたが, それは単に, 予測量の分散が非負値を示さなければならないということを表しているに過ぎない.

$Y(\boldsymbol{s})$の空間過程がGP (正規過程) に従うという仮定のもと, 予測値の95%信頼区間が次のように構成できる (Chilès and Delfiner, 2012, p.175).

$$[\widehat{Y}(\boldsymbol{s}_0)_{ok}-1.96\,\widehat{\sigma}(\boldsymbol{s}_0)_{ok},\ \widehat{Y}(\boldsymbol{s}_0)_{ok}+1.96\,\widehat{\sigma}(\boldsymbol{s}_0)_{ok}]. \tag{5.4.13}$$

次に, $Y(\boldsymbol{s})$が2次定常であると仮定する. 共分散関数を用いた場合, 式(5.4.6) は次式のように書き換えることが可能である.

$$\Phi=C(\boldsymbol{0})+\sum_{i=1}^{n}\sum_{j=1}^{n}\chi_i\chi_jC(\boldsymbol{s}_i-\boldsymbol{s}_j)-2\sum_{i=1}^{n}\chi_iC(\boldsymbol{s}_0-\boldsymbol{s}_i)-2\tilde{\lambda}\left(\sum_{i=1}^{n}\chi_i-1\right). \tag{5.4.14}$$

この式を$\chi_1,\cdots,\chi_n,\tilde{\lambda}$について最小化すれば,

$$\boldsymbol{\chi}'=\left[\boldsymbol{c}+\boldsymbol{1}\frac{(1-\boldsymbol{1}'\boldsymbol{\Sigma}^{-1}\boldsymbol{c})}{\boldsymbol{1}'\boldsymbol{\Sigma}^{-1}\boldsymbol{1}}\right]'\boldsymbol{\Sigma}^{-1}, \tag{5.4.15}$$

$$\tilde{\lambda}=\frac{1-\boldsymbol{1}'\boldsymbol{\Sigma}^{-1}\boldsymbol{c}}{\boldsymbol{1}'\boldsymbol{\Sigma}^{-1}\boldsymbol{1}}, \tag{5.4.16}$$

が得られる．また，OK 分散は

$$\hat{\sigma}^2(\boldsymbol{s}_0)_{ok}=C(\boldsymbol{0})-\boldsymbol{\chi}'\boldsymbol{c}+\tilde{\lambda}, \tag{5.4.17}$$

となる．バリオグラムの場合と同様に，共分散関数が非負定値符号性を満たす必要があるということは，予測量の分散が0または正値を示さなければならないということに他ならない．

Warnes（1986）は，共分散関数のパラメータがクリギング予測量に及ぼす影響に関する感度分析を行い，指数型はレンジの変化に関して比較的頑健であるが，ガウシアン型は鋭敏であると述べている．Bardossy（1988）もまた，ガウシアン型を用いた場合の予測量は，球型や指数型に比べてパラメータの変化に鋭敏であるという結果を得ている．なお，本書で紹介した以外にも，理論バリオグラムの関数形は多様なものが提案されている．バリオグラムが条件付き非正定値性を満たさないとき，クリギング分散が負となりうることは古くから指摘されており（Armstrong and Jabin, 1981），これがパラメトリック関数が多用される理由ともなっている．しかしながら，Shapiro and Botha（1991），Huang et al.（2011）など，条件付き負定値性を満たす巧妙なノンパラメトリック関数もいくつか提案されている[38]．例えば，画像のテクスチャは，似通ったパターンが繰り返されることが多いため（例えば，航空写真における集合住宅など），理論バリオグラムで近似できないような複雑な形状を示すことがある．このような場合，ノンパラメトリックアプローチが有用になりうる．ノンパラメトリック関数については，例えば Schabenberger and Gotway（2005）やそこで紹介されている参考文献を参照されたい．

5.4.3 普遍型クリギング

OK では，トレンド成分 $m(\boldsymbol{s})$ も含めた変量 $Y(\boldsymbol{s})$ に対して 2 次定常が仮定され，領域内のすべての点において $E[Y(\boldsymbol{s})]=m(\boldsymbol{s})=\overline{m}$ が成り立つと仮定した．一方普遍型クリギング（universal kriging（UK））では，$Y(\boldsymbol{s})$ が次のように表現できるとする．

$$Y(\boldsymbol{s})=\boldsymbol{X}(\boldsymbol{s})\boldsymbol{\beta}+u(\boldsymbol{s}). \tag{5.4.18}$$

---

[38] 三角関数で周期性を考慮するアプローチも存在する．例えば，Webster and Oliver（2007）などを参照されたい．

このように，UKとは，トレンド成分が既知変数の線形結合で表現できる場合のクリギングである．Hengl et al.（2007）によれば，UKは元来，トレンド成分$\boldsymbol{X}(\boldsymbol{s})$が，位置座標（例えば，経緯度座標）の関数で表される場合に用いられる手法とされ，彼らはこの点を明確にするために，位置座標以外の説明変数を導入する場合，回帰クリギング（regression kriging（RK））という呼称を用いている．しかしながら現在のところRKという呼称は普及していないため，本書では$\boldsymbol{X}(\boldsymbol{s})$が位置座標のみか否かに関わらず，UKという呼称で統一することとしたい．無論，位置座標以外を含むUKを実行する場合は，予測したい地点における説明変数を用意する必要があるため，位置座標のみの場合に比べて，実行が難しい場合も多い．n個の観測地点における説明変数行列を$\boldsymbol{X}$とおけば，UKにおける予測量は，

$$\hat{Y}(\boldsymbol{s}_0)_{uk}=\sum_{i=1}^{n}\chi_i Y_i, \quad \boldsymbol{X}'(\boldsymbol{s}_0)=\boldsymbol{\chi}'\boldsymbol{X}, \tag{5.4.19}$$

で与えられる．ここで，後者の条件は不偏条件$(E[Y(\boldsymbol{s}_0)]=E[\boldsymbol{\chi}'\boldsymbol{Y}])$，すなわち

$$\boldsymbol{X}'(\boldsymbol{s}_0)\boldsymbol{\beta}=\boldsymbol{\chi}'\boldsymbol{X}\boldsymbol{\beta}, \tag{5.4.20}$$

より求められる．ここで，$\boldsymbol{X}(\boldsymbol{s}_0)$は予測地点における$k\times1$の説明変数ベクトルである．ラグランジュ関数は，

$$\Phi=-\boldsymbol{\chi}'\boldsymbol{\Gamma}\boldsymbol{\chi}+2\boldsymbol{\chi}'\boldsymbol{\gamma}-2\tilde{\boldsymbol{\lambda}}(\boldsymbol{X}'(\boldsymbol{s}_0)-\boldsymbol{\chi}'\boldsymbol{X}), \tag{5.4.21}$$

で与えられる．ここで，$\tilde{\boldsymbol{\lambda}}$はラグランジュ乗数からなる$k\times1$ベクトルである．$\Phi$を$\boldsymbol{\chi}$および$\tilde{\boldsymbol{\lambda}}$で偏微分し，0と置くと次式のような正規方程式が得られる．

$$\begin{pmatrix} \gamma(\boldsymbol{s}_1-\boldsymbol{s}_1) & \cdots & \gamma(\boldsymbol{s}_1-\boldsymbol{s}_n) & x_1(\boldsymbol{s}_1) & \cdots & x_k(\boldsymbol{s}_1) \\ \vdots & \gamma(\boldsymbol{s}_i-\boldsymbol{s}_j) & \vdots & \vdots & \cdots & \vdots \\ \gamma(\boldsymbol{s}_n-\boldsymbol{s}_1) & \cdots & \gamma(\boldsymbol{s}_n-\boldsymbol{s}_n) & x_1(\boldsymbol{s}_n) & \cdots & x_k(\boldsymbol{s}_n) \\ x_1(\boldsymbol{s}_1) & \cdots & x_1(\boldsymbol{s}_n) & 0 & \cdots & 0 \\ \vdots & \cdots & \vdots & \vdots & \cdots & \vdots \\ x_k(\boldsymbol{s}_1) & \cdots & x_k(\boldsymbol{s}_n) & 0 & \cdots & 0 \end{pmatrix} \begin{pmatrix} \chi_1 \\ \vdots \\ \chi_n \\ \tilde{\lambda}_1 \\ \vdots \\ \tilde{\lambda}_k \end{pmatrix} = \begin{pmatrix} \gamma(\boldsymbol{s}_0-\boldsymbol{s}_1) \\ \vdots \\ \gamma(\boldsymbol{s}_0-\boldsymbol{s}_n) \\ x_1(\boldsymbol{s}_0) \\ \vdots \\ x_k(\boldsymbol{s}_0) \end{pmatrix}. \tag{5.4.22}$$

これを解くと，

$$\boldsymbol{\chi}'=\left[\boldsymbol{\gamma}+\boldsymbol{X}\frac{(\boldsymbol{X}(\boldsymbol{s}_0)-\boldsymbol{X}'\boldsymbol{\Gamma}^{-1}\boldsymbol{\gamma})}{\boldsymbol{X}'\boldsymbol{\Gamma}^{-1}\boldsymbol{X}}\right]'\boldsymbol{\Gamma}^{-1}, \tag{5.4.23}$$

$$\tilde{\lambda}' = -\frac{(\boldsymbol{X}(\boldsymbol{s}_0) - \boldsymbol{X}'\boldsymbol{\Gamma}^{-1}\boldsymbol{\gamma})'}{\boldsymbol{X}'\boldsymbol{\Gamma}^{-1}\boldsymbol{X}}, \tag{5.4.24}$$

を得る．共分散関数を用いても同様の計算ができ，結果として

$$\boldsymbol{\chi}' = \left[\boldsymbol{c} + \boldsymbol{X}\frac{(\boldsymbol{X}(\boldsymbol{s}_0) - \boldsymbol{X}'\boldsymbol{\Sigma}^{-1}\boldsymbol{c})}{\boldsymbol{X}'\boldsymbol{\Sigma}^{-1}\boldsymbol{X}}\right]'\boldsymbol{\Sigma}^{-1}, \tag{5.4.25}$$

$$\tilde{\lambda} = \frac{(\boldsymbol{X}(\boldsymbol{s}_0) - \boldsymbol{X}'\boldsymbol{\Sigma}^{-1}\boldsymbol{c})'}{\boldsymbol{X}'\boldsymbol{\Sigma}^{-1}\boldsymbol{X}}, \tag{5.4.26}$$

を得る．ここで，GLS 推定量が $\widehat{\boldsymbol{\beta}}_{gls} = (\boldsymbol{X}'\boldsymbol{\Sigma}^{-1}\boldsymbol{X})^{-1}\boldsymbol{X}'\boldsymbol{\Sigma}^{-1}\boldsymbol{Y}$ で与えられることを利用すれば，UK 予測量は

$$\widehat{Y}(\boldsymbol{s}_0)_{uk} = \boldsymbol{X}'(\boldsymbol{s}_0)\widehat{\boldsymbol{\beta}}_{gls} + \boldsymbol{c}'\boldsymbol{\Sigma}^{-1}(\boldsymbol{Y} - \boldsymbol{X}\widehat{\boldsymbol{\beta}}_{gls}), \tag{5.4.27}$$

で与えられる．また，UK 分散は，バリオグラムを用いれば，

$$\widehat{\sigma}^2(\boldsymbol{s}_0)_{uk} = \boldsymbol{\gamma}'\boldsymbol{\Gamma}^{-1}\boldsymbol{\gamma} - (\boldsymbol{X}(\boldsymbol{s}_0) - \boldsymbol{X}'\boldsymbol{\Gamma}^{-1}\boldsymbol{\gamma})'(\boldsymbol{X}'\boldsymbol{\Gamma}^{-1}\boldsymbol{X})^{-1}(\boldsymbol{X}(\boldsymbol{s}_0) - \boldsymbol{X}'\boldsymbol{\Gamma}^{-1}\boldsymbol{\gamma}). \tag{5.4.28}$$

共分散関数を用いれば

$$\widehat{\sigma}^2(\boldsymbol{s}_0)_{uk} = C(\boldsymbol{0}) - \boldsymbol{c}'\boldsymbol{\Sigma}^{-1}\boldsymbol{c} + (\boldsymbol{X}(\boldsymbol{s}_0) - \boldsymbol{X}'\boldsymbol{\Sigma}^{-1}\boldsymbol{c})'(\boldsymbol{X}'\boldsymbol{\Sigma}^{-1}\boldsymbol{X})^{-1}(\boldsymbol{X}(\boldsymbol{s}_0) - \boldsymbol{X}'\boldsymbol{\Sigma}^{-1}\boldsymbol{c}), \tag{5.4.29}$$

で与えられる．95%信頼区間は，OK の場合と同様に

$$[\widehat{Y}(\boldsymbol{s}_0)_{uk} - 1.96\,\widehat{\sigma}(\boldsymbol{s}_0)_{uk},\ \widehat{Y}(\boldsymbol{s}_0)_{uk} + 1.96\,\widehat{\sigma}(\boldsymbol{s}_0)_{uk}], \tag{5.4.30}$$

とすればよい．UK は，トレンド成分を除去した誤差項の部分に固有・2 次定常性を仮定し，任意地点 $\boldsymbol{s}_0$ における誤差項の予測量と，同地点におけるトレンド成分を足し合わせるという 2 ステップとして解釈することも可能である．この場合でも結果としての予測量は上述の UK 予測量と同一となる（Cressie, 1993, p.173）．

5.4.4 非線形のクリギング

(a) 対数正規クリギング

以上のクリギングでは，線形のクリギング予測量を前提としてきた．空間過程が GP に従うとき，最良線形不偏予測量が，最良不偏予測量になるため，線形予測量を用いることは妥当である．また，データが明らかに非線形性を示す場合においても，適当な変換によって，GP に従わせることができる場合は多い．

今，空間過程 $Y(\boldsymbol{s})$ の自然対数変換 $Y_{(\ln)}(\boldsymbol{s})=\ln[Y(\boldsymbol{s})]$ が固有定常な GP に従うとき，$Y_{(\ln)}(\boldsymbol{s})$ についてモデルを構築すれば，OK 予測量 $\widehat{Y}_{(\ln)}(\boldsymbol{s}_0)_{ok}$ が得られる．しかしながら，その逆変換 $\widetilde{Y}(\boldsymbol{s}_0)=\exp[\widehat{Y}_{(\ln)}(\boldsymbol{s}_0)_{ok}]$ は，$Y_{\boldsymbol{s}_0}$ についてのバイアス予測量となる．Cressie（1993, pp.135–136）では，バイアス補正を施した対数正規クリギング（lognormal kriging（LK））予測量が紹介されている．しかしながら，LK では，対数変換後の予測量の最良性が不明であるという問題点がある．すなわち，対数変換前の予測量は BLUP を与えるが，このことは対数変換後の予測量が $Y(\boldsymbol{s}_0)$ の線形不偏予測量のうち，最小分散を与えるとの保証はない．また，LK 予測量は，対数正規分布の仮定からの違背に対して鋭敏であるという問題や，クリギング分散を用いて補正を行うため，外れ値の影響を受けやすいという問題もある．一方で，単純な指数逆変換である $\widetilde{Y}(\boldsymbol{s}_0)=\exp[\widehat{Y}_{(\ln)}(\boldsymbol{s}_0)_{ok}]$ は，中央値に関する不偏予測量と見なせるため，Chilès and Delfiner（2012, pp.194–195）は，平均に関する不偏性は必要ないと見なしているように思われる．同様に，Tolosana-Delgado and Pawlowsky-Glahn（2007）もまたこの逆変換の有用性を主張し，LK による予測結果とおおよそ一致すると述べている．

(b) トランス・ガウシアンクリギング

対数ではなく，より一般的な非線形変換に対応したクリギングとして，トランス・ガウシアンクリギング（trans-Gaussian kriging（TGK））が存在する．TGK ではオリジナルスケールの不偏予測量を得るための逆変換が LK よりさらに複雑となるが，R の gstat パッケージなどに関数が含まれているので，実用上の不便はあまりない．de Oliveira et al.（1997）は，非線形変換として Box-Cox 変換を用いたケースについて，変換パラメータをベイズ推定する方法を提案している．TGK の概略は次の通りである．なお，以下の式展開は，Schabenberger and Gotway（2005, pp.270–271）によっている．

今，$Z(\boldsymbol{s})$ は，平均 m_Z，バリオグラム $\gamma_Z(\boldsymbol{h})$ をもつ GP に従うとし，関数 $\varphi(\cdot)$ を用いて，$Y(\boldsymbol{s})=\varphi(Z(\boldsymbol{s}))$ が成り立つとする．このとき，$Z_i(i=1,\cdots,n)$ をもとに地点 $\boldsymbol{s}_0$ の OK 予測量 $\widehat{Z}(\boldsymbol{s}_0)$ が得られれば，$Y(\boldsymbol{s}_0)$ の自然な予測量が，$\widehat{Y}(\boldsymbol{s}_0)=\varphi(\widehat{Z}(\boldsymbol{s}_0))$ と得られる．ただし，この予測量はバイアスをもつため，対数の場合と同様に，その補正が必要となる．$\varphi(\widehat{Z}(\boldsymbol{s}_0))$ に，m_Z の周りで 2 次の項までのテーラー展開を施せば，

$$\varphi(\hat{Z}(\boldsymbol{s}_0)) \approx \varphi(m_Z) + \varphi'(m_Z)(\hat{Z}(\boldsymbol{s}_0) - m_Z) + \frac{\varphi''(m_Z)}{2}(\hat{Z}(\boldsymbol{s}_0) - m_Z)^2, \tag{5.4.31}$$

が得られる．ただし，ここでの(′)は，転置ではなく，微分を表す演算子とする．この式において両辺の期待値をとれば，1階微分の項が消えるため，

$$E[\varphi(\hat{Z}(\boldsymbol{s}_0))] \approx \varphi(m_Z) + \frac{\varphi''(m_Z)}{2} E[(\hat{Z}(\boldsymbol{s}_0) - m_Z)^2], \tag{5.4.32}$$

が得られる．不偏性の制約を満たすためには，この式は，$E[Y(\boldsymbol{s}_0)]$と一致する必要がある．したがって，$E[Y(\boldsymbol{s}_0)]$を得るために，$\varphi(Z(\boldsymbol{s}_0))$に同様のテーラー展開を施して期待値をとれば，

$$E[\varphi(Z(\boldsymbol{s}_0))] \approx \varphi(m_Z) + \frac{\varphi''(m_Z)}{2} E[(Z(\boldsymbol{s}_0) - m_Z)^2], \tag{5.4.33}$$

が得られる．したがってバイアス補正項は，次式によって与えられる．

$$\frac{\varphi''(m_Z)}{2} E[(Z(\boldsymbol{s}_0) - m_Z)^2] - \frac{\varphi''(m_Z)}{2} E[(\hat{Z}(\boldsymbol{s}_0) - m_Z)^2] \tag{5.4.34}$$

$$= \frac{\varphi''(m_Z)}{2} [\hat{\sigma}^2(\boldsymbol{s}_0; \boldsymbol{Z})_{ok} - 2\tilde{\lambda}_Z]. \tag{5.4.35}$$

ただし，$\tilde{\lambda}_Z$はラグランジュ乗数，$\hat{\sigma}^2(\boldsymbol{s}_0; \boldsymbol{Z})_{ok}$はOK分散である．これらにより，TGK予測量が次式のように得られる．

$$\hat{Y}(\boldsymbol{s}_0)_{tgk} = \varphi(\hat{Z}(\boldsymbol{s}_0)) + \frac{\varphi''(m_Z)}{2} [\hat{\sigma}^2(\boldsymbol{s}_0; \boldsymbol{Z})_{ok} - 2\tilde{\lambda}_Z]. \tag{5.4.36}$$

TGK分散は，1次の項までのテーラー展開に基づけば，

$$\hat{\sigma}^2(\boldsymbol{s}_0)_{tgk} \approx [\varphi'(m_Z)]^2 \hat{\sigma}^2(\boldsymbol{s}_0; \boldsymbol{Z})_{ok}, \tag{5.4.37}$$

と求められる．TGKは，$\varphi(\cdot)$の逆関数$\varphi^{-1}(\cdot)$を通じて，柔軟に非線形性をモデル化できる．例えば，次式に示すBox-Cox変換は，TGKにおいて用いられることの多い変換の一つである．

$$z_i = \begin{cases} \dfrac{y_i^{\kappa} - 1}{\kappa} & if \quad \kappa \neq 0 \\ \ln(y_i) & if \quad \kappa = 0 \end{cases}. \tag{5.4.38}$$

κは関数形を決定するパラメータである．トレンド項を線形$\boldsymbol{X\beta}$として，$z(\kappa) \sim N(\boldsymbol{X\beta}, \boldsymbol{\Sigma}(\boldsymbol{\theta}))$と定式化する．ここで，$\boldsymbol{z}(\kappa)$は変換されたデータ$z_i(\kappa)$を要素にもつ$n \times 1$のベクトルである．今，データ$\boldsymbol{y} = (y_1, \cdots, y_n)'$が得られたとすれば，TGKの対数尤度関数は，次式により得られる．

$$l(\boldsymbol{y}|\boldsymbol{\beta}, \boldsymbol{\theta}) = -\frac{n}{2}\ln(2\pi) - \frac{1}{2}\ln|\boldsymbol{\Sigma}(\boldsymbol{\theta})| - \frac{1}{2}\{\boldsymbol{z}(\lambda) - \boldsymbol{X\beta}\}'\boldsymbol{\Sigma}(\boldsymbol{\theta})^{-1}\{\boldsymbol{z}(\lambda) - \boldsymbol{X\beta}\}$$

$$+(\kappa-1)\sum_{i=1}^{n}\ln y_i. \qquad (5.4.39)$$

この尤度関数を最大化するパラメータを求めればよい.

以下は，Tsutsumi et al. (2011) を拡張し，TDK を用いて 3 大都市圏の地価分布図を作成したものである[39]．地価データとしては，公示地価および都道府県地価調査の価格（以下，調査地価と表記）のうちの，用途が「住宅地」「宅地見込地」「市街化調整区域内の現況宅地」となっているデータを用いた．対象年次は 2006 年である．なお，公示地価は毎年 1 月 1 日現在の単価であるのに対し，調査地価は 7 月 1 日現在の単価であり，評価の時点が半年ずれてい

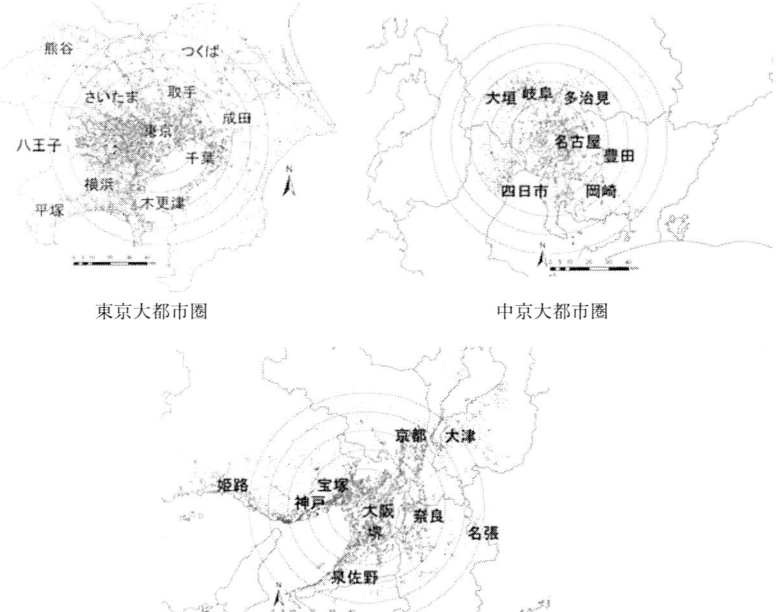

東京大都市圏　中京大都市圏

京阪神大都市圏

図 5.4.2　三大都市圏の地価データの空間分布

---

39) 推定には，R の geoR パッケージの likfit 関数（パラメータの推定）と krige.cov 関数（地価推計値の算出）を用いた.

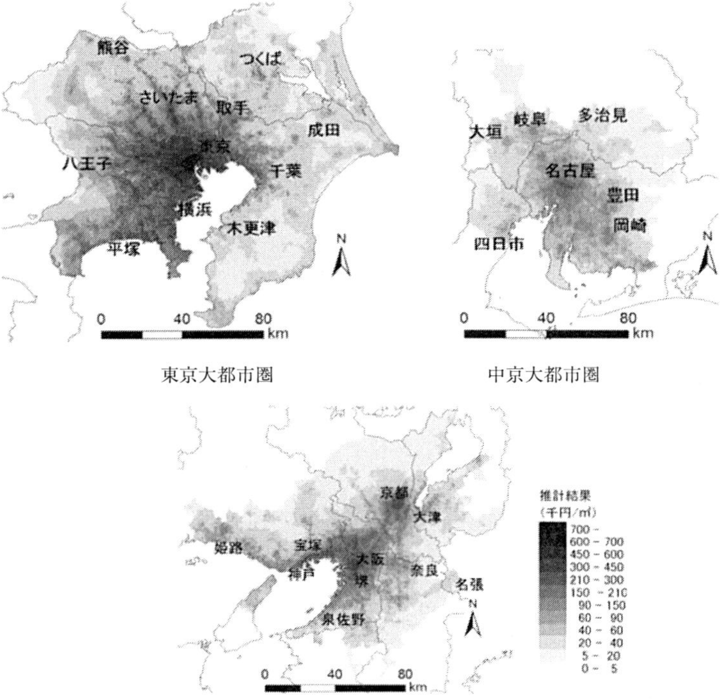

図 5.4.3　TDK による地価分布図

るため，調査地価については，2005 年と 2006 年での単純平均により時点修正を行った．ただし，地価公示の標準地と重複している地点および 2006 年から新たに都道府県地価調査の基準地となった地点のデータは除外している．図 5.4.2 に，三大都市圏の地価データの空間分布を示す．

図 5.4.3 は，TDK により，住宅地地価分布図を作成した結果である．カラーの図，説明変数などの詳細については，Tsutsumi et al. (2011) を参照されたい．各都市圏の最高価格帯は，東京大都市圏が 70 万円/m^2以上，中京大都市圏が 20～30 万円/m^2，京阪神が 30～45 万円/m^2であり，各都市圏の最高価格帯に一定の差があること，および東京大都市圏の最高価格帯が中京，京阪神の両大都市圏のおおむね 2 倍以上であることが確認される．また，京阪神大

都市圏については京都，大阪，神戸の3都市に最高価格帯の地価が存在するのに対して，東京大都市圏や中京大都市圏では，それぞれ東京都区部，名古屋のみが際立って地価水準が高いことが見てとれる．その他の特徴として，東京，京阪神の両大都市圏では鉄道路線に沿った地価の高価格帯が比較的明瞭であるのに対し，中京大都市圏ではそれが不明瞭であるという興味深い差異がみられた．

このような視覚化アプローチは，現象の直感的把握に有用である．井上ら（2009）は，東京23区を対象に，さらに時間軸を考慮した時空間クリギングを用いた視覚化を行っている．時空間クリギング（spatio-temporal kriging）については，5.6節で述べる．

(c) **インディケータクリギング**

以上のクリギングでは，確率変数自体の予測の問題を扱ってきた．しかしながら応用研究においては，$\Pr[Y(\boldsymbol{s}_0)\le y_a|\boldsymbol{Y}(\boldsymbol{s})]$や，$\Pr[Y(\boldsymbol{s}_0)>y_a|\boldsymbol{Y}(\boldsymbol{s})]$のような，任意地点における確率変数がある閾値$y_a$未満である，あるいは閾値を超える確率に興味がもたれることも多い．このようなクリギングはインディケータクリギング（indicator kriging（IK））と呼ばれる（Journel, 1983）．大津ら（2004）はIKを，「物性値そのものをクリギングによって推定するのではなく，物性値が目的とする箇所にどの値域でどの確率で存在するかを推定する手法」と定義している．IKは例えば，地下水のヒ素汚染による健康リスク（Lee et al., 2007；2008），土壌汚染リスクのハザード推定（Goovaerts et al., 1997），リモートセンシング画像の分類（Van Der Meer, 1996）などに用いられている．

今，$Y(\boldsymbol{s})$を1,0のインディケータに変換し，次式を得る．

$$I(\boldsymbol{s}, y_a)=\begin{cases}1 & if \quad Y(\boldsymbol{s})\le y_a \\ 0 & otherwise\end{cases}. \tag{5.4.40}$$

ここで，$E[I(\boldsymbol{s}_0, y_a)]=\Pr[Y(\boldsymbol{s}_0)\le y_a]=F[Y(\boldsymbol{s}_0), y_a]$は未知であるから，観測値のインディケータ変換$\boldsymbol{I}(\boldsymbol{s}, y_a)=[I(\boldsymbol{s}_1, y_a), \cdots, I(\boldsymbol{s}_n, y_a)]'$に，クリギングを適用することを考える．観測値の代わりに，そのインディケータ変換{1,0}を用いるだけであるため，具体的な計算手順は，OKと同一である．これによって，

$$E[I(\boldsymbol{s}_0, y_a)|\boldsymbol{I}(\boldsymbol{s}, y_a)]=\Pr[Y(\boldsymbol{s}_0)\le y_a|\boldsymbol{I}(\boldsymbol{s}, y_a)], \tag{5.4.41}$$

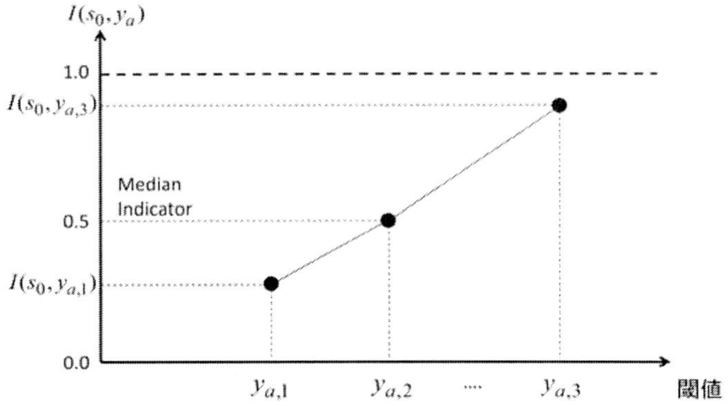

図 5.4.4 閾値とインディケータ変数. 大津ら (2004) を参考に筆者作成.

が得られる. いうまでもなく, この値は, 本来興味のある $\Pr[Y(\boldsymbol{s}_0) \leq y_a | \boldsymbol{Y}(\boldsymbol{s})]$ とは異なり, その近似である. ここで閾値 y_a を, $y_{a,j}(j=1, \cdots, J)$ と複数用意し, 図 5.4.4 のように動かせば, $F[Y(\boldsymbol{s}_0), y_{a,j}]$ の推定値 $\widehat{F}[Y(\boldsymbol{s}_0), y_{a,j}]$ を得ることができる. ただし, $\widehat{F}[Y(\boldsymbol{s}_0), y_{a,j}]$ は $y_{a,j}$ についてそれぞれ個別に推定されるため, $\widehat{F}[Y(\boldsymbol{s}_0), y_{a,j}]$ が単調に増加するわけではなく, かつ確率が 0〜1 におさまる保証もない. したがって, $\widehat{F}[Y(\boldsymbol{s}_0), y_{a,j}]$ を累積分布関数と見なすためには, この 2 点を補正する必要がある. 具体的方法に興味がある読者は, Goovaerts (1997), Olea (1999) を参照されたい. また, $\Pr[Y(\boldsymbol{s}_0) \leq y_a] = 0.5$ に対応する閾値を用いた場合, IK は median IK と呼ばれる (Journel, 1983).

IK は, 特定の分布を空間過程に課す必要のないノンパラメトリックな手法であり, 空間過程にパラメトリックな分布を想定することが難しい場合に有用な方法となる.

5.4.5 ブロッククリギング

以上のクリギングは, 点データの予測を行う手法であったが, 鉱山学分野で発展してきたクリギングは元々, 図 5.4.5 のように, ブロックにおける平均的な値を求める手法であった. このようなクリギングは, ブロッククリギング (block kriging (BK)) と呼ばれる.

例えば, 画像データのピクセルのような, 点ではなく面積をもったデータを

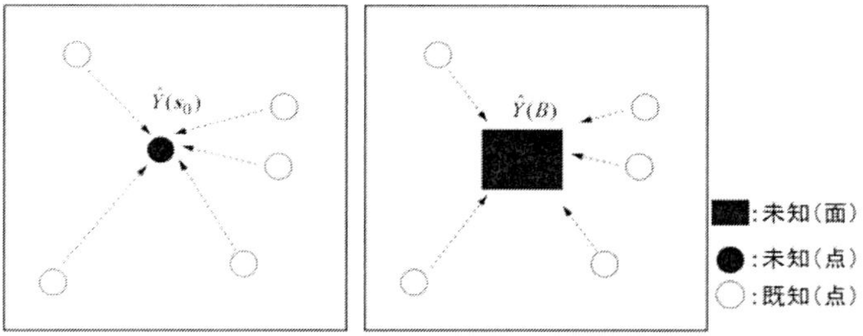

図 5.4.5 ブロッククリギングの概念

扱う場合には，必然的に BK が重要なモデリング技術となる（Collins and Woodcock, 1999；Atkinson and Tate, 2000）．また，離散的な点で観測されるデータから，市区町村などの「ゾーン」における代表値を推計するというニーズは，データ作成の面からも重要である．例えば，土木計画学の分野で知見が蓄積されている土地利用・交通モデル（landuse-transportation interaction (LUTI) model）では，ゾーンを対象としたモデル構築が行われるが，そのゾーンへの入力として，各ゾーンにおける地価（地代）を与える必要がある．無論，地価は離散的な点でしか計測されず，必ずしも全ゾーンが観測値を含むとは限らないため，ゾーン代表値を与えるのに，BK は有用な手段となりうる（堤ら, 2012b）．以下，BK について簡単に説明する．BK では，予測量 $\widehat{Y}(B)_{bk}$ が，OK と同様に観測地点における確率変数の線形和として次式のように与えられるとする．

$$\widehat{Y}(B)_{bk}=\sum_{i=1}^{n}\chi_i Y_i=\boldsymbol{\chi}'\boldsymbol{Y}. \tag{5.4.42}$$

最小化すべき損失関数は，次式で与えられる．

$$E[Y(\boldsymbol{s}_0)-\widehat{Y}(\boldsymbol{s}_0)_{bk}]=-\sum_{i=1}^{n}\sum_{j=1}^{n}\chi_i\chi_j\gamma(\boldsymbol{s}_i-\boldsymbol{s}_j)+2\sum_{i=1}^{n}\chi_i\bar{\gamma}(B,\boldsymbol{s}_i)-\bar{\gamma}(B,B). \tag{5.4.43}$$

ここで，

$$\bar{\gamma}(B,\boldsymbol{s}_i)=\frac{1}{|B|}\int_B\gamma(\boldsymbol{s}_i-\boldsymbol{s})d\boldsymbol{s}, \tag{5.4.44}$$

$$\bar{\gamma}(B,B)=\frac{1}{|B|^2}\int_B\int_B\gamma(\boldsymbol{t}-\boldsymbol{s})d\boldsymbol{s}d\boldsymbol{t}, \tag{5.4.45}$$

であり，$|B|$は，Bの体積（面積）を示す．OKの場合と異なり，$\bar{\gamma}(B,B)$の項が存在するが，これは，点モデリング（OK）の場合この項が0となるためである．BKの正規方程式は，

$$\begin{pmatrix} \gamma(\boldsymbol{s}_1-\boldsymbol{s}_1) & \cdots & \gamma(\boldsymbol{s}_1-\boldsymbol{s}_n) & 1 \\ \vdots & \gamma(\boldsymbol{s}_i-\boldsymbol{s}_j) & \vdots & \vdots \\ \gamma(\boldsymbol{s}_n-\boldsymbol{s}_1) & \cdots & \gamma(\boldsymbol{s}_n-\boldsymbol{s}_n) & 1 \\ 1 & \cdots & 1 & 0 \end{pmatrix} \begin{pmatrix} \chi_1 \\ \vdots \\ \chi_n \\ \tilde{\lambda} \end{pmatrix} = \begin{pmatrix} \bar{\gamma}(B-\boldsymbol{s}_1) \\ \vdots \\ \bar{\gamma}(B-\boldsymbol{s}_n) \\ 1 \end{pmatrix}, \qquad (5.4.46)$$

$$\boldsymbol{\Gamma}_0\boldsymbol{\chi}_0=\boldsymbol{\gamma}_B,$$

によって与えられ，これを解くと，重みが$\boldsymbol{\chi}_0=\boldsymbol{\Gamma}_0^{-1}\boldsymbol{\gamma}_B$，BK分散が$\hat{\sigma}^2(B)_{bk}=\boldsymbol{\chi}_0'\boldsymbol{\gamma}_B-\bar{\gamma}(B,B)$で与えられる．

BKの自然な応用として，Kyriakidis（2004）は，area-to-point krigingを提案した．この手法は，面補間（areal interpolation）（貞広, 2000）と呼ばれる技術の一つであり，市区町村 ⇒ メッシュといったデータの按分を，空間的自己相関と体積保存則（形態変換前後の面積の整合性）を考慮しながら精緻に行う手法である[40)]．このように，興味のある空間単位と入手可能な空間単位が異なる問題は，change of support problem（COSP）と呼ばれ，近年空間統計学の分野の中心的話題の一つとなっている．詳細については，例えばGotway and Young（2002），Murakami and Tsutsumi（2012）を参照されたい．

5.4.6 その他のクリギング

上記以外のクリギング手法としては，クロスバリオグラム（cross-variogram）という関数によって異なる種類のデータを組み合わせる共クリギング（cokriging）（例えば，Cressie, 1993）がある．これは，ある変数Aの調査に非常に費用がかかる場合に，別の比較的容易に調査可能な補助変数Bの情報を取得し，AとBの相互相関情報を，クロスバリオグラムを用いて多変量空間過程としてモデル化することを通して，A変数の空間予測の正確度を向上させようと試みる手法である．共クリギングは，我が国では，土木分野で適用例が多く，例えば白木ら（1997）は，基礎構造物の設計・施行において必要となる地盤物性値のうち，比較的簡単な試験で手に入るN値の情報を用い

40) area-to-point krigingは，現在ArcGIS10.2に実装されている．

て，他の物性値（内部摩擦角や粘着力）の予測正確度を向上させることを試みている．本多ら（1997）は，その第1章で共クリギングの土木分野での適用例についてレビューを行っている．社会経済データ（地価）への適用例として，井上（2009），李（2009）は，公示地価の空間予測正確度が，路線価という別の地価情報を補助情報として導入した共クリギングを用いることで，UKより改善されることを実証的に示している[41)].

また，ユークリッド距離以外の距離測度を用いたクリギング手法もいくつか提案されている．ユークリッド距離以外の距離を用いた場合，分散共分散行列の正定値性が問題となるが，Curriero（2006）は，多次元尺度構成法の技術を援用したisometric embeddingと呼ばれる座標変換によって，この問題に対処している．Ver Hoef et al.（2006），Skøien et al.（2006）は，河川ネットワークにおいて，河川の流れやつながりを考慮したクリギング手法を提示している[42)].

5.5 応用モデル

ここでは，いくつかの重要な応用的地球統計モデルについて説明する．具体的には，共分散非定常モデル（non-stationary covariance model），空間一般化線形モデル（spatial GLM），地理的加法モデル，大規模計算モデルを取り上げる．

5.5.1 共分散非定常モデル

空間過程の非定常性には，二つの意味がある．一つは，平均（トレンド）成分の非定常性であり，これはUKを用いてトレンド成分が適切にモデル化できれば，考慮可能である．したがってここでは，共分散の非定常性について考える．誤差項が2次定常な空間過程に従うと仮定すれば，

$$E[u(\boldsymbol{s})]=0, \qquad \forall \boldsymbol{s}\in D, \tag{5.5.1}$$

$$Var[u(\boldsymbol{s})]=\sigma^2, \qquad \forall \boldsymbol{s}\in D, \tag{5.5.2}$$

41) 共クリギングはRのgstatパッケージで容易に実装可能である（Rossiter, 2007）

42) 後者は，topological krigingと呼ばれ，Rのrtopパッケージで実装可能である（Skøien et al., 2009）.

$$Cov[u(\boldsymbol{s}), u(\boldsymbol{s}+\boldsymbol{h})] = C(\boldsymbol{h}), \qquad \forall \boldsymbol{s}, \boldsymbol{h} \in D, \tag{5.5.3}$$

が得られた．ただしここでは，式展開を見やすくするためにナゲット効果を無視している．

定常性の仮定の緩和は，長い間地球統計学の分野における大きな関心事の一つであった．特に近年，ベイジアン MCMC 法の進展と相まって，このテーマに関する多くの研究が行われている．それらについては，Darbeheshti and Featherstone（2009），Sampson（2010）などのレビューが参考になる．ここでは，いくつかの代表的なモデルについて説明する．

(a) 簡便な対処法

まず，もっとも簡単なアイデアとして，$v(\boldsymbol{s})$を平均 0，分散 1，相関関数がρで与えられる 2 次定常過程としたとき，$u(\boldsymbol{s}) = \sigma(\boldsymbol{s})v(\boldsymbol{s})$と定義すれば，$u(\boldsymbol{s})$は

$$Var[u(\boldsymbol{s})] = \sigma^2(\boldsymbol{s}), \qquad \forall \boldsymbol{s} \in D, \tag{5.5.4}$$

$$Cov[u(\boldsymbol{s}), u(\boldsymbol{s}+\boldsymbol{h})] = \sigma(\boldsymbol{s})\sigma(\boldsymbol{s}+\boldsymbol{h})\rho(\boldsymbol{h}), \qquad \forall \boldsymbol{s}, \boldsymbol{h} \in D, \tag{5.5.5}$$

を満たし，これは非定常な空間過程となる（Banerjee et al., 2004, p.150）．$\sigma(\boldsymbol{s})$は，回帰モデルにおける重み付き最小二乗法と同様に，$\sigma(\boldsymbol{s}) = h(\boldsymbol{Z}(\boldsymbol{s}))\sigma$，説明変数ベクトル$\boldsymbol{Z}(\boldsymbol{s})$と正値をとる関数$h(\cdot) > 0$を用いてモデル化すればよい．ただし，$\boldsymbol{Z}(\boldsymbol{s})$や $h(\cdot)$の選定を適切に行うのは容易ではなく，この手法の適用性には限界がある．

(b) 経験スペクトルテンパリング・アプローチ

Haskard and Lark（2009）は，経験スペクトルテンパリング（empirical spectrum tempering）と呼ばれる手法を提案した．そこではまず，その要素を共分散関数で与える分散共分散関数$\boldsymbol{\Sigma}$を

$$\boldsymbol{\Sigma} = \boldsymbol{V\Lambda V}' = \sum_{l=1}^{n} \boldsymbol{v}_l \lambda_l \boldsymbol{v}_l', \tag{5.5.6}$$

と，スペクトル分解する．ここで，$\boldsymbol{\Lambda}$はその対角要素を固有値λ_lで与える$n \times n$の対角行列であり，固有値は大きいほうから順に並べられているとする．$\boldsymbol{V}$は固有値に対応する固有ベクトル$\boldsymbol{v}_l$を列ベクトルとする$n \times n$行列である．一般に大きい固有値は，大域的な変動を表し，小さい固有値は，局所的な変動を表す．したがって式（5.5.6）において，λ_lをλ_l^ηとパラメタライズし，ηを$\eta > 1$とすれば，大域的な変動の影響が強められ，$\eta < 1$とすれば，局所的変動の影響が強められる．このパラメータを，場所に依存する，すなわち例えば

$$\eta(\boldsymbol{s}_i, \boldsymbol{s}_j) = 0.5\eta(\boldsymbol{s}_i) + 0.5\eta(\boldsymbol{s}_j), \tag{5.5.7}$$

と与えて,

$$\Sigma_{ij} = \sum_{l=1}^{n} [\boldsymbol{v}_l]_i \lambda_l^{\eta(s_i, s_j)} [\boldsymbol{v}_l]_j, \tag{5.5.8}$$

とすれば，非定常な空間過程が構築できる．ただし，Σ_{ij}は$\boldsymbol{\Sigma}$の(i, j)要素であり，$[\boldsymbol{v}_l]_i$は$[\boldsymbol{v}_l]$のi番目の要素である．このアプローチは直感的に理解しやすいが，固有値は観測地点のみで得られるため，予測を目的とする場合には柔軟性に欠けるという問題点がある．

(c) deformation アプローチ

Sampson and Guttorp（1992）は，非定常領域Gを，定常領域Dに投影する deformation アプローチを提案している．投影関数としては，薄板スプラインが用いられている．Damian et al.（2001），Schmidt and O'Hagan（2003）は，Sampson and Guttorp（1992）のモデルをベイズ推定する方法を提案している．本書では，紹介にとどめる．

(d) 畳み込みカーネルアプローチ

非定常な空間過程を構成するための汎用的な手法の一つが，畳み込みカーネル（kernel convolution）を用いるものである．以下，Schabenberger and Gotway（2005）に基づきこのアプローチについて説明する．今，独立なベルヌーイ分布：i.i.d. Bernoulli(π)から[43]，ランダム変数$Z_1, \cdots, Z_n$が生成されたと考えよう．無論，Z_iは，確率πで1，$(1-\pi)$で0をとる．このとき，$M=\sum_{i=1}^{k} Z_i$は，二項分布：Binomial(k, π)に従い，$N=\sum_{i=1}^{k+l} Z_i$は，Binomial$(k+l, \pi)$に従う．MとNは，k個の変数を共有しているため，相関をもつことは明らかである．すなわち，$Cov[M, N] = \min(k, k+l)\tau(1-\tau)$が成り立つ．これを一般化し，$Z_i (i=1, \cdots, n)$を平均$m$，分散$\sigma^2$の正規分布から独立に生成されたランダム変数であるとしよう．このとき，重み関数を$K(i, j)$($\sum_{i=1}^{n} K(i, j)=1$)としたとき，ランダム変数を，$Y_j = \sum_{i=1}^{n} K(i, j) Z_i$，$Y_k = \sum_{i=1}^{n} K(i, k) Z_i$と構成することができる．ここで，

$$\begin{aligned} Cov[Y_j, Y_k] &= Cov\left[\sum_{i=1}^{n} K(i, j) Z_i, \sum_{i=1}^{n} K(i, k) Z_i\right] \\ &= \sigma^2 \sum_{i=1}^{n} \sum_{l=1}^{n} K(i, j) K(l, k), \end{aligned} \tag{5.5.9}$$

---

43) i.id.：independent and indentically distributed（独立に同一の分布に従うの意味）．

が満たされる．二つの重みつき変数 Y_j, Y_k 間には相関があり，その度合いは重み関数で規定される．

以上の議論を次のように一般化する．今，領域 D において，$E[Z(\boldsymbol{s})]=\bar{m}_Z$, $Var[Z(\boldsymbol{s})]=\sigma_Z^2$ を満たす連続なホワイトノイズ過程 $Z(\boldsymbol{s})$ を用いれば，空間過程を次のように構成できる．

$$Y(\boldsymbol{s})=\int_{\boldsymbol{u}} K(\boldsymbol{s}-\boldsymbol{u})Z(\boldsymbol{u})d\boldsymbol{u}=\int_{\boldsymbol{v}} K(\boldsymbol{v})Z(\boldsymbol{s}+\boldsymbol{v})d\boldsymbol{v}. \tag{5.5.10}$$

ここで，$K(\cdot)$ はカーネル関数と呼ばれる重み関数であり，式（5.5.10）は畳み込みカーネル（kernel convolution）表現と呼ばれる．$Z(\boldsymbol{s})$ がホワイトノイズ過程であるとき，次の重要な性質が成り立つ．

$$E[Y(\boldsymbol{s})]=\bar{m}_Z\int_{\boldsymbol{u}} K(\boldsymbol{u})d\boldsymbol{u}, \tag{5.5.11}$$

$$Cov[Y(\boldsymbol{s}), Y(\boldsymbol{s}+\boldsymbol{h})]=\sigma_Z^2\int_{\boldsymbol{u}} K(\boldsymbol{u})K(\boldsymbol{u}+\boldsymbol{h})d\boldsymbol{u}. \tag{5.5.12}$$

ここで，共分散は $\boldsymbol{s}$ に依存しておらず，$Y(\boldsymbol{s})$ は2次定常な空間過程となっている．このように，畳み込みカーネルを用いて，空間過程を構成することができ，畳み込みカーネルアプローチは，定常過程を構築するための確立された方法の一つとなっている（Yaglom, 1962）．

以下，このアプローチを用いて，非定常過程の構築を試みる．なお，実際に我々が地球統計モデルを用いる場合は，平均成分が領域全体で一定と仮定することは難しいため，誤差項に対して2次定常性が仮定されることが多い．そこで以下の議論において，$\bar{m}_Z=0$ と仮定しておく．

以上の議論では，$Z(\boldsymbol{s})$ がホワイトノイズ過程であるとしたが，代わりに平均0，共分散関数が $\sigma_Z^2\psi(\cdot)$ で与えられる2次定常な空間過程であると仮定してみよう．すると，$Y(\boldsymbol{s})$ の共分散は，

$$Cov[Y(\boldsymbol{s}), Y(\boldsymbol{s}+\boldsymbol{h})]=\sigma_Z^2\int_{\boldsymbol{u}}\int_{\boldsymbol{v}} K(\boldsymbol{u}+\boldsymbol{h})K(\boldsymbol{v})\psi(\boldsymbol{u}-\boldsymbol{v})d\boldsymbol{u}\,d\boldsymbol{v}, \tag{5.5.13}$$

となり，興味深いことに $Y(\boldsymbol{s})$ はなお共分散関数が $\boldsymbol{s}$ に依存しない2次定常過程となる．畳み込みカーネルアプローチで非定常過程を構成した代表的研究としては，Higdon ら（Higdon, 1998；Higdon et al., 1999）と，Fuentes（2002）が挙げられる．

Higdon らは，式（5.5.10）を，

$$Y(\boldsymbol{s})=\int_{\boldsymbol{u}} K_s(\boldsymbol{u})Z(\boldsymbol{u})d\boldsymbol{u}, \tag{5.5.14}$$

と，カーネル関数を位置に依存する形に拡張することで非定常モデルを構築している．この共分散は，

$$Cov[Y(\boldsymbol{s}), Y(\boldsymbol{s}+\boldsymbol{h})]=\int_{\boldsymbol{u}}\int_{\boldsymbol{v}}K(\boldsymbol{u}+\boldsymbol{h})K(\boldsymbol{v})E[Z(\boldsymbol{u})Z(\boldsymbol{v})]d\boldsymbol{u}\,d\boldsymbol{v}, \tag{5.5.15}$$

で与えられる．ただし，$Z(\boldsymbol{u})$，$Z(\boldsymbol{v})$はホワイトノイズ過程であるため，$\boldsymbol{u}=\boldsymbol{v}$のケースのみ考えれば十分である．このとき，

$$Cov[Y(\boldsymbol{s}), Y(\boldsymbol{s}+\boldsymbol{h})]=\sigma_Z^2\int_{\boldsymbol{v}}K_s(\boldsymbol{v})K_{s+h}(\boldsymbol{v})d\boldsymbol{v}, \tag{5.5.16}$$

が得られる（Schabenberger and Gotway, 2005, p.427）．明らかに，共分散は位置$\boldsymbol{s}$に依存しており，空間過程は非定常である．このアプローチの実装のために，Higdon et al.（1999）は，次のようなカーネル関数の例を紹介している．

$$K_s(\boldsymbol{u}, \xi^2)=(2\pi\xi^2)^{-1}\exp\{-0.5[(u_{lon}-s_{lon})^2+(u_{lat}-s_{lat})^2]\}, \tag{5.5.17}$$

$$K_s(\boldsymbol{u}, \boldsymbol{\Xi})=|\boldsymbol{\Xi}|^{-1/2}(2\pi)^{-1}\exp[-0.5(\boldsymbol{u}-\boldsymbol{s})'\boldsymbol{\Xi}^{-1}(\boldsymbol{u}-\boldsymbol{s})], \tag{5.5.18}$$

$$K_s(\boldsymbol{u}, \boldsymbol{\Xi}(\boldsymbol{s}))=|\boldsymbol{\Xi}(\boldsymbol{s})|^{-1/2}(2\pi)^{-1}\exp[-0.5(\boldsymbol{u}-\boldsymbol{s})'\boldsymbol{\Xi}(\boldsymbol{s})^{-1}(\boldsymbol{u}-\boldsymbol{s})]. \tag{5.5.19}$$

ここで，$\boldsymbol{u}=[u_{lon}, u_{lat}]'$，$\boldsymbol{s}=[s_{lon}, s_{lat}]'$である．式（5.5.17）を用いた場合，定常・等方な共分散関数，式（5.5.18）の場合，定常であるが異方的な共分散関数，式（5.5.19）の場合，非定常な共分散関数となる．ただし，実際の式（5.5.16）の積分計算にあたっては，$\boldsymbol{u}$を離散化する必要がある（Higdon et al., 1999）．

一方，Fuentes（2002）は，ホワイトノイズ過程に空間相関を導入する方法で，非定常性を考慮している．すなわち，空間過程は

$$Y(\boldsymbol{s})=\int_{\boldsymbol{u}}K(\boldsymbol{s}-\boldsymbol{u})Z_{\theta(\boldsymbol{u})}(\boldsymbol{s})d\boldsymbol{u}, \tag{5.5.20}$$

と表現される．ここで，$Z_{\theta(\boldsymbol{u})}(\boldsymbol{s})$は，平均0で，パラメータ$\boldsymbol{\theta}(\boldsymbol{u})$に依存する共分散関数をもつ2次定常な空間過程である．式（5.5.10）は，$\boldsymbol{s}$における空間過程が，任意の地点$\boldsymbol{u}$で生成される空間過程の混合として表現されたが，この式では，$\boldsymbol{s}$その場所における無数の2次定常な空間過程の和として表現される（Banerjee et al., 2004, p.155）．実際の計算では，2次定常な空間過程$Z_1(\boldsymbol{s})$，$\cdots, Z_L(\boldsymbol{s})$を用いて，次のように離散化した式が用いられる．

$$Y(\boldsymbol{s})=\sum_{j=1}^{L}K(\boldsymbol{s}-\boldsymbol{u}_j)Z_{\theta(\boldsymbol{u}_j)}(\boldsymbol{s}). \tag{5.5.21}$$

ここで，$\boldsymbol{u}_1, \cdots, \boldsymbol{u}_L$は$D$を$D_1, \cdots, D_L$とサブ領域に区切ったときの中心座標であ

る．このとき，共分散は

$$Cov[Y(\boldsymbol{s}), Y(\boldsymbol{s}+\boldsymbol{h})]=\sum_{j=1}^{L} K(\boldsymbol{s}-\boldsymbol{u}_j)(\boldsymbol{s}+\boldsymbol{h}-\boldsymbol{u}_j)C[\boldsymbol{h}; \boldsymbol{\theta}(\boldsymbol{u}_j)], \quad (5.5.22)$$

で与えられ，非定常となる．詳細については，Higdon et al.（1999），Fuentes（2002）を参照されたい．Paciorek and Schervish（2006）は，Higdon et al.（1999）のモデルを，Matérn 型非定常共分散へと拡張し，ベイジアン MCMC 法によるパラメータ推定法を提案している．また，空間定常性に関する統計的検定手法も発展してきている（Jun and Genton, 2012）．

5.5.2　空間一般化線形モデル

付録 A では，GLM：

$$E[y_i]=\mu_i, \qquad y_i \sim N(\mu_i, \sigma_\varepsilon^2), \quad (5.5.23)$$

$$f(\mu)=f(E[\boldsymbol{y}])=\boldsymbol{X}\beta, \quad (5.5.24)$$

$$\boldsymbol{\Sigma}=Var(\boldsymbol{y})=\phi \boldsymbol{V}_\mu, \quad (5.5.25)$$

を導入した[44]．ここで，$\boldsymbol{V}_\mu=diag[V(\mu_i)]$ である．式（5.5.25）の分散共分散行列を，空間的自己相関が存在する場合に一般化しよう．空間的自己相関が存在する場合，$\phi=\sigma^2$ と書き直せば，$\boldsymbol{y}$ の分散共分散行列は，

$$Var(\boldsymbol{y})=\boldsymbol{\Sigma}(\mu, \boldsymbol{\theta})=\sigma^2 \boldsymbol{V}_\mu^{1/2}\boldsymbol{R}(\phi)\boldsymbol{V}_\mu^{1/2}, \quad (5.5.26)$$

で与えられる（Gotway and Stroup, 1997；Waller and Gotway, 2004, p.382）．ここで，$\boldsymbol{R}(\phi)$ は，その要素を相関関数 $\rho(\boldsymbol{s}_i-\boldsymbol{s}_j;\phi)$ で与える $n\times n$ 行列である．ナゲット項の存在を許容する場合，

$$Var(\boldsymbol{y})=\boldsymbol{\Sigma}(\mu, \boldsymbol{\theta})=\tau^2 \boldsymbol{V}_\mu+\sigma^2 \boldsymbol{V}_\mu^{1/2}\boldsymbol{R}(\phi)\boldsymbol{V}_\mu^{1/2}, \quad (5.5.27)$$

とすればよい．パラメータ推定法には，ベイズ推定（Diggle and Ribeiro, 2007）や疑似尤度（quasi likelihood（QL））法（Gotway and Stroup, 1997）があるが，ここでは後者について簡単に説明する．GLM では，リンク関数と分散関数があればモデルが作成できるため，分布の情報は必ずしも必要とされない．しかし，分布を仮定しない場合にパラメータを最尤推定するためには，尤度の代わりとなる情報が必要となる．QL 法では，対数尤度の代わりに，QL という概念を用いる．まず，QL の概念について簡単に説明しよう．今，変数

---

[44] ただし，ここでは観測誤差がない，すなわち $\boldsymbol{Y}=\boldsymbol{y}$ としている．また表記の簡略化のため，$y(\boldsymbol{s}_i)=y_i$ としている．

$$U_i = \frac{y_i - \mu_i}{\phi V(\mu_i)}, \tag{5.5.28}$$

を定義すると，$Var[U_i] = 1/(\phi V(\mu_i))$となる．ここで，$U_i$を$\mu_i$で微分したものの期待値を考えると，

$$E\left[\frac{dU_i}{d\mu_i}\right] = -\frac{1}{\phi V(\mu_i)}, \tag{5.5.29}$$

が得られる．すなわち，U_iは，期待値が0であり，微分して符号を変えたものが分散と等しいという，スコア（score）と同じ性質をもつ．したがって，U_iを積分したもの，すなわち

$$Q_i = \int_{y_i}^{\mu_i} \left(\frac{y_i - \mu_i}{\phi V(r)}\right) dr, \tag{5.5.30}$$

の和：$Q = \sum_{i=1}^{n} Q_i$は，対数尤度とよく似た挙動をすると考えられ，疑似尤度(QL)[45] と呼ばれる．また，$U = \sum_{i=1}^{n} u_i$は，疑似スコアと呼ばれる．QL 法では，Uが0に等しいと置くことでパラメータが求められる．

以下，Gotway and Stroup（1997）に示されたQL 法による空間GLMのパラメータ推定手順を記す．μ_iは，$\beta_h\,(h=1, \cdots, k)$に依存するため，疑似スコアは，

$$U_h = \sum_{i=1}^{n} \frac{y_i - \mu_i}{\phi V(\mu_i)} \cdot \frac{\partial \mu_i}{\partial \beta_h} = 0 \tag{5.5.31}$$

と定義できる．これを地球統計モデルに一般化して，

$$\frac{\partial Q(\boldsymbol{\mu}; \boldsymbol{y})}{\partial \boldsymbol{\mu}} = \boldsymbol{\Sigma}^{-1}[\boldsymbol{y} - \boldsymbol{\mu}(\boldsymbol{\beta})], \tag{5.5.32}$$

を得る．ただし，$\boldsymbol{\mu} = (\mu_1, \cdots, \mu_n)'$であり，ここで，$\boldsymbol{\mu}(\boldsymbol{\beta})$は，平均が$\boldsymbol{\beta}$に依存することを強調するための表現である．疑似尤度関数Qを$\boldsymbol{\beta}$の要素で微分すれば，疑似スコアベクトルが

$$\boldsymbol{U} = \boldsymbol{\Delta}' \boldsymbol{\Sigma}^{-1}[\boldsymbol{y} - \boldsymbol{\mu}(\boldsymbol{\beta})] = \boldsymbol{0}, \tag{5.5.33}$$

と得られる．ただし，$[\boldsymbol{\Delta}]_{ih} = \partial \mu_i / \partial \beta_h,\ h=1, \cdots, k$である．このように，$\boldsymbol{V}$が$\boldsymbol{\beta}$以外の関数に依存するとき，疑似スコアは，一般化推定方程式（generalized estimation equations（GEE））と呼ばれる[46]．今，$\boldsymbol{\delta} = f(\boldsymbol{\mu}) = \boldsymbol{X\beta}$と置き，

---

[45] 厳密には，疑似対数尤度であるが，慣習的に疑似尤度と呼ばれる．

[46] GEE については，柳本（1995）などを参照されたい．

$\boldsymbol{\Delta}=\boldsymbol{\Psi X}$，$\boldsymbol{\Psi}=diag[\partial\mu_i/\partial\delta_i]$，$\boldsymbol{A}(\boldsymbol{\theta})=\boldsymbol{\Psi}'\boldsymbol{\Sigma}(\mu,\boldsymbol{\theta})^{-1}\boldsymbol{\Psi}$ を 式（5.5.33）に代入すれば，次式を得る（Gotway and Stroup, 1997）．

$$\boldsymbol{X}'\boldsymbol{A}(\boldsymbol{\theta})\boldsymbol{X}\beta=\boldsymbol{X}'\boldsymbol{A}(\boldsymbol{\theta})\boldsymbol{y}^*. \tag{5.5.34}$$

ただし，$\boldsymbol{y}^*=\boldsymbol{X}\beta+\boldsymbol{\Psi}^{-1}(\boldsymbol{y}-\mu)$ である．$\boldsymbol{\theta}$ が既知と仮定すれば，

$$\beta=[\boldsymbol{X}'\boldsymbol{A}(\boldsymbol{\theta})\boldsymbol{X}]^{-1}\boldsymbol{X}'\boldsymbol{A}(\boldsymbol{\theta})\boldsymbol{y}^*, \tag{5.5.35}$$

が得られる．ただし，$\boldsymbol{\theta}$ は未知であるため，残差からバリオグラムを求め，NWLS 法などにより推定する必要がある．したがって，β と $\boldsymbol{\theta}$ の推定は，繰り返し計算によって求める（Schabenberger and Gotway, p.362）．

5.5.3　地理的加法モデル

ここでは，加法モデルに空間的自己相関を導入した，地理的加法モデル（Kammann and Wand, 2003）について説明する．地理的加法モデルは，次項で述べる，大規模計算モデルの代表的な一つでもある．加法モデル自体については，付録 B を参照されたい．

付録 B の加法モデルにおいて，$g(\cdot)$，$h(\cdot)$ は，スカラー変数のための平滑化関数であった．ここでは，位置座標 $\boldsymbol{s}$ のような多変数の平滑化関数 $S(\cdot)$ を導入する．すなわち，地理的加法モデルは，

$$y_i=\beta_0+x_{1i}\beta_1+x_{2i}\beta_2+g_1(x_{1i})+g_2(x_{2i})+S(\boldsymbol{s}_i)+\varepsilon_i, \tag{5.5.36}$$

と表現される．今，行列表示として，

$$\boldsymbol{y}=\boldsymbol{X}\ddot{\beta}+\boldsymbol{Zu}+\varepsilon, \tag{5.5.37}$$

を定義する．ここで，各変数やパラメータは，

$$\boldsymbol{X}=\begin{bmatrix}1 & x_{11} & x_{21}\\ \vdots & \vdots & \vdots\\ 1 & x_{1n} & x_{2n}\end{bmatrix},\quad \ddot{\beta}=[\beta_0;\beta_1;\beta_2]',$$

$$\boldsymbol{u}=[\boldsymbol{u}_1';\boldsymbol{u}_2';\tilde{\boldsymbol{u}}_s']'=[u_{11},\cdots,u_{1Q_1};u_{21},\cdots,u_{2Q_2};\tilde{u}_{s,1},\cdots,\tilde{u}_{s,n}]',$$

$$\boldsymbol{Z}=[\boldsymbol{Z}_1;\boldsymbol{Z}_2;\tilde{\boldsymbol{Z}}_s],$$

$$\boldsymbol{Z}_1=\begin{bmatrix}(x_{11}-\kappa_{11})_+ & \cdots & (x_{11}-\kappa_{1Q_1})_+\\ \vdots & \ddots & \vdots\\ (x_{1n}-\kappa_{11})_+ & \cdots & (x_{1n}-\kappa_{1Q_1})_+\end{bmatrix},$$

$$\boldsymbol{Z}_2=\begin{bmatrix}(x_{21}-\kappa_{21})_+ & \cdots & (x_{21}-\kappa_{2Q_2})_+\\ \vdots & \ddots & \vdots\\ (x_{2n}-\kappa_{21})_+ & \cdots & (x_{2n}-\kappa_{2Q_2})_+\end{bmatrix},$$

$$\tilde{\boldsymbol{Z}}_s=\begin{bmatrix}\rho(\|\boldsymbol{s}_1-\boldsymbol{s}_1\|) & \cdots & \rho(\|\boldsymbol{s}_1-\boldsymbol{s}_n\|)\\ \vdots & \ddots & \vdots\\ \rho(\|\boldsymbol{s}_n-\boldsymbol{s}_1\|) & \cdots & \rho(\|\boldsymbol{s}_n-\boldsymbol{s}_n\|)\end{bmatrix},$$

で与えられる．ただし，$(x-\kappa)_+$は，$x<\kappa$のとき0，$x\geq\kappa$のとき$x-\kappa$とする演算式であり，κはノットを示す．また，

$$Cov(\tilde{\boldsymbol{u}}_S)=\sigma_{Su}^2(\tilde{\boldsymbol{Z}}_s^{-1/2})(\tilde{\boldsymbol{Z}}_s^{-1/2})', \tag{5.5.38}$$

を満たす．このように与え，$Cov(\tilde{\boldsymbol{u}}_S)$を正定値性を満たすように特定化すれば，$g_1(x_{1i})=g_2(x_{2i})=0$の場合，観測値への当てはめに関しては通常のクリギングと同一となる（Ruppert et al., 2003, p.252）．ただし，この表現を用いれば，混合モデルに関する統計パッケージを利用できるという利点がある．クリギングとスプラインの関係については，Nychka（2000）に詳しい．$n\times n$の分散共分散行列の逆行列の計算は，nが大きいとき負荷が非常に大きくなる．そこで地理的加法モデルでは，格子点や，観測点のいくつかの位置を，knot（ノット）$\boldsymbol{\kappa}(\boldsymbol{\kappa}=1,\cdots,Q_s)$と定め$(Q_s\leq n)$，ノットにおいて空間的自己相関をモデル化することを試みている．すなわち，$\boldsymbol{u}=[\boldsymbol{u}_1';\boldsymbol{u}_2';\tilde{\boldsymbol{u}}_\kappa']'=[u_{11},\cdots,u_{1Q_1};u_{21},\cdots,u_{2Q_2};\tilde{u}_{\kappa 1},\cdots,\tilde{u}_{\kappa Q_s}]'$を用いて，$\tilde{\boldsymbol{Z}}_S$を次のように$\tilde{\boldsymbol{Z}}_\kappa$で置き換える．

$$\tilde{\boldsymbol{Z}}_\kappa=\begin{bmatrix}\rho(\|\boldsymbol{s}_1-\boldsymbol{\kappa}_1\|) & \cdots & \rho(\|\boldsymbol{s}_1-\boldsymbol{\kappa}_{Q_s}\|)\\ \vdots & \ddots & \vdots\\ \rho(\|\boldsymbol{s}_n-\boldsymbol{\kappa}_1\|) & \cdots & \rho(\|\boldsymbol{s}_n-\boldsymbol{\kappa}_{Q_s}\|)\end{bmatrix}, \tag{5.5.39}$$

$$\boldsymbol{\Omega}_\kappa=\begin{bmatrix}\rho(\|\boldsymbol{\kappa}_1-\boldsymbol{\kappa}_1\|) & \cdots & \rho(\|\boldsymbol{\kappa}_1-\boldsymbol{\kappa}_{Q_s}\|)\\ \vdots & \ddots & \vdots\\ \rho(\|\boldsymbol{\kappa}_{Q_s}-\boldsymbol{\kappa}_1\|) & \cdots & \rho(\|\boldsymbol{\kappa}_{Q_s}-\boldsymbol{\kappa}_{Q_s}\|)\end{bmatrix},$$

$$Cov(\tilde{\boldsymbol{u}}_\kappa)=\sigma_{\kappa u}^2(\boldsymbol{\Omega}_\kappa^{-1/2})(\boldsymbol{\Omega}_\kappa^{-1/2})'. \tag{5.5.40}$$

さて，実際の計算においては，$\boldsymbol{u}=[\boldsymbol{u}_1';\boldsymbol{u}_2';\boldsymbol{u}_\kappa']'=[u_{11},\cdots,u_{1Q_1};u_{21},\cdots,u_{2Q_2};u_{\kappa,1},\cdots,u_{\kappa,Q_s}]'$としたとき，共分散を

$$Cov\begin{bmatrix}\boldsymbol{u}\\ \varepsilon\end{bmatrix}=\begin{bmatrix}\sigma_{1u}^2\boldsymbol{I}_{[Q_1]} & \boldsymbol{O} & \boldsymbol{O} & \boldsymbol{O}\\ \boldsymbol{O} & \sigma_{2u}^2\boldsymbol{I}_{[Q_2]} & \boldsymbol{O} & \boldsymbol{O}\\ \boldsymbol{O} & \boldsymbol{O} & \sigma_{\kappa u}^2\boldsymbol{I}_{[Q_s]} & \boldsymbol{O}\\ \boldsymbol{O} & \boldsymbol{O} & \boldsymbol{O} & \sigma_{\varepsilon}^2\boldsymbol{I}_{[n]}\end{bmatrix}, \tag{5.5.41}$$

で与えたいので，$\boldsymbol{Z}=[\boldsymbol{Z}_1;\boldsymbol{Z}_2;\boldsymbol{Z}_\kappa]$，$\boldsymbol{Z}_\kappa=\tilde{\boldsymbol{Z}}_\kappa\boldsymbol{\Omega}_\kappa^{-1/2}$と書き直し，REML法などを用いてパラメータを推定する．予測量は，予測地点における$\boldsymbol{Z}_{s_0}(1\times Q)(Q=Q_1+Q_2+Q_s)$を用いて，$\hat{y}(\boldsymbol{s}_0)=\boldsymbol{X}'(\boldsymbol{s}_0)\hat{\beta}+\boldsymbol{Z}_{s_0}\hat{\boldsymbol{u}}$で与えられる．瀬谷ら（2011）は，地理的加法モデルとUKの予測正確度を比較して，説明変数の非線形性を考慮できる地理的加法モデルが，高い予測正確度を示す可能性を示唆している．ここで，地理的加法モデルの適用においては，2次元ノット$\boldsymbol{\kappa}$の空間配置が問題になる．適切な数のノットQ_sを，空間にバランスよく配置する方法として用いられることが多いのは，Kaufman and Rousseeuw（1990）のClaraアルゴリズムである．Claraアルゴリズムにおけるノットの個数は，次式で与えられる．

$$Q_s=\max\left\{10,\min\left(50,round\left(\frac{n}{4}\right)\right)\right\}. \tag{5.5.42}$$

図5.5.1は，瀬谷ら（2011）において，マンションデータからClaraアルゴリズムを用いてノットを抽出した結果を示している．空間上にバランスよく配置されていることがわかる．地理的加法モデルでは，このノット間の相関で，観

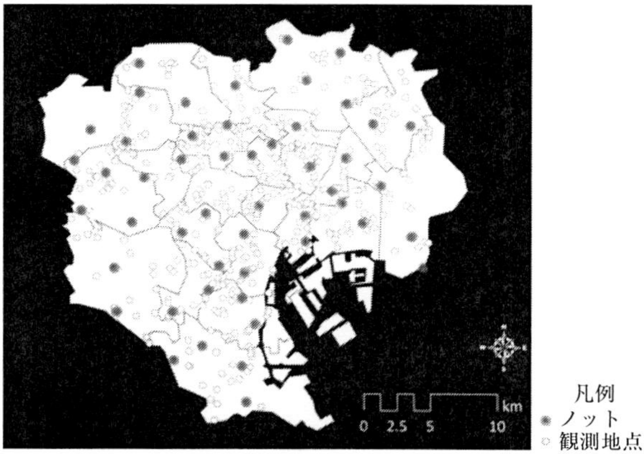

図5.5.1 ノットの配置

測値間の相関が代替される.

また，相関関数$\rho(\cdot)$としては，薄板スプラインが用いられることが多い．これらに関する詳細や，拡張モデルについては，Ruppert et al.（2003；2009）などを参照されたい[47]．

5.5.4 大規模計算モデル

近年，大規模な地球統計データのモデリングに関する研究が盛んに行われている．Sun et al.（2012）の分類に従えば，これらの技法は，［1］分離可能共分散関数（separable covariance function）を用いる方法，［2］共分散漸減法（covariance tapering），［3］尤度関数の近似，［4］低次元近似，［5］ガウス・マルコフ確率場（Gaussian Markov random field（GMRF））による近似に分類できる．このうち，5.5.3 項で述べた地理的加法モデルは，分類［4］に該当する手法である．以下，Banerjee et al.（2008），Zimmerman（2010），特に全体の流れは Sun et al.（2012）に基づき，それぞれの概要について簡単に紹介する．また，日本語の文献では，矢島・平野（2012）が統計学者の観点から，時空間大規模データの統計的解析法をレビューしている．

(a) 分離可能共分散関数

このアプローチは，特に次節で述べる「時空間共分散関数」に関連したアプローチである．導入の前にいくつかの概念の定義が必要であるため，詳しくは 5.6 節で述べることとする．

(b) 共分散漸減法

共分散漸減法（Furrer et al., 2006；Kaufman et al., 2008）は，考え方は比較的単純であり，ある閾値以上の共分散を 0 と置き換えるというものである．具体的には，パラメータベクトル $\boldsymbol{\theta}$ に依存する共分散関数 $C(\boldsymbol{h};\boldsymbol{\theta})$ を，$\widetilde{C}(\boldsymbol{h};\boldsymbol{\theta};\bar{h})=C(\boldsymbol{h};\theta)C_{tap}(\boldsymbol{h};\bar{h})$ で置き換える方法である．ここで，漸減関数（tapering function）$C_{tap}(\boldsymbol{h};\bar{h})$ は，等方的な自己相関関数であり，ある閾値 $\bar{h}>0$ に対して，$\boldsymbol{h}\geq\bar{h}$ であれば 0 とする．これにより，$\widetilde{C}(\boldsymbol{h};\boldsymbol{\theta};\bar{h})$ で与えられる分散共分散行列は，大部分の要素が 0 となる疎行列となるので，計算が簡略

[47] 地理的加法モデルは，例えば，R の SemiPar パッケージ（Wand, 2009）などを用いて容易に実装可能である．SemiPar パッケージでは，各変数の非線形性の程度を，自由度として REML 法で内生的に推定できる．

化される．Kaufman et al.（2008）によれば，分散共分散行列は，$C(\boldsymbol{h};\theta)C_{tap}(\boldsymbol{h};\bar{h})$からなる要素積として，$\boldsymbol{\Sigma}(\boldsymbol{\theta})\circ\boldsymbol{T}(\bar{h})$と表せるので，対数尤度関数は，

$$l_{1tap}(\boldsymbol{\beta},\boldsymbol{\theta};\boldsymbol{y})= \tag{5.5.43}$$
$$-\frac{n}{2}\ln(2\pi)-\frac{1}{2}\ln|\boldsymbol{\Sigma}(\boldsymbol{\theta})\circ\boldsymbol{T}(\bar{h})|-\frac{1}{2}(\boldsymbol{y}-\boldsymbol{X}\beta)'[\boldsymbol{\Sigma}(\boldsymbol{\theta})\circ\boldsymbol{T}(\bar{h})]^{-1}(\boldsymbol{y}-\boldsymbol{X}\beta),$$

と表現できる．ただし，この場合対数尤度関数の微分（スコア関数）が，$E[(\partial/\partial\boldsymbol{\theta})\cdot l_{1tap}(\boldsymbol{\theta})]\neq\boldsymbol{0}$となり，パラメータ推定量の漸近不偏性が満たされない．そこで，この点を満たすように第3項に修正を加えた次式の対数尤度関数も提案されている．

$$l_{2tap}(\boldsymbol{\beta},\boldsymbol{\theta};\boldsymbol{y})= \tag{5.5.44}$$
$$-\frac{n}{2}\ln(2\pi)-\frac{1}{2}\ln|\boldsymbol{\Sigma}(\boldsymbol{\theta})\circ\boldsymbol{T}(\bar{h})|-\frac{1}{2}(\boldsymbol{y}-\boldsymbol{X}\beta)'\{[\boldsymbol{\Sigma}(\boldsymbol{\theta})\circ\boldsymbol{T}(\bar{h})]^{-1}\circ\boldsymbol{T}(\bar{h})\}(\boldsymbol{y}-\boldsymbol{X}\beta).$$

式展開を含むさらなる詳細については，Kaufman et al.（2008）を参照されたい．共分散漸減法については，矢島（2011b）において，図入りの解説が行われている．

(c)　尤度関数の近似

今，尤度関数を次のように条件付き分布を用いて表現しよう．

$$L(\boldsymbol{y}|\beta,\boldsymbol{\theta})=p(y_1|\beta,\boldsymbol{\theta})\prod_{j=2}^{n}p(y_j|\boldsymbol{y}_{-j},\beta,\boldsymbol{\theta}). \tag{5.5.45}$$

Vecchia（1988）は，$\boldsymbol{y}_{-j}$が，多くの余分な情報を含んでいる点に着目し，$\boldsymbol{y}_{-j}$をサブベクトル$\boldsymbol{y}_{j\in S_j}$で置き換えることを提案した．$\boldsymbol{y}_{j\in S_j}$の構成の方法としては，座標の緯度・経度のいずれかを用いて，近いほうから10個を用いる簡便な方法を提示している．Stein et al.（2004）は，Vecchia（1988）を，y_jの長さが1でないケースに拡張し，REML法によるパラメータ推定法を提案している．似通ったアプローチとして，Curriero and Lele（1999）は，ML法より計算が簡単な複合尤度法（composite likelihood method）によるパラメータ推定法を提案しており，この手法は矢島（2011a）で紹介されている．また，Varin et al.（2011）は，近年の複合尤度法に関する研究をレビューしている．また，Fuentes（2007）は，スペクトル領域で尤度関数を近似する方法を提案している．

(d) **低次元近似**

代表的な低次元（low rank）近似の方法には，地理的加法モデルの他に，Cressie and Johannesson（2008）の，固定次元クリギング（fixed rank kriging），Banerjee et al.（2008）の，予測過程モデル（predictive process model）が存在する[48)]．固定次元クリギングは，ある地点 $\boldsymbol{s}$ における空間効果 $\eta(\boldsymbol{s})$ を，ノットで発生するランダム効果と，ノットとの距離の関数である基底関数で表現する地理的加法モデルに似通ったアプローチである．しかし，この手法は特に，リモートセンシングデータなどの，データの解像度の違いによる異質性をモデル化する点に特徴がある．

予測過程モデルでは，$m \ll n$ であるノット集合 $\{\boldsymbol{s}_1^*, \cdots, \boldsymbol{s}_m^*\}$（観測地点に含まれても含まれなくてもよい）において 2 次定常な空間過程 $\boldsymbol{\eta}^* = [\eta(\boldsymbol{s}_i^*), \cdots, \eta(\boldsymbol{s}_m^*)]'$ を考える．ここで，$\boldsymbol{\eta}^* \sim N(\boldsymbol{0}, \boldsymbol{\Sigma}^*(\boldsymbol{\theta}))$，$\boldsymbol{\Sigma}_{i,j}^*(\boldsymbol{\theta}) = [C(\boldsymbol{s}_i^*, \boldsymbol{s}_j^*; \boldsymbol{\theta})]$ が満たされる．したがって，地点 $\boldsymbol{s}$ における予測過程は，クリギング予測式の形で，

$$\tilde{\eta}(\boldsymbol{s}) = E[\eta(\boldsymbol{s}) | \boldsymbol{\eta}^*] = \boldsymbol{c}'(\boldsymbol{s}; \boldsymbol{\theta}) \boldsymbol{\Sigma}^{*-1}(\boldsymbol{\theta}) \boldsymbol{\eta}^*, \tag{5.5.46}$$

と書ける．ただし，$\boldsymbol{c}$ は，$\boldsymbol{c}(\boldsymbol{s}; \boldsymbol{\theta}) = [C(\boldsymbol{s}, \boldsymbol{s}_j^*; \boldsymbol{\theta}), \cdots, C(\boldsymbol{s}, \boldsymbol{s}_m^*; \boldsymbol{\theta})]'$ で与えられる．$\tilde{\eta}(\boldsymbol{s})$ は，平均 0 で共分散が，

$$C(\boldsymbol{s}, \boldsymbol{t}; \boldsymbol{\theta}) = \boldsymbol{c}'(\boldsymbol{s}; \boldsymbol{\theta}) \boldsymbol{\Sigma}^{*-1}(\boldsymbol{\theta}) \boldsymbol{c}(\boldsymbol{t}; \boldsymbol{\theta}), \tag{5.5.47}$$

で与えられる GP に従う．予測過程モデルとは，通常の地球統計モデルの空間効果 $\eta(\boldsymbol{s})$ を，$\tilde{\eta}(\boldsymbol{s})$ で置き換えるモデルである．ただし，予測過程 $\tilde{\eta}(\boldsymbol{s})$ の分散は，親過程 $\eta(\boldsymbol{s})$ の分散より系統的に小さいため，これを補正する必要がある（Finley et al., 2009）．

(e) **GMRF による近似**

代表的な格子過程である GMRF では，分散共分散行列の逆行列にあたる，精度行列に着目し，計算負荷の軽減を行う（Rue and Held, 2005）．分散共分散行列と異なり，精度行列は，疎となることが多いためである．近年，地球統計過程を GMRF で近似するさまざまな研究が蓄積されている（Rue et al., 2009；Blangiardo et al., 2013）．

---

48) このうち前者については，提案者の HP から MATLAB のコードが入手でき（http://www.stat.osu.edu/~sses/collab_co2.html），また LatticeKrig という R のパッケージも存在する．また，後者については，spbayes という R のパッケージに関数が用意されている．

5.6 時空間地球統計モデル

地球統計学は，伝統的に空間を対象として発展してきたが，特に近年，時間軸を考慮した時空間地球統計学（spatio-temporal geostatistics）に関する研究が盛んに行われ，それらの成果がCressie and Wikle（2011）にまとめられるに至っている．これらの研究は，大きく空間における連続性を仮定したうえで，「時間軸を連続とみるアプローチ」と「時間軸を離散とみるアプローチ」に分類される．以下，これらについて順に説明する．

5.6.1 空間連続・時間連続モデル

今，時空間過程$\{\boldsymbol{Y}(\boldsymbol{s},t):\boldsymbol{s}\in D, t\in T\}$を考える．ここで，時空間過程は次式のようにトレンド成分$m(\boldsymbol{s},t)$と平均0の誤差成分$u(\boldsymbol{s},t)$から構成されるとしよう．

$$Y(\boldsymbol{s},t)=m(\boldsymbol{s},t)+u(\boldsymbol{s},t). \tag{5.6.1}$$

ここで，$u(\boldsymbol{s},t)$は，次式で示されるような2次定常性を満たすと仮定しておく．

$$Cov[Y(\boldsymbol{s},t), Y(\boldsymbol{s}+\boldsymbol{h}_s, t+h_t)]=C^0(\boldsymbol{h}_s, h_t). \tag{5.6.2}$$

時空間過程が固有定常性を満たすと仮定すれば，

$$Var[Y(\boldsymbol{s}+\boldsymbol{h}_s, t+h_t)-Y(\boldsymbol{s},t)]=2\gamma^0(\boldsymbol{h}_s, h_t), \tag{5.6.3}$$

が得られる．ここで，$C^0(\boldsymbol{h}_s, h_t)$は時空間共分散関数（spatio-temporal covariance function），$2\gamma^0(\boldsymbol{h}_s, h_t)$は時空間バリオグラム（spatio-temporal variogram）と呼ばれる．空間の場合と同様に，2次定常性が満足される場合，次の関係が成立する．

$$\gamma^0(\boldsymbol{h}_s, h_t)=C^0(\boldsymbol{0},0)-C^0(\boldsymbol{h}_s, h_t). \tag{5.6.4}$$

時空間UKにおいては，正定値性を満たす時空間共分散関数をどのように構成するかという点がポイントとなる．以下，代表的な方法を簡単にまとめる．

(a) 時間軸をユークリッド空間の一つの軸とする方法

共分散関数を時空間上で定義するもっとも簡単な手法は，時間軸をあたかも，空間軸の一つと見なして，2点間のユークリッド距離を求めるというものであろう．指数型を例に相関関数を示せば，

$$Corr[Y(\boldsymbol{s},t),\ Y(\boldsymbol{s}+\boldsymbol{h}_s,\ t+h_t)]=\exp[-\phi_1\{(\boldsymbol{h}_s)^2+(h_t)^2\}], \quad (5.6.5)$$

と書ける．この方法は直感的でわかりやすいが，空間と時間の異質性（一種の異方性）が考慮されないという問題がある．そこで，簡単な拡張として，

$$Corr[Y(\boldsymbol{s},t),\ Y(\boldsymbol{s}+\boldsymbol{h}_s,\ t+h_t)]=\exp[-\phi_1(\boldsymbol{h}_s)^2-\phi_2(h_t)^2], \quad (5.6.6)$$

と定義すれば，時間方向と空間方向の異方性が考慮できる．これは，分離可能（separable）関数と呼ばれるものの一種であり，実証研究では広く用いられている．

以下，Schabenberger and Gotway（2005），Cressie and Huang（1999）などを参考に，分離可能関数や，より柔軟なモデル化を可能とする分離不可能（non-separable）関数について説明する．

（b） 分離可能型共分散関数

(1) 線形モデル（linear model）

$$C^0(\boldsymbol{h}_s,\ h_t|\boldsymbol{\theta})=C^1(\boldsymbol{h}_s|\boldsymbol{\theta}_1)+C^2(h_t|\boldsymbol{\theta}_2). \quad (5.6.7)$$

ここで，$\boldsymbol{\theta}=(\boldsymbol{\theta}_1',\ \boldsymbol{\theta}_2')'$，$C^1(\boldsymbol{h}_s|\boldsymbol{\theta}_1)$ は正定値性を満たす空間方向の共分散関数，$C^2(h_t|\boldsymbol{\theta}_2)$ は正定値性を満たす時間方向の共分散関数である．このように，線形モデルは，共分散関数を空間方向と時間方向に別々に定義し，和によって合成することによって求められる．それぞれの共分散関数には通常，正定値性を満たすようにパラメタライズされたものを用いる．ただし，時間・空間という別の対象に個別に定義された共分散関数から和によって合成された $C^0(\boldsymbol{h}_s,\ h_t)$ は，時空間において正定値性を満たすとは限らない．よって，このモデルを用いると，データの配置パターンによっては分散共分散行列が特異になってしまうという問題があり（Rouhani and Myers, 1990），クリギングの実行時に問題となる．

(2) 積モデル（product model）

$$C^0(\boldsymbol{h}_s,\ h_t|\boldsymbol{\theta})=C^1(\boldsymbol{h}_s|\boldsymbol{\theta}_1)\cdot C^2(h_t|\boldsymbol{\theta}_2). \quad (5.6.8)$$

積モデルは，共分散関数を空間方向と時間方向に別々に定義して，積によって合成するというものである（Cressie, 1993）．先に紹介したモデル式（5.6.6）は本アプローチに該当する．積モデルはわかりやすいが，時間と空間の相互作用を考慮できないという問題がある．例えば，ある固定された $\boldsymbol{h}_1$ と $\boldsymbol{h}_2$ を考えると，必ず

$$C^0(\boldsymbol{h}_1,\ h_t)\propto C^0(\boldsymbol{h}_2,\ h_t), \quad (5.6.9)$$

という関係が成り立つ（Cressie and Huang, 1999）．すなわち，積モデルでは，どの空間方向の距離に対しても，時間方向の共分散関数の形状が同じになる．このことは，時間軸からみても同様である（すなわち，時間軸上のどのタイムラグに対しても，空間方向の共分散関数の形状が同じ）．したがって，積モデルでは，時間と空間の相互作用は考慮できない．しかし実際には，距離が大きい場合と小さい場合では，時間方向の影響も異なると考えられ，より柔軟なモデルが求められる．

(c) 分離不可能型共分散関数

(1) 積・和モデル（product-sum model）

$$C^0(\boldsymbol{h}_s, h_t|\boldsymbol{\theta})=k_1C^1(\boldsymbol{h}_s|\boldsymbol{\theta}_1)\cdot C^2(h_t|\boldsymbol{\theta}_2)+k_2C^1(\boldsymbol{h}_s|\boldsymbol{\theta}_1)+k_3C^2(h_t|\boldsymbol{\theta}_2). \quad (5.6.10)$$

ここで，k_1, k_2, k_3 はパラメータ．時間と空間の相互作用を考慮できるモデルとして，上記のような積・和モデルがある（De Cesare et al., 2001）．このモデルは線形モデルと積モデルを結合したモデルである．積・和モデルは，線形モデルや積モデルと異なり，分離不可能であり，パラメータの値によって，時間と空間の相互作用を考慮可能である．積・和モデルでは，推定にいくつかのパラメータ制約が必要であり，具体的な推定方法については，De Cesare et al.(2001）を参照されたい[49]．

(2) Cressie-Huang モデル

Cressie and Huang（1999）は，スペクトル・アプローチを用いて，時間と空間の相互作用を考慮できるいくつかの時空間共分散関数族を提案した．Bochner の定理によれば，共分散関数が非負定値符号関数となる必要十分条件は，正則条件下でのスペクトル表現をもつことであり，Cressie and Huang (1999）は，スペクトル領域で定義した関数を，逆フーリエ変換で戻す形で共分散関数を導出している．以下に，そのうちの一つを示す（Example 1, Cressie and Huang, 1999）．

$$C^0(\boldsymbol{h}_s, h_t|\boldsymbol{\theta})=\frac{\sigma^2}{(\theta_1^2|h_t|^2+1)}\exp\left\{-\frac{\theta_2^2\|\boldsymbol{h}_s\|^2}{\theta_1^2|h_t|^2+1}\right\}. \quad (5.6.11)$$

ただし，ここで，$\boldsymbol{\theta}=(\theta_1, \theta_2, \sigma^2)'$，$\theta_1\geq 0$ は時間のスケーリングパラメータ，

---

[49] De Cesare et al. (2002）は，積・和モデルを実際に適用するための FORTRAN77 コードを提供している．

$\theta_2 \geq 0$は空間のスケーリングパラメータ，$\sigma^2 = C^0(\boldsymbol{0}, 0)$である．

その他の分離不可能型共分散には，Gneiting（2002）のモノトーン関数アプローチ，Ma（2002）の混合（mixture）アプローチなどがある．詳細については，Mateu et al.（2008）のレビューが参考になる．

空間クリギングと同様にして，任意地点・時点における確率変数のBLUP（時空間UK予測量）が，次式のように求められる．

$$\hat{Y}(\boldsymbol{s}_0, t_0) = \boldsymbol{X}'(\boldsymbol{s}_0, t_0)\boldsymbol{\beta} + \boldsymbol{c}'\boldsymbol{\Sigma}^{-1}(\boldsymbol{Y} - \boldsymbol{X\beta}). \tag{5.6.12}$$

ただし，$\boldsymbol{X}(\boldsymbol{s}_0, t_0)$は$k \times 1$の予測地点における説明変数ベクトル，$\boldsymbol{c}$は$nT \times 1$の観測地点における確率変数と予測地点における確率変数間の共分散ベクトル，$\boldsymbol{\Sigma}$は$nT \times nT$の分散共分散行列である．

このように，時空間モデリングでは，分散共分散行列が巨大になるため，計算の実行可能性の問題がつねにつきまとう．分離可能型共分散関数は，時間と空間の相互作用を扱うことはできないが，計算負荷の削減の面では大きな利点がある．例えば今，2次元空間上で，観測地点が100箇所，観測時点が100時点存在するパネルデータを考えよう．このとき，必要な分散共分散行列の次元は$100^2 \times 100^2$であり，逆行列計算の負荷は大きい．しかし，分離可能共分散関数を用いた場合，分散共分散行列は，時間方向の共分散関数を要素とする100×100の行列と，空間方向の共分散関数を要素とする100×100の行列のクロネッカー積として表すことができるため，これらの小さな行列の逆行列をそれぞれ求めればよく，計算負荷が大きく軽減される．そこで，分離可能性に関する統計的な検定が重要になる．このような手法として，例えば，Fuentes（2006）のスペクトル法，Mitchell et al.（2006）の尤度比検定がある．

(d)　空間連続・時間連続モデルのパラメータ推定

時空間バリオグラムのパラメータをCressie（1985）流のWLSで求める場合，標本バリオグラムから経験バリオグラムを求める必要がある．方法は空間の場合と同様であり，時間方向，空間方向にbinningを施し，経験バリオグラムを求め，理論モデルへの当てはめを行う．ただし，データにトレンドがある場合は，IRWGLS法によってトレンド項のパラメータと，バリオグラムの計算を繰り返し計算によって求める必要がある．この手法は，例えば，Cressie and Huang（1999），井上ら（2009）で用いられている．

パラメータをML推定する場合，ヤコビアン項や逆行列の計算負荷が非常に大きくなるため，何らかの簡略化計算が必要になる場合が多い[50)]．Bevilacqua et al.（2012）は，composite likelihood に基づくパラメータ推定法を提案している．

5.6.2 空間連続・時間離散モデル

ここでは，空間方向は連続であるが，時間方向は離散であるモデルを導入する．前述の通り，空間連続・時間連続モデルは，$nT\times nT$ の分散共分散行列を扱うため，計算負荷が非常に大きい．これに対して，空間連続・時間離散モデルは，最大でも各期における分散共分散行列，すなわち T 個の $n\times n$ 行列を扱うのみであるため，計算負荷は相対的に小さい．時間方向の依存関係については，パラメータを時間可変とすることでモデル化することが多い．このようなモデルは，動的空間モデル（dynamic spatial model）と呼ばれる（Gelfand et al., 2005；Sahu et al., 2006；Paez et al., 2008；Lee and Ghosh, 2008）[51)]．これらの手法の詳細や相互関係については，Gamerman（2010）を参照されたい．以下ではこのうち Gelfand et al.（2005）のモデルについて，その概略を説明する．動的空間モデルは，次式のように定式化される．

$$Y(\boldsymbol{s},t)=\boldsymbol{X}'(\boldsymbol{s},t)\tilde{\boldsymbol{\beta}}(\boldsymbol{s},t)+\varepsilon(\boldsymbol{s},t),\quad \varepsilon(\boldsymbol{s},t)\sim N(0,\sigma_\varepsilon^2), \qquad (5.6.13)$$

$$\tilde{\boldsymbol{\beta}}(\boldsymbol{s},t)=\boldsymbol{\beta}_t+\boldsymbol{\beta}(\boldsymbol{s},t),$$

$$\boldsymbol{\beta}_t=\boldsymbol{\beta}_{t-1}+\boldsymbol{\eta}_t,\quad \boldsymbol{\eta}_t\sim N(\boldsymbol{0},\boldsymbol{\Sigma}_\eta),$$

$$\boldsymbol{\beta}(\boldsymbol{s},t)=\boldsymbol{\beta}(\boldsymbol{s},t-1)+\boldsymbol{u}(\boldsymbol{s},t).$$

ここで，$\boldsymbol{A}$ を $k\times k$ 行列とし，$\boldsymbol{u}(\boldsymbol{s},t)=[u_1(\boldsymbol{s},t),\cdots,u_k(\boldsymbol{s},t)]'$ と定義すれば，$u_l(\boldsymbol{s},t)\,(l=1,\cdots,k)$ はそれぞれ独立に，平均 0，分散 1，相関関数 $\rho_l(\cdot,\phi_l)$，をもつ 2 次定常な空間過程に従う．$Cov[u_l(\boldsymbol{s},t),u_{\tilde{l}}(\tilde{\boldsymbol{s}},\tilde{t})]=0\,(l\neq\tilde{l}\ \ or\ \ t\neq\tilde{t})$ であり，$=\rho_l(\boldsymbol{s},\tilde{\boldsymbol{s}})\,(l=\tilde{l},t=\tilde{t})$．簡単のため，パラメータによって相関関数を区別しないとすれば，$v_l(\cdot,t)\sim GP(0,\rho(\cdot,\phi))$ が満たされ，$\boldsymbol{u}(\cdot,t)\sim GP(\boldsymbol{0},\rho(\cdot,\phi)\boldsymbol{\Sigma}_u)$ が得られる．ここで，$\boldsymbol{\Sigma}_u=\boldsymbol{A}\boldsymbol{A}'$ であり，$\boldsymbol{A}$ は下三角行列である．各パラメータに事前分布を設定すれば，ギブズ・サンプラーや酔歩（random walk）過程を用いて，比較的容易にパラメータ推定を行うことができる．

[50)] R の SpatialTools パッケージでは，分離可能型関数を用いた空間連続・時間連続モデルの ML 推定が可能である．

[51)] Safu et al.（2006）の手法は，R の spTimer パッケージで実装可能である．

一方，Cressie et al.（2010），Katzfuss and Cressie（2011）は，時空間ランダム効果モデルと呼ばれる，データモデルとプロセスモデルの2階層からなる階層モデルを提案した．このモデルは，動的空間モデルに似ているが，回帰係数ではなく，潜在的な空間的自己相関要因が，ベクトル自己回帰に従って時間発展すると仮定される．爲季・堤（2012）は，時空間ランダム効果モデルを用いて，広域放射線量分布図の作成を試みている．

第 6 章 空間計量経済学

6.1 空間計量経済学とは

格子データのモデリングは，大きく Besag (1974) 流のマルコフ確率場・条件付き分布に基づく方法と，Anselin (1988) 流の非マルコフ確率場・同時分布に基づく方法に分類できる．モデルでいえば，前者は conditional autoregressive model (CAR) を用い，後者は simultaneous autoregressive model (SAR) を用いることが多い．前者は，階層ベイズモデルの枠組みで用いるのに便利であり（例えば，深澤ら，2009），特に事前分布として用いられることが多い（Hodges et al., 2003）．しかし一方で，CAR モデルでは，$\boldsymbol{W}$ が対称行列であることが求められるため行基準化が行えず，空間計量経済学の分野では用いられることはまれである．本書は特に空間計量経済学に着目するため，説明は後者が中心となる．前者については，Cressie (1993) や，Rue and Held (2005) を参照していただきたい．

Anselin and Bera (1998) によると，"spatial econometrics" という用語は，1970 年代初頭にベルギーの経済学者である Jean Paelinck が用い始めたものであり，Paelinck and Klaassen (1979) は空間計量経済学の分野における初のテキストとされている．データの空間的側面は，主要な経済学や計量経済学において長らく無視されていたが（Fujita et al., 1999），現在ではその状況は大きく変わり，計量経済学の多くの学術雑誌で特集が組まれるなど，今や空間計量経済学は，計量経済学の主要分野の一つとなりつつある（Anselin, 2010；Arbia, 2011）．空間計量経済学の現在に至るまでの学問分野としての発展経緯については，Anselin (2010) の過去 30 年の回想論文に詳しい．

ここで，空間計量経済学関係の書籍を簡単に整理しておきたい．上述のように，空間統計学と空間計量経済学は線引きが曖昧なので，書籍に関しても明確に分類することは難しいが，空間計量経済学におけるもっとも代表的な書籍は，Anselin（1988）である．Anselin（1988）が，1990年代における空間計量経済学の発展に果たした役割は大きい．しかし逆にいえば，Anselin（1988）には，90年代に蓄積された膨大な知見が含まれておらず，Pinkse and Slade（2010）の言葉を借りれば，“outdated”である点は否めない．LeSage and Pace（2009）は，空間計量経済学に関する包括的な話題を扱った最新の書籍の一つとなっている．しかしながら，LeSage and Pace（2009）は，ベイズ推定に重きを置いているため，実証研究で用いられることが多い，後述するKelejian-Prucha流の（Kelejian and Prucha, 1998）一般化空間モデル（SAC）（general spatial autoregressive model with a correlated error termに由来）の一般化空間2段階最小二乗法（generalized spatial two stage least squares（GS2SLS））による推定や，LISAにほとんど言及がないなど，内容には多少偏りがあるように感じられる[52]．

このように，残念ながら空間計量経済学に関する書籍は，地球統計学のそれに比べて層が薄いのが現状である．その他の書籍として，Arbia（2006）は，タイトルは“*Spatial Econometrics*”であるが，内容は確率場に基づいており，「空間計量経済学の文献では」といういい方をしていることから，むしろ空間統計学によっている．また，地理学の研究者によるものでは，Cliff and Ord（1973；1981），Griffith（1988），Haining（1990；2003）が定評のあるテキストである．Griffith（2003），Griffith and Paelinck（2010）は，後述する空間フィルタリングアプローチに特化した書籍となっている．Fotheringham et al.（2002）は，空間的異質性に関する代表的モデリング技法である，GWRモデルに関する研究をまとめたものである．

6.2　空間計量経済モデル

6.2.1　空間ラグモデルと空間誤差モデル

空間計量経済学では，基本モデルに空間的自己相関を導入するために，大き

52) 同様の意見が，Lee and Yu（2010a）による書評にも述べられている．

く二つのモデルが用いられる．すなわち，従属変数間の自己相関として導入する空間ラグモデル（spatial lag model（SLM））と，誤差項の自己相関として導入する空間誤差モデル（spatial error model（SEM））である．これらの二つが代表的なモデルであるが，後述するようにその他にもさまざまなモデルが存在する．

SLMは，空間的・社会的な相互作用の結果起こる「均衡」をモデル化するものである（Anselin, 2002）．一時点のクロスセクションデータでは，空間的な外部性や近傍効果といった空間的・社会的な相互作用は観測できないが，相互作用の結果至った「均衡」における相関構造をモデル化することは可能である．空間回帰モデルにおいてこのようなモデル化は，基本モデルに，周辺地域の従属変数の関数を導入することによって達成される[53, 54]．

$$y_i = g(y_{j\in S_i}, \boldsymbol{\theta}) + \beta_0 + \sum_{h=1}^{k-1} x_{h,i}\beta_h + \varepsilon_i. \tag{6.2.1}$$

ここで，関数gは，非線形を含むかなり一般的な関数形をとりうるが，一般的には，空間重み行列を用いて単純化されることが多い．すなわち，w_{ij}を用いて，SLMは，次式のように定式化される（Anselin, 1988；LeSage and Pace, 2009）．

$$y_i = \rho \sum_{j=1}^{n} w_{ij} y_j + \beta_0 + \sum_{h=1}^{k-1} x_{h,i}\beta_h + \varepsilon_i. \tag{6.2.2}$$

ここでρは空間パラメータであり，前述の通り重み行列を行基準化した場合$(1/\omega_{\min}, 1)$の範囲の値をとる．$\rho<0$の場合は負の空間的自己相関が，$\rho>0$の場合は正の空間的自己相関が存在することが示唆される．行列表現すると次式が得られる．

$$\boldsymbol{y} = \rho \boldsymbol{W}\boldsymbol{y} + \beta_0 \boldsymbol{1} + \boldsymbol{x}\beta_1 + \boldsymbol{\varepsilon} = \rho \boldsymbol{W}\boldsymbol{y} + \boldsymbol{X}\boldsymbol{\beta} + \boldsymbol{\varepsilon}. \tag{6.2.3}$$

SLMは，右辺に従属変数の空間ラグを含めるという点では，時系列解析の分野の自己回帰モデルと類似している．しかしながら，空間的自己相関は，一方向的な時系列相関と異なり，フィードバックを伴いながら，多方向に同時発生するという点にその特徴がある．すなわち，今地点iとjにおける観測値に依

---

53) ここでは，空間計量経済学の慣習に倣い，データy_iに関するモデルと考える．一方，Cressie (1993)，Cressie and Wikle (2011) は，背後にある空間過程Y_iについてのモデルととらえている．

54) 社会的相互作用の分野でも，似通ったモデルが用いられている（例えば，福田, 2004）．

存関係があるとき，y_jは，y_iの式（式（6.2.2））の右辺に入るが，y_iもまた，y_jの式の右辺に入るという関係であり，この関係がモデルパラメータの推定を複雑にする．SLMにおいて，従属変数の空間ラグ$\boldsymbol{Wy}$は誤差項と相関をもつため，内生変数として扱わなければならない．したがって，内生性を考慮しないOLSによる空間パラメータの推定量は，一致性をもたず，$\rho=0$でなければ，不偏性も満足しない（Anselin, 1988）．

一方，SEMは，誤差項同士の空間的な自己相関関係をモデル化しようとするものであり，経済理論的な理由よりは，観測誤差が空間的な意味で系統的に存在する場合などの，データの問題を処理する目的で用いられることが多い（Anselin, 2006）．Dubin（1988）は，残差の空間的自己相関が生じる理由について，定量化が難しい（不可能な）影響の存在を指摘している．代表的なSEMは，空間自己回帰型（spatial autoregressive（SAR））の誤差項をもつ，次式のモデル（以下，SAR誤差モデル）である．

$$\boldsymbol{y}=\boldsymbol{X\beta}+\boldsymbol{u},\quad \boldsymbol{u}=\lambda\boldsymbol{Wu}+\varepsilon. \tag{6.2.4}$$

ここでλは空間パラメータであり，これも重み行列を行基準化した場合，$(1/\omega_{\min},1)$の範囲の値をとる．なお，既往研究では，式（6.2.4）自体を指して（狭義の）SEMと呼ばれることも多いが，誤差項の空間過程の構造化手法は他にも多数存在するため，厳密には区別することが望ましい．

ところで，これらのSLMとSEMという名称は，必ずしも一般的であるとは限らない点に注意されたい．一例を挙げれば，SLMは，空間計量経済学の代表的文献の中でも，spatial lag model（Anselin and Bera, 1998），mixed regressive spatial autoregressive model（Anselin, 1988），spatial autoregressive model（SAR）（LeSage and Pace, 2009）とさまざまな呼称をもつ（Arbia, 2006, p.110）．また，SEMは，空間統計学のテキスト（例えば，Cressie, 1993）では，simultaneous autoregressive model（SAR）と呼称され，以下で説明するconditional autoregressive model（CAR）と比較される形で導入されている．したがって，SARが，SLMを表すのか，SEMを表すのかは，執筆者の背景によって異なる．

式（6.24）より，SAR誤差モデルにおける$\boldsymbol{u}$の分散共分散行列は，$E[\boldsymbol{uu}']=\sigma_\varepsilon^2(\boldsymbol{I}-\lambda\boldsymbol{W})^{-1}(\boldsymbol{I}-\lambda\boldsymbol{W}')^{-1}$で与えられる．$\boldsymbol{W}$が，行基準化された隣接行列であるとすると，$|\lambda|<1$のとき，レオンチェフ展開により，$(\boldsymbol{I}-\lambda\boldsymbol{W})^{-1}=$

$\boldsymbol{I}+\lambda\boldsymbol{W}+\lambda^2\boldsymbol{W}^2+\lambda^3\boldsymbol{W}^3+\cdots$, が得られ，$\boldsymbol{W}'$についても同様に展開すれば，分散共分散行列における逆行列の積は，$\boldsymbol{I}+\lambda(\boldsymbol{W}+\boldsymbol{W}')+\lambda^2(\boldsymbol{WW}+\boldsymbol{WW}'+\boldsymbol{W}'\boldsymbol{W})+\cdots$, となる．ここで，$(\boldsymbol{I}-\lambda\boldsymbol{W})^{-1}$は，空間乗数（spatial multiplier）と呼ばれる．経済学や産業連関分析でいう乗数効果を与える項である．すなわち，SAR 誤差モデルは，ある地点におけるショックが，他のすべての地点に波及するというグローバルな影響のモデル化につながることがわかる．他方，誤差項を移動平均型（spatial moving average（SMA），以下，SMA 誤差モデル）$\boldsymbol{u}=\gamma\boldsymbol{W}\boldsymbol{\varepsilon}+\boldsymbol{\varepsilon}$ とすると，$\boldsymbol{u}$ の分散共分散行列は，$E[\boldsymbol{uu}']=\sigma_\varepsilon^2(\boldsymbol{I}+\gamma\boldsymbol{W})(\boldsymbol{I}+\gamma\boldsymbol{W})'=\sigma_\varepsilon^2[(\boldsymbol{I}+\gamma(\boldsymbol{W}+\boldsymbol{W}')+\gamma^2\boldsymbol{WW}']$で与えられる．明らかに，$\boldsymbol{W}$を通した1次と$\boldsymbol{WW}'$を通した2次の影響までしかもたず，ローカルな影響のモデル化になっていることがわかる（Anselin, 2001；Fingleton, 2008a）．SAR, SMA 誤差モデルにおいては，$\boldsymbol{s}_i$の近傍集合$\boldsymbol{s}_j\in S_i$の個数が地点によって変わるとき，たとえ$\boldsymbol{\varepsilon}$の要素が i. i. d.であったとしても必然的に$\boldsymbol{u}$の分散は不均一になり，したがって共分散の定常性は満足されない．定常性が満足されるのは，観測地点が格子点上で得られているといった例外的なケースのみである（Anselin, 2001；堤ら, 2000b）．実はこの問題が，空間的自己相関を考慮した離散選択モデルの推定を難しくする（McMillen, 1992）．

Kelejian and Robinson（1993；1995）は，パネルデータ分析（例えば，北村, 2005）で標準的に用いられる空間誤差構成要素モデル（spatial error component model（SEC），以下，SEC 誤差モデル）を援用し，$\boldsymbol{u}=\boldsymbol{W}\boldsymbol{\psi}+\boldsymbol{\varepsilon}$と構造化している．ここで，SEC 誤差モデルでは，誤差項が右辺第1項と第2項で示される二つの要素からなるとする．第1項は，スピルオーバー要素を表し，他地域で発生したスピルオーバー・ショックの線形結合として与えられる．第2項は地域（地点）特有の効果（局所誤差要素）を表し，SAR や SMA における$\boldsymbol{\varepsilon}$と同一である．それぞれの誤差ベクトル$\boldsymbol{\psi}$，$\boldsymbol{\varepsilon}$はそれぞれの要素が i. i. d.の誤差項からなる$n\times1$ベクトルであるとし，次式のように二つの要素間に相関はない，すなわち$E(\boldsymbol{\psi\varepsilon}')=\boldsymbol{O}$と仮定される（ここで，$\boldsymbol{O}$は，0からなる$n\times n$の行列）．これにより，SEC の誤差項の分散共分散行列は，$E(\boldsymbol{uu}')=\sigma_\psi^2\boldsymbol{WW}'+\sigma_\varepsilon^2\boldsymbol{I}$と求められる．SEC 誤差モデルはそもそも，SAR において$(\boldsymbol{I}-\lambda\boldsymbol{W})$が正則でなければならないという点の解決策，すなわち SAR の代替モデルとして提案されたものであった（Kelejian and Robinson, 1995）．しかしながら分散共分散行列の構造はむしろ，SMA に似通っており，局所的相関を考慮するモデルとなっている（Anselin and Bera, 1998；Anselin and Moreno, 2003）．また，Kelejian and Prucha（2007a）は，空間 HAC 推定量を用いて，分散共分散行列をノンパラメトリック推定する方法を提示している．この方法では，分散不均一性も考慮することができる．

さて，前述の通り，SAR 誤差モデルは，ランダムベクトル $\boldsymbol{u}$ の同時分布としてモデル化を行うため，空間統計学の分野では，“simultaneous” AR と呼ばれ，近隣集合の条件付き分布としてモデル化を行う “conditional” AR（CAR 誤差モデル）と対比して紹介されることが多い．CAR 誤差モデルにおいて，$\boldsymbol{s}_i$ における誤差項の条件付き期待値は，$E(u_i|u_j, j\neq i)=\eta\sum_j w_{ij}u_j$ で与えられる（η はパラメータ）．$\boldsymbol{W}$ の与え方にいくつかの制約をつけると，σ^2 を誤差項の分散としたとき，誤差項の分散共分散行列は，$E(\boldsymbol{uu}')=\sigma^2(\boldsymbol{I}-\eta\boldsymbol{W})^{-1}$ で与えられる（Besag, 1974；Cliff and Ord, 1981, pp.179–183）．分散共分散行列の差異により，CAR 誤差モデルは SAR 誤差モデルとは異なった空間的自己相関パターンを示す（Wall, 2004；Anselin, 2006）．

6.2.2 空間ダービンモデルと一般化空間モデル

SEM としては，SAR, SMA, SEC, CAR とさまざまな構造化が考えられるが[55]，空間計量経済学では，SAR が用いられることがほとんどである．したがって以下の議論は SAR を前提とする．今，SLM と SEM（SAR 誤差）を特殊系として含む，次のような一般的なモデルを考えよう（Manski モデル，Elhorst, 2010a）．

$$\boldsymbol{y}=\rho\boldsymbol{Wy}+\boldsymbol{X\beta}+\boldsymbol{Wx\delta}+\boldsymbol{u},\quad \boldsymbol{u}=\lambda\boldsymbol{Wu}+\varepsilon. \tag{6.2.5}$$

ここで，$\boldsymbol{x}$ は定数項を含まないことに注意されたい．これらのすべての項を入れた場合，パラメータの識別はできない（Elhorst, 2010a）．式（6.2.5）から $\boldsymbol{Wx}$ の項を落とした，SLM と SAR 誤差モデルの組み合わせは，一般化空間（SAC）モデル，あるいは SARAR（spatial autoregressive model with spatial autoregressive disturbances に由来）モデルなどと呼ばれる．一方で，$\lambda=0$ と

---

55) SAR 誤差，SMA 誤差，CAR 誤差モデルは，R の spdep パッケージで実装可能である．SEC 誤差に対応したソフトウェアは，現時点ではないようである．

して $\boldsymbol{Wu}$ の項を落とし，通常の説明変数に加えて従属変数と説明変数の空間ラグを導入したモデルは，時系列解析におけるダービンモデル（Durbin, 1960）のアナロジーで空間ダービンモデル（spatial Durbin model（SDM））と呼ばれる．SAC モデルと SDM は，入れ子の関係にないため，統計的検定によりどちらのモデル化が望ましいかを判断することが難しい（ただし，空間 J 検定（Kelejian, 2008）など，非入れ子型モデルの検定手法も発展してきている）．

SDM は，SAR 誤差モデルから導くことができる．すなわち，SAR 誤差モデルにおいて，誤差項は $\boldsymbol{u}=(\boldsymbol{I}-\lambda\boldsymbol{W})^{-1}\boldsymbol{\varepsilon}$ であるため，$\boldsymbol{y}=\lambda\boldsymbol{Wy}+\boldsymbol{X\beta}-\lambda\boldsymbol{WX\beta}+\boldsymbol{\varepsilon}$ と変形することができる（清水・唐渡, 2007, p.52）．この式において $-\lambda\boldsymbol{\beta}=\boldsymbol{\delta}$ とおけば，SDM が得られる（ただし，定数項の空間ラグは考えない）．$\lambda\boldsymbol{\beta}+\boldsymbol{\delta}=\boldsymbol{0}$ の帰無仮説の検定は，common factor 検定と呼ばれ，これによって SEM と SDM どちらが望ましいモデル化であるかが尤度比（LR）によって検定される（例えば，Mur and Angulo, 2006）．

6.2.3　空間計量経済モデルの必要性

LeSage and Pace（2009）は，クロスセクション分析において空間計量経済モデルを用いる動機を，次の五つに整理し，特に SDM の有用性を指摘している．

（i）時間依存性に関する動機
（ii）除外変数に関わる動機
（iii）空間的異質性に関わる動機
（iv）外部性に関わる動機
（v）モデルの不確実性に関わる動機

（i）は，$t-1$ 期に近隣自治体 j がある税の税率を上昇させた後，t 期において，自治体 i が同税の税率を上昇させたとすると，t 期のクロスセクションデータでは，税率の空間的なクラスターが観察されるといった状況を示す．

（ii）は，除外変数が空間的な自己相関をもち，かつ導入されている変数 $\boldsymbol{X}$ と相関する場合，$\boldsymbol{\beta}$ はバイアスをもつため，この影響を明示的に取り除く動機である．

（iii）は，パネルデータで標準的に導入される地域固有効果の代理変数として，空間的に相関する誤差項を導入するものである．

（iv）は，y_iが，同地域iにおける属性だけでなく，近隣地域の属性からも影響を受ける「空間的スピルオーバー」をモデル化する動機である．

（v）は，モデルの不確実性の観点から，SLM, SEMより一般的なモデルであるSDMの使用を薦めるものである．

このうち，（ii）について補足しておきたい．LeSage and Pace（2010）で述べられている通り，モデルに導入されなかった除外変数が空間的自己相関をもつが，導入されている説明変数と相関をもたない場合，SEMを用いることができる．この場合，BMの回帰係数のOLS推定値と，SEMのML推定値は基本的には一致するはずである．なぜなら，説明変数と相関をもたない除外変数や，誤差項の空間的自己相関に関するモデル特定化の誤りは，説明変数の回帰係数推定値には影響を及ぼさないからである．しかし，既往研究をみると，BMとSEMの回帰係数推定値が大きく異なる場合が多い（LeSage and Pace, 2010）．これは，除外変数が説明変数と相関をもつことを示唆するものであり，従属変数の空間ラグを加えるか，またはSDMを用いるかなどの改善が必要となる（Brasington and Hite, 2005）．したがって，BMとSEMの回帰係数推定値が一致しているか否かの検定は重要であり，Pace and LeSage（2008）は，このために空間ハウスマン検定（spatial Hausman test）を提案している．ハウスマン検定は，二つの推定量：一致性があるが有効性がない（DGP[56]がSEMの場合のBMのOLS推定量），一致性，有効性がある（DGPがSEMの場合のSEMのML推定量）が有意に異なるかを検定するための代表的な手法である．今，$\tilde{\boldsymbol{\beta}}=\hat{\boldsymbol{\beta}}_{bm}-\hat{\boldsymbol{\beta}}_{sem}$と定義する．ここで，$\hat{\boldsymbol{\beta}}_{bm}$はBMのOLS推定量，$\hat{\boldsymbol{\beta}}_{sem}$はSEMのML推定量である．ハウスマン検定統計量は，

$$T=\tilde{\boldsymbol{\beta}}'(\hat{\boldsymbol{\Omega}}_{bm}-\hat{\boldsymbol{\Omega}}_{sem})^{-1}\tilde{\boldsymbol{\beta}}, \tag{6.2.6}$$

で与えられる．ここで，OLS推定値の分散共分散行列 $\hat{\sigma}^2_{bm}(\boldsymbol{X}'\boldsymbol{X})^{-1}$は一致性をもたないので，SEM推定値$\hat{\lambda}, \hat{\sigma}_\varepsilon$，および$\boldsymbol{N}\equiv(\boldsymbol{X}'\boldsymbol{X})^{-1}\boldsymbol{X}'$を用いて，推定値の分散共分散行列を次のように与える．

$$\hat{\boldsymbol{\Omega}}_{bm}=\hat{\sigma}^2_\varepsilon\boldsymbol{N}(\boldsymbol{I}-\hat{\lambda}\boldsymbol{W})^{-1}(\boldsymbol{I}-\hat{\lambda}\boldsymbol{W}')^{-1}\boldsymbol{N}', \tag{6.2.7}$$

$$\hat{\boldsymbol{\Omega}}_{sem}=\hat{\sigma}^2_\varepsilon[\boldsymbol{X}'(\boldsymbol{I}-\hat{\lambda}\boldsymbol{W})'(\boldsymbol{I}-\hat{\lambda}\boldsymbol{W})\boldsymbol{X}]^{-1}. \tag{6.2.8}$$

ここで，Tが自由度kのχ^2分布に従うことから，「両推定量は一致する」を帰

---

56) データ発生過程（data generating process）．

無仮説とする仮説検定が可能になる．しかしながら筆者らの経験上，SDMのような説明変数の空間ラグを含むモデルは，多重共線性の問題に悩まされることが多く，適切な変数選択抜きには，実証研究では必ずしも使いやすいとはいえないのも事実である（例えば，山形ら, 2011）．

空間計量経済モデルにおいては，空間ラグの導入により，回帰係数の推定値の解釈に注意を要する．すなわち，通常の回帰モデルと，SLMやSDMの回帰係数推定値を直接比較することはできない．しかしながらしばしば，この点を考慮しない考察が行われている研究例が散見されるため，ここでSDMを例に整理しておきたい．

h 番目の属性が変化したとき，$\boldsymbol{y}$ の限界的な変化は，

$$\left[\frac{\partial \boldsymbol{y}}{\partial x_{h,1}}\cdots\frac{\partial \boldsymbol{y}}{\partial x_{h,n}}\right]=\begin{bmatrix}\frac{\partial y_1}{\partial x_{h,1}} & \cdots & \frac{\partial y_1}{\partial x_{h,n}}\\ \vdots & \ddots & \vdots\\ \frac{\partial y_n}{\partial x_{h,1}} & \cdots & \frac{\partial y_n}{\partial x_{h,n}}\end{bmatrix} \tag{6.2.9}$$

$$=[\boldsymbol{I}-\rho\boldsymbol{W}]^{-1}\begin{bmatrix}\beta_h & w_{12}\delta_h & \cdots & w_{1n}\delta_h\\ w_{21}\delta_h & \beta_h & \cdots & w_{2n}\delta_h\\ \vdots & \vdots & \ddots & \vdots\\ w_{n1}\delta_h & w_{n2}\delta_h & \cdots & \beta_h\end{bmatrix},$$

によって得られる．Elhorst（2010a）は，SDMにおける限界便益の解釈を，次のような簡単な例を用いて示している．今，直線状に並んだ1, 2, 3という三つの地域を考えよう．地域が隣接しているとき，依存関係があると定義すれば，次の空間重み行列が得られる．

$$\boldsymbol{W}=\begin{bmatrix}0 & 1 & 0\\ w_{21} & 0 & w_{23}\\ 0 & 1 & 0\end{bmatrix}. \tag{6.2.10}$$

ここで，次式が成り立つ．

$$[\boldsymbol{I}-\rho\boldsymbol{W}]^{-1}=\frac{1}{1-\rho^2}\begin{bmatrix}1-w_{23}\rho^2 & \rho & \rho^2 w_{23}\\ \rho w_{21} & 1 & \rho w_{23}\\ \rho^2 w_{21} & \rho & 1-w_{21}\rho^2\end{bmatrix}. \tag{6.2.11}$$

式 (6.2.9) と，式 (6.2.11) より，次式が得られる．

$$\left[\frac{\partial \boldsymbol{y}}{\partial x_{h,1}}\ \frac{\partial \boldsymbol{y}}{\partial x_{h,2}}\ \frac{\partial \boldsymbol{y}}{\partial x_{h,3}}\right]= \tag{6.2.12}$$

$$\frac{1}{1-\rho^2}\begin{bmatrix}(1-w_{23}\rho^2)\beta_h+(w_{21}\rho)\gamma_h & \rho\beta_h+\gamma_h & (w_{23}\rho^2)\beta_h+(w_{23}\rho)\gamma_h \\ (w_{21}\rho)\beta_h+w_{21}\gamma_h & \beta_h+\rho\gamma_h & (w_{23}\rho)\beta_h+w_{23}\gamma_h \\ (w_{21}\rho^2)\beta_h+(w_{21}\rho)\gamma_h & \rho\beta_h+\gamma_h & (1-w_{21}\rho^2)\beta_h+(w_{23}\rho)\gamma_h\end{bmatrix}.$$

この式から，SDM における限界便益について，次の三つの特徴がわかる．1 点目は，ある地域における説明変数の変化が，自地域だけでなく，近隣地域の従属変数にも影響を与える点である．ここで，自地域への影響は直接的影響 (direct effect (DE))，他地域への影響は間接的影響 (indirect effect (IDE)) と呼ばれる (LeSage and Pace, 2009)．いうまでもなく，DE は，式 (6.2.12) 右辺の対角項，IDE は，非対角項である．2 点目は，式 (6.2.12) から示唆されるように，DE と IDE は，地域によって異なるということである．LeSage and Pace (2009) は，DE と IDE の要約統計量を提案しており，Seya et al. (2012) は，我が国における所得格差分析に適用している．3 点目は，$\gamma_h \neq 0$ の IDE が局所的な影響である一方で，$\rho \neq 0$ の IDE は大域的な影響であるという点である．

6.2.4 地理的加重回帰モデル

空間的異質性の考慮については元来，Casetti (1972) によって提案された，地点ごとに回帰係数を与える expansion method が用いられることが多かったが (堤ら, 1999)，90 年代後半に，expansion method を自然に拡張した GWR モデルが提案され (Brunsdon et al., 1996；Fotheringham et al., 1998)，実証研究が蓄積されつつある．

基本モデルでは，回帰係数は地点によらずに一定であるとされるが，GWR は，次式のように回帰係数を地点ごとに与えるという点にその特徴がある．

$$y_i=\beta_{0,i}+\sum_{h=1}^{k-1}x_{h,i}\beta_{h,i}+\varepsilon_i. \tag{6.2.13}$$

$\beta_{h,i}$ は地点 i における回帰係数である．今，$\boldsymbol{\beta}_i=(\beta_{0,i}, \beta_{1,i}, \cdots, \beta_{k-1,i})'$ を推定したいとする．このとき，GWR では，すべての観測値が次式のように i への距離によって重み付けされる．

$$\boldsymbol{V}_i^{1/2}\boldsymbol{y}=\boldsymbol{V}_i^{1/2}\boldsymbol{X}\boldsymbol{\beta}_i+\boldsymbol{V}_i^{1/2}\boldsymbol{\varepsilon}, \tag{6.2.14}$$

$$\boldsymbol{V}_i=\begin{pmatrix} v_{i1} & 0 & \cdots & 0 \\ 0 & v_{i2} & \vdots & 0 \\ \vdots & \cdots & \ddots & \vdots \\ 0 & 0 & \cdots & v_{in} \end{pmatrix}.$$

ここで，$\boldsymbol{V}_i$ は $n\times n$ の行列であり，$\boldsymbol{V}_i$ の対角成分 $v_{ij}(j=1,2,\cdots,n)$ は，地点 j に与えられる重みである．$v_{ij}=1(\forall j)$ のとき，GWR が基本モデルと一致することは明らかであろう．地点 i における回帰係数の推定量は，次式により与えられる．

$$\hat{\boldsymbol{\beta}}_i=(\boldsymbol{X}'\boldsymbol{V}_i\boldsymbol{X})^{-1}\boldsymbol{X}'\boldsymbol{V}_i\boldsymbol{y}. \tag{6.2.15}$$

したがって，GWR においては，どのように $\boldsymbol{V}_i$ を与えるかという点が重要となる．まず，地点 i におけるデータが，次式のようにある距離レンジの円バッファの内部の点のみから影響を受けるというアプローチが考えられよう．

$$v_{ij}=\begin{cases} 1 & if\ \ d_{ij}<Range \\ 0 & otherwise \end{cases}. \tag{6.2.16}$$

しかし，この方法には，円内のサンプルの個数や，あるサンプルがバッファの中にあるか外にあるかによって，回帰係数が大きく変わってしまうという問題がある．このような問題を避ける方法として，ガウシアン型：式（6.2.17)，あるいは tricube 型[57]：式（6.2.18）のような連続関数を用いる方法が提案されている．

$$v_{ij}=\exp\left(-\frac{d_{ij}^2}{\delta^2}\right), \tag{6.2.17}$$

$$v_{ij}=\begin{cases} \left[1-\left(\dfrac{d_{ij}}{\delta}\right)^{\alpha}\right]^{\alpha}, & if\ \ d_{ij}<\delta \\ 0, & otherwise \end{cases}. \tag{6.2.18}$$

ここで，d_{ij} は，地域 i，j 間のユークリッド距離，δ はカーネル・バンド幅（kernel bandwidth）と呼ばれるパラメータである．これらの関数を用いた場合，i への距離が近い観測値には，より強い重みが与えられる．δ が比較的小さい，すなわち i のごく近傍の点のみを考慮した場合，係数の推定値の標準誤

[57] 式（6.2.18）において，$\alpha=3$ としたものである．$\alpha=2$ は，bisquare 型と呼ばれる．

差が増加し，逆にδが大きく，非常に多くの点を考慮した場合偏りが大きくなる．δは，このような標準誤差と偏りのバランスで決定されるが，もっともよく用いられる方法は次のようなCV得点（cross-validation score）を最小にするδを採用するというものである．

$$CV(\delta)=\sum_{i=1}^{n}[y_i-\hat{y}_{\neq i}(\delta)]^2. \tag{6.2.19}$$

この式において，$\hat{y}_{\neq i}(\delta)$は地点iを除くiの近傍の点によるy_iの予測値を意味する．他にも，修正AIC規準などが存在する（Fotheringham et al., 2002）．また，観測点の空間分布が一定でない場合，バンド幅を，サンプル数などによって調整する適応カーネル（adaptive kernel）が用いられることもある[58]．

ところで，GWRは観測値が未知の点におけるデータの空間内挿（予測）に用いることもできる．今，内挿地点$\boldsymbol{s}_0$における説明変数ベクトル（定数項を含む）を$\boldsymbol{X}(\boldsymbol{s}_0)=[1, x_1(\boldsymbol{s}_0), \cdots, x_{k-1}(\boldsymbol{s}_0)]'$とするとき，GWRによる任意地点の予測量は次式により得られる（Leung et al. 2000b；Harris et al., 2011）．

$$\hat{y}(\boldsymbol{s}_0)=\boldsymbol{X}'(\boldsymbol{s}_0)\hat{\beta}(\boldsymbol{s}_0), \tag{6.2.20}$$

$$\hat{\boldsymbol{\beta}}_{s_0}=(\boldsymbol{X}'\boldsymbol{V}_{s_0}\boldsymbol{X})^{-1}\boldsymbol{X}'\boldsymbol{V}_{s_0}\boldsymbol{y}. \tag{6.2.21}$$

ここで，$\boldsymbol{V}_{s_0}$は，その対角要素を$v_{s_0 i}=\exp(-d_{s_0 i}^2/\delta^2)$で与える行列であるが(Gaussian型を用いた場合)，この時点ですでにδは推定されているため，次式によって予測量を求めることができる．また，予測誤差の分散は次式により与えられる．

$$Var[y(\boldsymbol{s}_0)-\hat{y}(\boldsymbol{s}_0)]=[1+\boldsymbol{X}'(\boldsymbol{s}_0)(\boldsymbol{X}'\boldsymbol{V}_{s_0}\boldsymbol{X})^{-1}\boldsymbol{X}'\boldsymbol{V}_{s_0}^2\boldsymbol{X}(\boldsymbol{X}'\boldsymbol{V}_{s_0}\boldsymbol{X})^{-1}\boldsymbol{X}(\boldsymbol{s}_0)]\sigma_\varepsilon^2. \tag{6.2.22}$$

GWRについては，近年さまざまな拡張が行われている．理論的観点からは，回帰係数の一部を可変とするmixed-GWR（Mei et al., 2006）や，外れ値への頑健性を考慮し，リッジ回帰（ridge regression）やM-Quantile回帰と組み合わせる方法（Wheeler, 2007[59]；Salvati et al., 2012），関数データ解析への応用

---

[58] モデルのパラメータ推定は，Rのspgwrパッケージで可能である．University of St Andrews（http://www.st-andrews.ac.uk/geoinformatics/gwr/gwr-software/）のグループは，GWR4と呼ばれるソフトウェアを開発しており，そこではGWR+GLMなど，いくつかの応用モデルのパラメータ推定が可能である．

[59] Wheeler（2007）は，GWRにおいて問題になりやすい局所的な多重共線性に関する診断統計量を開発している．この統計量はRのgwrrパッケージで実装可能である．

(Yamanishi and Tanaka, 2003)，時空間への拡張（Huang et al., 2010）などが行われており，実証的観点からは，グリッドシステムとR言語の統合により大規模データに対応する試み（Harris et al., 2010）などが行われている．空間（地球）統計学の分野の空間的異質性の考慮法としては，Gelfand et al.（2003）の spatially varying coefficient model（SVCM）が存在する．SVCMでは，誤差項ではなく，回帰係数に弱定常な空間過程を仮定する点が特徴である．Wheeler and Calder（2007）は，数値シミュレーションにより，GWRと比較して，SVCMのほうが，推定値の精度が高いと述べている．Finley（2011）は，SVCMとGWRは非常に異なった空間パターンを示すが，SVCMのほうが正確に空間パターンを表現できることを示している．

6.3 空間計量経済モデルのパラメータ推定

6.3.1 OLS 法

基本モデルにおいて，もっとも広く用いられているパラメータ推定法は，OLSである．しかしながら，空間的自己相関が存在する場合，OLS推定量はBLUEとはならないことが知られている．以下では，このことについて簡単に議論したうえで，空間計量経済モデルの代表的なパラメータ推定手法について説明する．

まず，次式を用いて，従属変数間に自己相関がある場合について検討しよう．このモデルは，例えば Anselin（1988）では，一次空間自己回帰モデル（first order spatial autoregressive model）と呼ばれている．

$$\boldsymbol{y}=\rho \boldsymbol{W}\boldsymbol{y}+\varepsilon. \tag{6.3.1}$$

ここで，ρ のOLS推定量を $\hat{\rho}$ とすると，

$$\hat{\rho}=(\boldsymbol{y}_L'\boldsymbol{y}_L)^{-1}\boldsymbol{y}_L'\boldsymbol{y}, \tag{6.3.2}$$

が得られる．ここで，$\boldsymbol{y}_L=\boldsymbol{W}\boldsymbol{y}$ である．式（6.3.1）を式（6.3.2）の $\boldsymbol{y}$ に代入し，両辺の期待値をとると，次式が得られる．

$$\begin{aligned}E(\hat{\rho})&=E[(\boldsymbol{y}_L'\boldsymbol{y}_L)^{-1}(\boldsymbol{y}_L'\boldsymbol{y}_L)\rho]+E[(\boldsymbol{y}_L'\boldsymbol{y}_L)^{-1}\boldsymbol{y}_L'\varepsilon]\\&=\rho+E[(\boldsymbol{y}_L'\boldsymbol{y}_L)^{-1}\boldsymbol{y}_L'\varepsilon].\end{aligned} \tag{6.3.3}$$

ここで，$E(\boldsymbol{y}_L'\varepsilon)$ は，

$$E(\boldsymbol{y}_L'\varepsilon)=E\{[\boldsymbol{W}(\boldsymbol{I}-\rho \boldsymbol{W})^{-1}\varepsilon]'\varepsilon\}, \tag{6.3.4}$$

となるため，$\rho=0$ のとき以外では，OLS 推定量には偏りが生じる．

また，OLS 推定量が一致性をもつためには次の二つの条件が必要である．

$$\text{plim}\, n^{-1}(\boldsymbol{y}_L' \boldsymbol{y}_L)=\boldsymbol{Q}, \qquad \boldsymbol{Q}：\text{有限な非特異行列}, \tag{6.3.5}$$
$$\text{plim}\, n^{-1}(\boldsymbol{y}_L' \boldsymbol{\varepsilon})=0.$$

ここで，一つめの条件については，ρ に対する適切な制約と適切な重みの設定によって満足させることができるが，二つめの条件については，

$$\text{plim}\, n^{-1}(\boldsymbol{y}_L' \boldsymbol{\varepsilon})=\text{plim}\, n^{-1}\boldsymbol{\varepsilon}'\boldsymbol{W}(\boldsymbol{I}-\rho\boldsymbol{W})^{-1}\boldsymbol{\varepsilon}, \tag{6.3.6}$$

となり，$\rho=0$ のとき以外では，満足させることができない．したがって，OLS 推定量には偏りがあり，かつ一致性をもたない．

次に，SEM のうち，もっとも広範に用いられている SAR 誤差モデルを用いて，誤差項間に自己相関がある場合について検討しよう．前述したように，SAR の誤差項の分散共分散行列は，$E[\boldsymbol{uu}']=\sigma_\varepsilon^2(\boldsymbol{I}-\lambda\boldsymbol{W})^{-1}(\boldsymbol{I}-\lambda\boldsymbol{W}')^{-1}$，または，

$$E(\boldsymbol{uu}')=\sigma_\varepsilon^2[(\boldsymbol{I}-\lambda\boldsymbol{W})'(\boldsymbol{I}-\lambda\boldsymbol{W})]^{-1}, \tag{6.3.7}$$

と表される．SAR 誤差モデルにおけるトレンドパラメータ $\boldsymbol{\beta}$ を OLS で推定した場合，推定量は次式により与えられる．

$$\widehat{\beta}=(\boldsymbol{X}'\boldsymbol{X})^{-1}\boldsymbol{X}'\boldsymbol{y}, \tag{6.3.8}$$

$\boldsymbol{y}=\boldsymbol{X\beta}+\boldsymbol{u}$ を式（6.3.8）の $\boldsymbol{y}$ に代入して期待値をとると，次式が得られる．

$$\begin{aligned} E(\widehat{\beta})&=E[(\boldsymbol{X}'\boldsymbol{X})^{-1}(\boldsymbol{X}'\boldsymbol{X})\beta]+E[(\boldsymbol{X}'\boldsymbol{X})^{-1}\boldsymbol{X}'\boldsymbol{u}] \\ &=\beta+E[(\boldsymbol{X}'\boldsymbol{X})^{-1}\boldsymbol{X}'\boldsymbol{u}]. \end{aligned} \tag{6.3.9}$$

したがって，説明変数と誤差項に相関がなければ，誤差項における空間的自己相関の存在とは無関係に，OLS 推定量は不偏性をもつ．しかしながら，$\widehat{\boldsymbol{\beta}}$ の分散については，

$$\begin{aligned} E[(\widehat{\beta}-\beta)(\widehat{\beta}-\beta)']&=E[(\boldsymbol{X}'\boldsymbol{X})^{-1}\boldsymbol{X}'\boldsymbol{uu}'\boldsymbol{X}(\boldsymbol{X}'\boldsymbol{X})^{-1}] \\ &=\sigma_\varepsilon^2(\boldsymbol{X}'\boldsymbol{X})^{-1}\boldsymbol{X}'[(\boldsymbol{I}-\lambda\boldsymbol{W})'(\boldsymbol{I}-\lambda\boldsymbol{W})]^{-1}\boldsymbol{X}(\boldsymbol{X}'\boldsymbol{X})^{-1}, \end{aligned} \tag{6.3.10}$$

となり，$\lambda=0$ の場合以外，回帰係数の分散の推定量は真の分散に比べて過小に推定されることとなる．また，誤差項の分散も過小に推定されるため，これに起因して回帰係数の有意検定の際に t 値や F 値が過大になり，また決定係数も過大になる．

以上より，SLM や SEM のパラメータの推定は，OLS によって行うべきではない．以下では，上述したようないくつかの代替的なパラメータ推定手法に

ついて述べる.

6.3.2 ML 法

さて，本項ではまず，次式に示すSDMを考えよう.

$$\boldsymbol{y}=\rho\boldsymbol{W}\boldsymbol{y}+\beta_0\boldsymbol{1}+\boldsymbol{x}\beta_1+\boldsymbol{W}\boldsymbol{x}\boldsymbol{\delta}+\varepsilon=\rho\boldsymbol{W}\boldsymbol{y}+\boldsymbol{X}\boldsymbol{\beta}+\boldsymbol{W}\boldsymbol{x}\boldsymbol{\delta}+\varepsilon. \tag{6.3.11}$$

ここで，$\widetilde{\boldsymbol{X}}=[\boldsymbol{1};\boldsymbol{x};\boldsymbol{W}\boldsymbol{x}]$，$\widetilde{\boldsymbol{\beta}}=[\beta_0;\beta_1';\boldsymbol{\delta}']'$と置き直せば，SDMは

$$\boldsymbol{y}=\rho\boldsymbol{W}\boldsymbol{y}+\widetilde{\boldsymbol{X}}\widetilde{\boldsymbol{\beta}}+\varepsilon, \tag{6.3.12}$$

または，

$$\boldsymbol{y}-\rho\boldsymbol{W}\boldsymbol{y}=(\boldsymbol{I}-\rho\boldsymbol{W})\boldsymbol{y}=\widetilde{\boldsymbol{X}}\widetilde{\boldsymbol{\beta}}+\varepsilon, \tag{6.3.13}$$

と表すことができる．ここで，パラメータを最尤法で推定するために，$\varepsilon\sim N(\boldsymbol{0},\sigma_\varepsilon^2\boldsymbol{I})$を仮定すると，次式の対数尤度関数が得られる.

$$l=-\frac{n}{2}\ln(2\pi\sigma_\varepsilon^2)+\ln|\boldsymbol{I}-\rho\boldsymbol{W}|-\frac{(\boldsymbol{y}-\rho\boldsymbol{W}\boldsymbol{y}-\widetilde{\boldsymbol{X}}\widetilde{\boldsymbol{\beta}})'(\boldsymbol{y}-\rho\boldsymbol{W}\boldsymbol{y}-\widetilde{\boldsymbol{X}}\widetilde{\boldsymbol{\beta}})}{2\sigma_\varepsilon^2}, \tag{6.3.14}$$

$$\rho\in(\omega_{\min}^{-1},\omega_{\max}^{-1}). \tag{6.3.15}$$

ここで，ωは$\boldsymbol{W}$の固有値である．最尤法によるパラメータ推定においては，$\widetilde{\boldsymbol{\beta}}$，$\sigma_\varepsilon^2$，$\rho$に関する最尤推定値を同時に求めるのではなく，$\widetilde{\boldsymbol{\beta}}$と$\sigma_\varepsilon^2$の最尤推定値を代入した集約対数尤度関数を最大化することで，ρの推定値を求めるのが便利である．対数尤度関数と集約対数尤度関数は理論的な性質は異なるが (Arbia, 2006, p.114)，$\widetilde{\boldsymbol{\beta}}$，$\sigma_\varepsilon^2$，$\rho$に関する同一の最尤推定量が得られることが知られている (LeSage and Pace, 2009, p.47)．$\widetilde{\boldsymbol{\beta}}$の最尤推定量$\widehat{\widetilde{\boldsymbol{\beta}}}$は，

$$\widehat{\widetilde{\boldsymbol{\beta}}}=(\widetilde{\boldsymbol{X}}'\widetilde{\boldsymbol{X}})^{-1}\widetilde{\boldsymbol{X}}'(\boldsymbol{I}-\rho\boldsymbol{W})\boldsymbol{y}=\widehat{\widetilde{\boldsymbol{\beta}}}_o-\rho\widehat{\widetilde{\boldsymbol{\beta}}}_d, \tag{6.3.16}$$

$$\widehat{\widetilde{\boldsymbol{\beta}}}_o=(\widetilde{\boldsymbol{X}}'\widetilde{\boldsymbol{X}})^{-1}\widetilde{\boldsymbol{X}}'\boldsymbol{y},\quad \widehat{\widetilde{\boldsymbol{\beta}}}_d=(\widetilde{\boldsymbol{X}}'\widetilde{\boldsymbol{X}})^{-1}\widetilde{\boldsymbol{X}}'\boldsymbol{W}\boldsymbol{y}, \tag{6.3.17}$$

で与えられる．また，残差

$$\widehat{\varepsilon}_o=\boldsymbol{y}-\widetilde{\boldsymbol{X}}\widehat{\widetilde{\boldsymbol{\beta}}}_o,\quad \widehat{\varepsilon}_d=\boldsymbol{W}\boldsymbol{y}-\widetilde{\boldsymbol{X}}\widehat{\widetilde{\boldsymbol{\beta}}}_d,\quad \widehat{\varepsilon}=\widehat{\varepsilon}_o-\rho\widehat{\varepsilon}_d, \tag{6.3.18}$$

を定義すれば，誤差分散σ_ε^2の推定量$\widehat{\sigma}_\varepsilon^2$が，

$$\widehat{\sigma}_\varepsilon^2=\frac{(\widehat{\varepsilon}_o-\rho\widehat{\varepsilon}_d)'(\widehat{\varepsilon}_o-\rho\widehat{\varepsilon}_d)}{n}, \tag{6.3.19}$$

によって得られる．$\widetilde{\boldsymbol{\beta}}$と$\sigma_\varepsilon^2$の推定量を用いると，集約対数尤度関数が，

$$l_C=const.-\frac{n}{2}\ln\left(\frac{(\widehat{\varepsilon}_o-\rho\widehat{\varepsilon}_d)'(\widehat{\varepsilon}_o-\rho\widehat{\varepsilon}_d)}{n}\right)+\ln|\boldsymbol{I}-\rho\boldsymbol{W}|, \tag{6.3.20}$$

と与えられる．この関数を ρ について最大化することによって $\hat{\rho}$ の最尤推定量が与えられる．計算手順は，以下のようにまとめられる（Anselin, 1988）．

［1］$\boldsymbol{y}$ を $\boldsymbol{X}$ に回帰し，OLS 推定値 $\hat{\hat{\boldsymbol{\beta}}}_o$ を得る．

［2］$\boldsymbol{Wy}$ を $\boldsymbol{X}$ に回帰し，OLS 推定値 $\hat{\hat{\boldsymbol{\beta}}}_d$ を得る．

［3］残差 $\hat{\boldsymbol{\varepsilon}}_o$ と $\hat{\boldsymbol{\varepsilon}}_d$ を計算．

［4］集約対数尤度関数を最大化する推定値 $\hat{\rho}$ を得る．

［5］$\hat{\rho}$ を用いて，式（6.3.16），（6.3.19）により $\hat{\hat{\boldsymbol{\beta}}}$ と $\hat{\sigma}_\varepsilon^2$ を得る．

SLM については，SDM と同一の枠組みで推定ができるため，省略する．続いて，SEM のパラメータの最尤推定について述べる．ここでは SAR 誤差モデルについて述べる．

$$\boldsymbol{y}=\boldsymbol{X}\beta+\boldsymbol{u},\quad \boldsymbol{u}=\lambda\boldsymbol{Wu}+\varepsilon,\quad \boldsymbol{\varepsilon}\sim N(\boldsymbol{0},\sigma_\varepsilon^2\boldsymbol{I}), \tag{6.3.21}$$

となる．ここで，$(\boldsymbol{I}-\lambda\boldsymbol{W})$ が非特異であると仮定すれば，

$$\boldsymbol{y}=\boldsymbol{X}\beta+(\boldsymbol{I}-\lambda\boldsymbol{W})^{-1}\boldsymbol{\varepsilon}, \tag{6.3.22}$$

が得られ，対数尤度関数は，

$$l=-\frac{n}{2}\ln(2\pi\sigma_\varepsilon^2)+\ln|\boldsymbol{I}-\lambda\boldsymbol{W}|-\frac{[(\boldsymbol{I}-\lambda\boldsymbol{W})(\boldsymbol{y}-\boldsymbol{X}\beta)]'[(\boldsymbol{I}-\lambda\boldsymbol{W})(\boldsymbol{y}-\boldsymbol{X}\beta)]}{2\sigma_\varepsilon^2}, \tag{6.3.23}$$

$$\lambda\in(\omega_{\min}^{-1},\omega_{\max}^{-1}),$$

と得られる．ここで，分散共分散行列を，

$$E[\boldsymbol{u}'\boldsymbol{u}]=\sigma_\varepsilon^2\boldsymbol{\Omega}=\sigma_\varepsilon^2[(\boldsymbol{I}-\lambda\boldsymbol{W})'(\boldsymbol{I}-\lambda\boldsymbol{W})]^{-1}, \tag{6.3.24}$$

と定義すれば，$\hat{\beta}$ の最尤推定量 $\hat{\hat{\beta}}$ は，

$$\hat{\beta}=(\boldsymbol{X}'\boldsymbol{\Omega}^{-1}\boldsymbol{X})^{-1}\boldsymbol{X}'\boldsymbol{\Omega}^{-1}\boldsymbol{y}, \tag{6.3.25}$$

によって与えられる．ただし，$\boldsymbol{\Omega}^{-1}=(\boldsymbol{I}-\lambda\boldsymbol{W})'(\boldsymbol{I}-\lambda\boldsymbol{W})$ である．また，$\boldsymbol{y}_d=\boldsymbol{y}-\lambda\boldsymbol{Wy}$，$\boldsymbol{X}_d=\boldsymbol{X}-\lambda\boldsymbol{WX}$ という変形に基づけば，

$$\hat{\beta}=(\boldsymbol{X}_d'\boldsymbol{X}_d)^{-1}\boldsymbol{X}_d'\boldsymbol{y}_d, \tag{6.3.26}$$

と OLS 表現で与えることもできる．また，$\boldsymbol{u}$ の推定量を，

$$\hat{\boldsymbol{u}}=\boldsymbol{y}-\boldsymbol{X}\hat{\beta}, \tag{6.3.27}$$

とすれば，分散の最尤推定量が

$$\hat{\sigma}_\varepsilon^2=\frac{\hat{\boldsymbol{u}}'\boldsymbol{\Omega}^{-1}\hat{\boldsymbol{u}}}{n}, \tag{6.3.28}$$

と得られる．$\boldsymbol{\beta}$ と σ_ε^2 の推定量を用いて，集約対数尤度関数が，

$$l_C = const. - \frac{n}{2}\ln\left(\frac{\widehat{\boldsymbol{u}}'\boldsymbol{\Omega}^{-1}\widehat{\boldsymbol{u}}}{n}\right) + \ln|\boldsymbol{I} - \lambda\boldsymbol{W}|, \tag{6.3.29}$$

で与えられる．SDM のケースと異なり，$\boldsymbol{\beta}$ の推定量が空間パラメータに依存するため，1 ステップの最適化で効率的な最尤推定値を得ることはできない（Anselin, 1988, p.182）．したがって，次のような繰り返し計算が必要になる．

［1］$\boldsymbol{y}$ を $\boldsymbol{X}$ に回帰し，OLS 推定値 $\widehat{\beta}_o$ を得る．

［2］初期値，$\widehat{\boldsymbol{u}}_o = \boldsymbol{y} - \boldsymbol{X}\widehat{\boldsymbol{\beta}}_o$ を得る．

［3］集約対数尤度関数を最大化する推定値 $\widehat{\lambda}$ を得る．

［4］EGLS を実行し，$\widehat{\boldsymbol{\beta}}$ を得る．

［5］$\widehat{\boldsymbol{u}} = \boldsymbol{y} - \boldsymbol{X}\widehat{\boldsymbol{\beta}}$ により，$\widehat{\boldsymbol{u}}$ を更新する．

［6］収束基準を満たせば［7］に，そうでなければ［3］に戻る．

［7］$\widehat{\sigma}_\varepsilon^2 = \dfrac{\boldsymbol{u}'\boldsymbol{\Omega}^{-1}\boldsymbol{u}}{n}$ を計算する．

続いて，次の SAC モデルを考えよう．

$$\boldsymbol{y} = \rho\boldsymbol{W}_1\boldsymbol{y} + \boldsymbol{X\beta} + \boldsymbol{u},\quad \boldsymbol{u} = \lambda\boldsymbol{W}_2\boldsymbol{u} + \varepsilon,\quad \boldsymbol{\varepsilon} \sim N(\boldsymbol{0}, \sigma_\varepsilon^2\boldsymbol{I}). \tag{6.3.30}$$

SAC モデルの対数尤度関数は次式により与えられる．

$$l = -\frac{n}{2}\ln\left(2\pi\sigma_\varepsilon^2\right) + \ln|\boldsymbol{A}| + \ln|\boldsymbol{B}| - \frac{[\boldsymbol{B}(\boldsymbol{A}\boldsymbol{y} - \boldsymbol{X\beta})]'[\boldsymbol{B}(\boldsymbol{A}\boldsymbol{y} - \boldsymbol{X\beta})]'}{2\sigma_\varepsilon^2}, \tag{6.3.31}$$

$$\boldsymbol{A} = \boldsymbol{I} - \rho\boldsymbol{W}_1, \tag{6.3.32}$$

$$\boldsymbol{B} = \boldsymbol{I} - \lambda\boldsymbol{W}_2. \tag{6.3.33}$$

Anselin（1988）は，SAC モデルにおいて，$\boldsymbol{W}_1 = \boldsymbol{W}_2$ のとき，二つのパラメータは識別不能であると述べた．しかしその後，Kelejian and Prucha（2007a）は，$\boldsymbol{\beta} \neq \boldsymbol{0}$，すなわち $\boldsymbol{X\beta}$ が $\boldsymbol{y}$ の説明に貢献していれば，$\boldsymbol{W}_1 = \boldsymbol{W}_2$ であっても識別は可能であると主張した．この点を確認するため，今，$\boldsymbol{W}_1 = \boldsymbol{W}_2$ と仮定してみよう．このとき，SAC モデルは，

$$\boldsymbol{y} = (\boldsymbol{I} - \rho\boldsymbol{W})^{-1}\boldsymbol{X\beta} + (\boldsymbol{I} - \rho\boldsymbol{W})^{-1}(\boldsymbol{I} - \lambda\boldsymbol{W})^{-1}\boldsymbol{\varepsilon}, \tag{6.3.34}$$

と書き直すことができる．明らかに，$\boldsymbol{\beta} = \boldsymbol{0}$ のとき，$\boldsymbol{AB} = \boldsymbol{BA}$ となり，二つの空間パラメータは識別不能である（LeSage and Pace, 2009）．ただし，$\boldsymbol{\beta} \neq \boldsymbol{0}$ のときはこの限りではない．

誤差項が移動平均過程に従うときは，

$$\boldsymbol{y} = (\boldsymbol{I} - \rho\boldsymbol{W}_1)^{-1}\boldsymbol{X\beta} + (\boldsymbol{I} - \rho\boldsymbol{W}_1)^{-1}(\boldsymbol{I} - \gamma\boldsymbol{W}_2)\boldsymbol{\varepsilon}, \tag{6.3.35}$$

が得られる．対数尤度関数は，次式で与えられる．

$$l=-\frac{n}{2}\ln(2\pi\sigma_\varepsilon^2)+\ln|\boldsymbol{A}|+\ln|\boldsymbol{B}|-\frac{[\boldsymbol{B}(\boldsymbol{A}\boldsymbol{y}-\boldsymbol{X}\boldsymbol{\beta})]'[\boldsymbol{B}(\boldsymbol{A}\boldsymbol{y}-\boldsymbol{X}\boldsymbol{\beta})]'}{2\sigma_\varepsilon^2}, \quad (6.3.36)$$

$$\boldsymbol{A}=\boldsymbol{I}-\rho\boldsymbol{W}_1, \quad (6.3.37)$$

$$\boldsymbol{B}=(\boldsymbol{I}-\gamma\boldsymbol{W}_2)^{-1}. \quad (6.3.38)$$

一方，Lacombe（2004）は，次のようなモデルを用いている．

$$\boldsymbol{y}=\rho_1\boldsymbol{W}_1\boldsymbol{y}+\rho_2\boldsymbol{W}_2\boldsymbol{y}+\boldsymbol{X}\boldsymbol{\beta}+\boldsymbol{W}_1\boldsymbol{x}\boldsymbol{\chi}+\boldsymbol{W}_2\boldsymbol{x}\boldsymbol{\delta}+\boldsymbol{\varepsilon}, \qquad \boldsymbol{\varepsilon}\sim N(\boldsymbol{0},\sigma_\varepsilon^2\boldsymbol{I}). \quad (6.3.39)$$

この場合，対数尤度関数におけるヤコビアンの対数は，$\ln|\boldsymbol{I}-\rho_1\boldsymbol{W}_1-\rho_2\boldsymbol{W}_2|$ で与えられることとなる．このような複数の空間ラグ項をもつモデルにおいては，空間以外のパラメータについて対数尤度関数を集約化した後，二つの空間パラメータに関して，格子点探索などを用いて集約化対数尤度関数を最大化することにより，そのパラメータ推定値を求める．しかしながら，Elhorst et al.（2012）は，二つの空間ラグ項を考慮した多くの既往研究で，パラメータのとりうる値の範囲が明示的に考慮されていない点を問題点として指摘している．彼らは，この範囲を解析的に求める実用的な方法を提案し，そのための MATLAB コードを提供している．

さて，最尤法の適用にあたっては，ヤコビアン項（またはその対数）の計算負荷が問題となる．これについては，Ord（1975）の近似法が有名である．

$$|\boldsymbol{I}-\lambda\boldsymbol{W}|=\prod_{i=1}^{n}(1-\lambda\omega_i). \quad (6.3.40)$$

ここでは，SAR 誤差モデルの例について示した．ここで，あらかじめ固有値を計算しておけば，$\ln|\boldsymbol{I}-\lambda\boldsymbol{W}|$ の繰り返し評価が不要になり，計算負荷が大きく軽減される．しかしながら，サンプル数が大きいとき，$\boldsymbol{W}$ の固有値の算出は困難になることが知られている．Smirnov and Anselin（2001）は，$n>1000$ のようなデータセットでは，固有値計算は数値的に不安定になると指摘している．これに対して，現在までに数多くの代替案が提案されてきた．

Smirnov and Anselin（2001）は，$\boldsymbol{I}-\lambda\boldsymbol{W}=\boldsymbol{L}\boldsymbol{L}'$ とコレスキー分解し，

$$\ln|\boldsymbol{I}-\lambda\boldsymbol{W}|=2\sum_{i=1}^{n}\ln(l_{ii}), \quad (6.3.41)$$

として与える方法を提示している．ただし，l_{ii} は $\boldsymbol{L}$ の対角成分である．この方法を適用するためには，$\boldsymbol{I}-\lambda\boldsymbol{W}$ が対称，すなわち $\boldsymbol{W}$ が対称行列となる必要がある．ただし，この「対称」については，$\boldsymbol{W}$ が，ある対称行列 $\boldsymbol{W}_1$ を行基準

化して得られた結果として非対称となった $\boldsymbol{W}$ であるのか，そもそも $\boldsymbol{W}_1$ が本質的（行基準化前）に非対称であるのかを区別することが重要である．今，$\boldsymbol{W}_1$ を隣接行列（すなわち，対称）とし，$\boldsymbol{w}=\boldsymbol{W}_1\boldsymbol{1}$ と定義しよう．このとき，行基準化された行列が $\boldsymbol{W}=\boldsymbol{D}\boldsymbol{W}_1$ と得られる．ただし，$\boldsymbol{D}=diag(1/\boldsymbol{w})$ である．このとき，$\boldsymbol{W}$ の固有値は実数値で，かつ対称行列 $\boldsymbol{W}^*=\boldsymbol{D}^{1/2}\boldsymbol{W}_1\boldsymbol{D}^{1/2}$ のそれと同一となることが知られている（Ord, 1975；LeSage and Pace, 2009, p.88）．したがって，$\boldsymbol{W}^*$ をヤコビアン項の計算のために用いることで，コレスキー分解の恩恵を受けることができる．LeSage and Pace（2009）は，ヤコビアンの計算の部分では数値計算の安定性の観点から $\boldsymbol{W}^*$ を用い，統計的計算の部分では，行基準化された $\boldsymbol{W}$ を用いるのがもっとも良い戦略であると指摘している．一方，$\boldsymbol{W}_1$ が本質的に非対称であるとき（例えば，k 近傍法や，交易に基づく重みなど）は，固有値は虚数となる可能性があり，パラメータのとりうる範囲の設定において，注意が必要となる（LeSage and Pace, 2009, p.89）．しかしながら，ヤコビアン項の計算では，$|\boldsymbol{I}-\lambda\boldsymbol{W}|=|(\boldsymbol{I}-\lambda\boldsymbol{W})'|$，ゆえに $|(\boldsymbol{I}-\lambda\boldsymbol{W})'(\boldsymbol{I}-\lambda\boldsymbol{W})|=|(\boldsymbol{I}-\lambda\boldsymbol{W})'|\,|(\boldsymbol{I}-\lambda\boldsymbol{W})|=2|(\boldsymbol{I}-\lambda\boldsymbol{W})|$ という関係より，対称かつ正定値である行列 $|(\boldsymbol{I}-\lambda\boldsymbol{W})'(\boldsymbol{I}-\lambda\boldsymbol{W})|$ にコレスキー分解を適用するという戦略が考えられる（Smirnov and Anselin, 2001）．その他，Pace and LeSage（2004）のチェビシェフ近似，Smirnov and Anselin（2001）の固有多項式による近似など，さまざまなアプローチが存在する．それらについては，LeSage and Pace（2009）の第4章を参照されたい．

空間パラメータの推定値が得られた後は，その有意性に関する統計的検定を行うための推定値の精度情報，すなわちヘッセ行列や情報行列に興味がもたれる．SDM において，ヘッセ行列は，次式で与えられる（LeSage and Pace, 2009）．

$$\boldsymbol{H}=\begin{bmatrix}\dfrac{\partial^2 l_f}{\partial\rho^2} & \dfrac{\partial^2 l_f}{\partial\rho\partial\widetilde{\boldsymbol{\beta}}'} & \dfrac{\partial^2 l_f}{\partial\rho\partial\sigma_\varepsilon^2}\\ \dfrac{\partial^2 l_f}{\partial\widetilde{\boldsymbol{\beta}}\partial\rho} & \dfrac{\partial^2 l_f}{\partial\widetilde{\boldsymbol{\beta}}\partial\widetilde{\boldsymbol{\beta}}'} & \dfrac{\partial^2 l_f}{\partial\widetilde{\boldsymbol{\beta}}\partial\sigma_\varepsilon^2}\\ \dfrac{\partial^2 l_f}{\partial\sigma_\varepsilon^2\partial\rho} & \dfrac{\partial^2 l_f}{\partial\sigma_\varepsilon^2\widetilde{\boldsymbol{\beta}}'} & \dfrac{\partial^2 l_f}{\partial(\sigma_\varepsilon^2)^2}\end{bmatrix}. \tag{6.3.42}$$

SEM においては，$\widehat{\boldsymbol{\beta}}$ を $\boldsymbol{\beta}$，ρ を λ と置き換えればよい．SDM において，この

式の中身を解析的に求める場合（analytical Hessian），次式を用いればよい（LeSage and Pace, 2009, p.57）．

$$H^{(a)}=\begin{bmatrix} -tr(\boldsymbol{WAWA})-\frac{\kappa_3}{\sigma_\varepsilon^2} & -\frac{\boldsymbol{y}'\boldsymbol{W}'\widetilde{\boldsymbol{X}}}{\sigma_\varepsilon^2} & \frac{2\kappa_3-\kappa_2+2\boldsymbol{y}'\boldsymbol{W}'\widetilde{\boldsymbol{X}}\widetilde{\beta}}{2\sigma_\varepsilon^4} \\ \cdot & -\frac{\widetilde{\boldsymbol{X}}'\widetilde{\boldsymbol{X}}}{\sigma_\varepsilon^4} & \boldsymbol{0} \\ \cdot & \cdot & \frac{-n}{2\sigma_\varepsilon^4} \end{bmatrix}. \tag{6.3.43}$$

ただし，$\boldsymbol{A}=(\boldsymbol{I}-\rho\boldsymbol{W})^{-1}$，$\kappa_2=\boldsymbol{y}'(\boldsymbol{W}+\boldsymbol{W}')\boldsymbol{y}$，$\kappa_3=\boldsymbol{y}'(\boldsymbol{W}'\boldsymbol{W})\boldsymbol{y}$である．ここで，$tr(\boldsymbol{WAWA})$の項は，逆行列の計算と，$n$次元行列の乗算を含むため，計算負荷が大きい．Smirnov（2005）は，この項を共役勾配法を用いて効率よく解く方法を提示している．本書では，LeSage and Pace（2009, p.57）の集約対数尤度関数における2次導関数を用いた近似法について紹介する．前述のように我々はパラメータ推定において，集約対数尤度関数を用いることが多いため，式（6.3.43）のヘッセ行列はパラメータ推定の過程で求めることはできない．我々が取得できるのは，次式のみである．

$$\frac{\partial^2 l_p}{\partial\rho^2}. \tag{6.3.44}$$

ここで，空間パラメータ以外（回帰係数と分散パラメータを），$\boldsymbol{\theta}=(\widetilde{\beta}',\sigma^2)'$とすれば，ヘッセ行列は次式のように与えることができる．

$$H=\begin{bmatrix} \frac{\partial^2 l_f}{\partial\rho^2} & \frac{\partial^2 l_f}{\partial\rho\partial\boldsymbol{\theta}'} \\ \frac{\partial^2 l_f}{\partial\boldsymbol{\theta}\partial\rho} & \frac{\partial^2 l_f}{\partial\boldsymbol{\theta}\partial\boldsymbol{\theta}'} \end{bmatrix}. \tag{6.3.45}$$

ここで，

$$\frac{\partial^2 l_f}{\partial\rho^2}=\frac{\partial^2 l_p}{\partial\rho^2}+\frac{\partial^2 l_f}{\partial\rho\partial\boldsymbol{\theta}'}\left(\frac{\partial^2 l_f}{\partial\boldsymbol{\theta}\partial\boldsymbol{\theta}'}\right)^{-1}\frac{\partial^2 l_f}{\partial\boldsymbol{\theta}\partial\rho}, \tag{6.3.46}$$

を用いれば，

$$H=\begin{bmatrix} \frac{\partial^2 l_p}{\partial\rho^2}+\frac{\partial^2 l_f}{\partial\rho\partial\boldsymbol{\theta}'}\left(\frac{\partial^2 l_f}{\partial\boldsymbol{\theta}\partial\boldsymbol{\theta}'}\right)^{-1}\frac{\partial^2 l_f}{\partial\boldsymbol{\theta}\partial\rho} & \frac{\partial^2 l_f}{\partial\rho\partial\boldsymbol{\theta}'} \\ \frac{\partial^2 l_f}{\partial\boldsymbol{\theta}\partial\rho} & \frac{\partial^2 l_f}{\partial\boldsymbol{\theta}\partial\boldsymbol{\theta}'} \end{bmatrix}, \tag{6.3.47}$$

が得られる．具体的には，

$$H^{(m)}=\begin{bmatrix} \dfrac{\partial^2 l_p}{\partial\rho^2}+\kappa^4 & -\dfrac{\boldsymbol{y}'\boldsymbol{W}'\widetilde{\boldsymbol{X}}}{\sigma_\varepsilon^2} & \dfrac{2\kappa_3-\kappa_2+2\boldsymbol{y}'\boldsymbol{W}'\widetilde{\boldsymbol{X}}\widetilde{\boldsymbol{\beta}}}{2\sigma_\varepsilon^4} \\ \cdot & -\dfrac{\widetilde{\boldsymbol{X}}'\widetilde{\boldsymbol{X}}}{\sigma_\varepsilon^4} & \boldsymbol{0} \\ \cdot & \cdot & \dfrac{-n}{2\sigma_\varepsilon^4} \end{bmatrix}. \tag{6.3.48}$$

ここで，

$$\kappa^4=\boldsymbol{v}'\begin{bmatrix} -\dfrac{\widetilde{\boldsymbol{X}}'\widetilde{\boldsymbol{X}}}{\sigma_\varepsilon^4} & \boldsymbol{0} \\ \boldsymbol{0}' & \dfrac{-n}{2\sigma_\varepsilon^4} \end{bmatrix}\boldsymbol{v}, \tag{6.3.49}$$

$$\boldsymbol{v}=\left[-\frac{\boldsymbol{y}'\boldsymbol{W}'\widetilde{\boldsymbol{X}}}{\sigma_\varepsilon^2} \quad \frac{2\kappa_3-\kappa_2+2\boldsymbol{y}'\boldsymbol{W}'\widetilde{\boldsymbol{X}}\widetilde{\boldsymbol{\beta}}}{2\sigma_\varepsilon^4}\right]', \tag{6.3.50}$$

である．集約尤度関数の最大化過程で，集約尤度の値が ρ の関数として得られているので，$\partial^2 l_p/\partial\rho^2$ の項の計算費用はほとんどかからない．LeSage and Pace（2009）は，この方法を混合解析-数値ヘッセ行列（mixed analytical numerical Hessian）と称している．

6.3.3 GS2SLS 法

最尤法と並ぶ代表的なパラメータ推定法が，Kelejian and Prucha（1998）の，GS2SLS 法である．以下，この手法を説明したい．

内生性の問題に対処するための代表的な計量経済学の手法は，第3章で述べた 2SLS 法である．Kelejian and Robinson（1993）は，2SLS 法の応用である，spatial-2SLS（S2SLS）法による SLM のパラメータ推定法を提案した．操作変数を用いた S2SLS 法によるパラメータ推定量は，一致性と漸近正規性をもつが，誤差項が正規分布に従う場合，ML 法による推定量と比べて相対的に有効でないことが知られている（例えば，清水・唐渡，2007, pp.58-60）．しかしながら，S2SLS 法は，計算負荷が小さく，非正規分布に対して頑健であるという長所がある．なお，SAR 誤差モデルに関しては，空間パラメータ λ の S2SLS 推定量が一致性をもたないため注意が必要である（Kelejian and

Prucha, 1997). 代わりに, Kelejian and Prucha (1999) は, SAR 誤差モデルの GMM によるパラメータ推定法を考案した. GMM 推定量は, 一致性をもち, 有効性に関しても, 標本数が比較的大きな場合では, ML 推定量と大きな差はないというシミュレーション結果が得られている (清水・唐渡, 2007, pp. 63-64).

Kelejian and Prucha (1998) は, SLM と SAR 誤差モデルを組み合わせた SAC モデルにおいて, 空間ラグパラメータ ρ と回帰係数を S2SLS で, 空間自己回帰パラメータ λ を GMM で推定する方法を提案した. これが, GS2SLS 法である. この手法は, ML 法に比べて計算負荷が非常に小さいという利点がある.

今, これらの方法について説明しよう.

Kelejian and Robinson (1993) は, S2SLS 法による空間ラグモデルのパラメータ推定方法を提案した. まず, 簡単のために $|\rho|<1$ を仮定し, $(\boldsymbol{I}-\rho\boldsymbol{W})$ が $|\rho|<1$ について非特異行列であると仮定する. このとき, SLM は次のように変形できる.

$$\boldsymbol{y}=(\boldsymbol{I}-\rho\boldsymbol{W})^{-1}\boldsymbol{X\beta}+(\boldsymbol{I}-\rho\boldsymbol{W})^{-1}\boldsymbol{\varepsilon}, \tag{6.3.51}$$

$|\rho|<1$ より, 式 (6.3.51) の両辺の期待値をとれば, 次式が得られる.

$$\begin{aligned} E[\boldsymbol{y}]&=(\boldsymbol{I}-\rho\boldsymbol{W})^{-1}\boldsymbol{X\beta} \\ &=\left[\sum_{p=0}^{\infty}\rho^p\boldsymbol{W}^p\right]\boldsymbol{X\beta}. \end{aligned} \tag{6.3.52}$$

ただし, $\boldsymbol{W}^0=\boldsymbol{I}$ である. したがって, 操作変数を $\boldsymbol{Z}[n\times q]$, $q\geq k+1$ としたとき, $\boldsymbol{Z}$ は $(\boldsymbol{X}, \boldsymbol{WX}, \boldsymbol{W}^2\boldsymbol{X}, \cdots, \boldsymbol{W}^p\boldsymbol{X})$ の中の線形独立な列ベクトルを用いて構成すればよい. 深刻な多重共線性の問題を避けるために, 通常 p は 1 か 2 とされる (Fingleton, 2000 ; Gibbons and Overman, 2012). 誤差項が $\boldsymbol{X}$ と相関をもたないという通常の仮定が満たされるとき, 誤差項は $\boldsymbol{WX}$ とも相関をもたないと考えられる. S2SLS 法は,

$$\boldsymbol{y}=\rho\boldsymbol{Wy}+\boldsymbol{X\beta}+\dot{\boldsymbol{X}}\dot{\boldsymbol{\beta}}+\boldsymbol{\varepsilon}, \tag{6.3.53}$$

のように, 内生説明変数 $\boldsymbol{H}$ がある場合にも, 自然に拡張できる (Fingleton and Le Gallo, 2008 ; Drukker et al., 2010). Drukker et al. (2010) は, $\boldsymbol{X}$ に $\dot{\boldsymbol{X}}$ のための操作変数 $\boldsymbol{X}_e$ を加えた $\boldsymbol{X}_f$ を用いて操作変数 $\boldsymbol{Z}[n\times q]$, $q\geq k+l+1$ を $\boldsymbol{Z}=(\boldsymbol{X}_f, \boldsymbol{WX}_f, \boldsymbol{W}^2\boldsymbol{X}_f, \cdots, \boldsymbol{W}^p\boldsymbol{X}_f)$ の中の線形独立な列ベクトルを用いて構成す

ることを提案している．Anselin and Lozano-Gracia (2008) は，$\boldsymbol{X}_e$として緯度経度を用いている．

適切な$\boldsymbol{Z}$が選択できれば，パラメータ推定はS2SLS法を用いて容易に行うことができる．今，SLMを，次のように書き換えよう．

$$\boldsymbol{y}=\boldsymbol{R}\xi+\varepsilon. \tag{6.3.54}$$

ただし，$\boldsymbol{R}=(\boldsymbol{Wy}\,;\boldsymbol{X}\,;\dot{\boldsymbol{X}})$，$\xi=(\rho\,;\beta';\dot{\beta}')'$である．$\xi$のS2SLS推定量とその分散は

$$\hat{\xi}=(\widehat{\boldsymbol{R}}'\widehat{\boldsymbol{R}})^{-1}\widehat{\boldsymbol{R}}'\boldsymbol{y}, \tag{6.3.55}$$

$$Var(\hat{\xi})=\hat{\sigma}_\varepsilon^2(\widehat{\boldsymbol{R}}'\widehat{\boldsymbol{R}})^{-1}, \tag{6.3.56}$$

によって与えられる．ただし，$\widehat{\boldsymbol{R}}=\boldsymbol{PR}$であり，$\boldsymbol{P}$は$\boldsymbol{P}=\boldsymbol{Z}(\boldsymbol{Z}'\boldsymbol{Z})^{-1}\boldsymbol{Z}'$を満たす射影行列である．また$\hat{\sigma}_\varepsilon^2=n^{-1}\sum_{i=1}^n\hat{\varepsilon}_i^2$はS2SLS残差であり，$\hat{\varepsilon}=\boldsymbol{y}-\boldsymbol{R}\hat{\xi}$を用いて算出する．Anselin and Lozano-Gracia (2008) は，S2SLSを用いた実証研究において，White (1980) により提案された，分散の不均一性を許容する頑健な漸近的分散を用いている．

SAR誤差モデルに関しては，空間パラメータのS2SLS推定量が一致性をもたない (Kelejian and Prucha, 1997) ため，推定法としては用いられず，代わりに，ML法やGMMが用いられる．GMMは，ML法と異なり，正規性の仮定を必要とせず，また行列式や空間重み行列$\boldsymbol{W}$の固有値の計算を必要としないため，計算負荷が小さいという利点がある．以下では，SAR誤差モデルを例にその概要を説明する．

$$\boldsymbol{y}=\boldsymbol{X}\beta+\boldsymbol{u},$$
$$\boldsymbol{u}=\lambda\boldsymbol{Wu}+\varepsilon,\quad Var(\varepsilon)=\sigma_\varepsilon^2\boldsymbol{I}, \tag{6.3.57}$$

より，$\boldsymbol{u}-\lambda\boldsymbol{Wu}=\varepsilon$であるから，この両辺に$\boldsymbol{W}$を乗じれば，

$$\boldsymbol{Wu}-\lambda\boldsymbol{W}^2\boldsymbol{u}=\boldsymbol{W}\varepsilon, \tag{6.3.58}$$

が得られる ($\boldsymbol{W}^2=\boldsymbol{WW}$)．式 (6.3.57), (6.3.58) において，$\boldsymbol{u}$，$\boldsymbol{Wu}$，$\boldsymbol{W}^2\boldsymbol{u}$，$\varepsilon$，$\boldsymbol{W}\varepsilon$の$i$行目の要素をそれぞれ$u_i, \dot{u}_i, \ddot{u}_i, \varepsilon_i, \dot{\varepsilon}_i$とすれば，$u_i-\lambda\dot{u}_i=\varepsilon_i$，$\dot{u}_i-\lambda\ddot{u}_i=\dot{\varepsilon}_i$が得られる．この式をそれぞれ2乗し，足しあげて$n$で割れば，

$$\frac{1}{n}\sum_i u_i^2+\lambda^2\frac{1}{n}\sum_i\dot{u}_i^2-2\lambda\frac{1}{n}\sum_i u_i\dot{u}_i=\frac{1}{n}\sum_i\varepsilon_i^2, \tag{6.3.59}$$

$$\frac{1}{n}\sum_i\dot{u}_i^2+\lambda^2\frac{1}{n}\sum_i\ddot{u}_i^2-2\lambda\frac{1}{n}\sum_i\dot{u}_i\ddot{u}_i=\frac{1}{n}\sum_i\dot{\varepsilon}_i^2, \tag{6.3.60}$$

が得られる．また，$u_i-\lambda\dot{u}_i=\varepsilon_i$，$\dot{u}_i-\lambda\ddot{u}_i=\dot{\varepsilon}_i$の左辺同士，右辺同士をかけ，足しあげて n で割れば，

$$\frac{1}{n}\sum_i u_i\dot{u}_i+\lambda^2\frac{1}{n}\sum_i \dot{u}_i\ddot{u}_i-\lambda\left(\frac{1}{n}\sum_i u_i\ddot{u}_i+\frac{1}{n}\sum_i \dot{u}_i^2\right)=\frac{1}{n}\sum_i \varepsilon_i\dot{\varepsilon}_i, \tag{6.3.61}$$

が得られる．これらにより，次の三つのモーメント条件が成り立つ．

$$E\left[\frac{\boldsymbol{\varepsilon}'\boldsymbol{\varepsilon}}{n}\right]=\sigma_\varepsilon^2, \tag{6.3.62}$$

$$E\left[\frac{\boldsymbol{\varepsilon}'\boldsymbol{W}'\boldsymbol{W}\boldsymbol{\varepsilon}}{n}\right]=\sigma_\varepsilon^2 n^{-1}tr(\boldsymbol{W}'\boldsymbol{W}), \tag{6.3.63}$$

$$E\left[\frac{\boldsymbol{\varepsilon}'\boldsymbol{W}'\boldsymbol{\varepsilon}}{n}\right]=0. \tag{6.3.64}$$

三つめの条件は，$\boldsymbol{W}$ の対角要素が 0 であることによる．これらの式を $\boldsymbol{u}$ に関する式に書き換えると，

$$E\left[\frac{\boldsymbol{u}'(\boldsymbol{I}-\lambda\boldsymbol{W})'(\boldsymbol{I}-\lambda\boldsymbol{W})\boldsymbol{u}}{n}\right]=\sigma_\varepsilon^2, \tag{6.3.65}$$

$$E\left[\frac{\boldsymbol{u}'(\boldsymbol{I}-\lambda\boldsymbol{W})'\boldsymbol{W}'\boldsymbol{W}(\boldsymbol{I}-\lambda\boldsymbol{W})\boldsymbol{u}}{n}\right]=\sigma_\varepsilon^2 n^{-1}tr(\boldsymbol{W}'\boldsymbol{W}), \tag{6.3.66}$$

$$E\left[\frac{\boldsymbol{u}'(\boldsymbol{I}-\lambda\boldsymbol{W})'\boldsymbol{W}'(\boldsymbol{I}-\lambda\boldsymbol{W})\boldsymbol{u}}{n}\right]=0, \tag{6.3.67}$$

が得られる．$\dot{\boldsymbol{u}}=\boldsymbol{W}\boldsymbol{u}$，$\ddot{\boldsymbol{u}}=\boldsymbol{W}\boldsymbol{W}\boldsymbol{u}$としたとき，これらを行列で表現すると，次のようになる．

$$\boldsymbol{\Gamma}[\lambda,\ \lambda^2,\ \sigma_\varepsilon^2]'-\boldsymbol{\gamma}=\boldsymbol{0}, \tag{6.3.68}$$

ただし，

$$\boldsymbol{\Gamma}=\begin{bmatrix} \frac{-2}{n}E(\boldsymbol{u}'\dot{\boldsymbol{u}}) & \frac{1}{n}E(\dot{\boldsymbol{u}}'\dot{\boldsymbol{u}}) & -1 \\ \frac{-2}{n}E(\ddot{\boldsymbol{u}}'\dot{\boldsymbol{u}}) & \frac{1}{n}E(\ddot{\boldsymbol{u}}'\ddot{\boldsymbol{u}}) & \frac{-1}{n}tr(\boldsymbol{W}'\boldsymbol{W}) \\ \frac{1}{n}E(\boldsymbol{u}'\ddot{\boldsymbol{u}}+\dot{\boldsymbol{u}}'\dot{\boldsymbol{u}}) & \frac{1}{n}E(\dot{\boldsymbol{u}}'\ddot{\boldsymbol{u}}) & 0 \end{bmatrix},\quad \boldsymbol{\gamma}=\begin{bmatrix} \frac{1}{n}E(\boldsymbol{u}'\boldsymbol{u}) \\ \frac{1}{n}E(\dot{\boldsymbol{u}}'\dot{\boldsymbol{u}}) \\ \frac{1}{n}E(\boldsymbol{u}'\dot{\boldsymbol{u}}) \end{bmatrix},$$

である．ここで，$\boldsymbol{\varepsilon}$ の推定量 $\hat{\boldsymbol{\varepsilon}}$ を OLS によって求めるものとし，$\hat{\dot{\boldsymbol{\varepsilon}}}=\boldsymbol{W}\hat{\boldsymbol{\varepsilon}}$，$\hat{\ddot{\boldsymbol{\varepsilon}}}=\boldsymbol{W}\boldsymbol{W}\hat{\boldsymbol{\varepsilon}}$とする．このとき，式 (6.3.68) は，標本ベースでは，

$$\boldsymbol{G}[\lambda,\lambda^2,\sigma_\varepsilon^2]'-\boldsymbol{g}=\mu(\lambda,\sigma_\varepsilon^2), \tag{6.3.69}$$

と書ける．ただし，

$$\boldsymbol{G}=\begin{bmatrix} \frac{-2}{n}\widehat{\boldsymbol{u}}'\widehat{\dot{\boldsymbol{u}}} & \frac{1}{n}\widehat{\dot{\boldsymbol{u}}}'\widehat{\dot{\boldsymbol{u}}} & -1 \\ \frac{-2}{n}\widehat{\ddot{\boldsymbol{u}}}'\widehat{\dot{\boldsymbol{u}}} & \frac{1}{n}\widehat{\ddot{\boldsymbol{u}}}'\widehat{\ddot{\boldsymbol{u}}} & \frac{-1}{n}tr(\boldsymbol{W}'\boldsymbol{W}) \\ \frac{1}{n}(\widehat{\boldsymbol{u}}'\widehat{\ddot{\boldsymbol{u}}}+\widehat{\dot{\boldsymbol{u}}}'\widehat{\dot{\boldsymbol{u}}}) & \frac{1}{n}\widehat{\dot{\boldsymbol{u}}}'\widehat{\ddot{\boldsymbol{u}}} & 0 \end{bmatrix},\quad \boldsymbol{g}=\begin{bmatrix} \frac{1}{n}\widehat{\boldsymbol{u}}'\widehat{\boldsymbol{u}} \\ \frac{1}{n}\widehat{\dot{\boldsymbol{u}}}'\widehat{\dot{\boldsymbol{u}}} \\ \frac{1}{n}\widehat{\widehat{\boldsymbol{u}}}'\dot{\boldsymbol{u}} \end{bmatrix},$$

となり，$\mu(\lambda,\sigma_\varepsilon^2)$ は，3×1の残差ベクトルと見なせる．そこで，$\mu(\lambda,\sigma_\varepsilon^2)'\mu(\lambda,\sigma_\varepsilon^2)$ を最小化すれば，GMM推定量 $\hat{\lambda},\hat{\sigma}_\varepsilon^2$ が得られ，これらに基づいて $\boldsymbol{\beta}$ はEGLS法で推定できる．

Kelejian and Prucha（1998）は，前述の誤差項に対するGMMとトレンド項に対するS2SLS法を組み合わせ，SACモデル $\boldsymbol{y}=\boldsymbol{R}\xi+(\boldsymbol{I}-\lambda\boldsymbol{W})^{-1}\varepsilon$ のパラメータを推定するGS2SLS法を提案した．具体的には，次のような3ステップで計算する．

［1］S2SLS法により，初期パラメータ推定値 $\hat{\xi}$ を得る．

［2］GMMにより，$\hat{\lambda},\hat{\sigma}_\varepsilon^2$ を得る．

［3］$\hat{\lambda}$ を利用して，モデルから空間誤差相関を除去する．すなわち，$\boldsymbol{y}^*=(\boldsymbol{I}-\hat{\lambda}\boldsymbol{W})\boldsymbol{y}$，$\boldsymbol{R}^*=(\boldsymbol{I}-\hat{\lambda}\boldsymbol{W})\boldsymbol{R}$ とする．その後，$\boldsymbol{y}^*=\boldsymbol{R}^*\xi+\varepsilon$ において再度S2SLS法を実行する．

また，Kelejian and Prucha（2007a）は，このフレームで，分散共分散行列を，分散不均一を考慮しながらノンパラメトリックに推定する空間HAC推定量を提案している[60]．この手法は，空間的自己相関と分散不均一の両者を考慮できるという意味で汎用的であり，近年実証研究において用いられることが多い（例えば，Anselin and Lozano-Gracia, 2008）．Lee（2007）は，Kelejian and Prucha（1999）のモデルを，GMMの枠組みで再構築し，推定量の有効性を改善している．一方，Kelejian and Prucha（2004）は，Kelejian and Prucha（1998）を一般化し，連立方程式型の空間計量経済モデルのパラメータ推定法を提案している．しかし，同様のモデルが奥村ら（1989）によって80年代に構築されていたことは興味深い．八田・唐戸（2007）は，Kelejian and Prucha（2004）の同時方程式モデルを用いて，交通量，居住人口，労働者数の空間的

[60] HAC推定量は，sphet（Piras, 2010）で計算可能である．

自己相関関係にある同時方程式を推定している.

6.3.4　ベイズ推定法

さて，LeSage（1997）は，SLM のパラメータをベイジアン MCMC 法によって推定する方法を提案している．前述のとおり，この方法では，誤差項の分散不均一を明示的に考慮している点が特徴である.

ここでは，SLM を例に説明するが，他のモデルでも同様の方法で推定が可能である．今，SLM の誤差項が，

$$\boldsymbol{\varepsilon} \sim N(\boldsymbol{0}, \sigma_\varepsilon^2 \boldsymbol{V}), \quad \boldsymbol{V} = diag(v_1, \cdots, v_n), \tag{6.3.70}$$

という多変量正規分布に従うと仮定する[61)]．ここで，n 個の観測データから，$\sigma_\varepsilon^2, \rho, \boldsymbol{\beta}, v_1, \cdots, v_n$ という $2+k+n$ 個のパラメータを最尤法によって推定するのは，自由度の問題から不可能である．しかしながら，各パラメータに与えた事前分布を更新するというベイズ推定法のアプローチを用いれば，これらの推定が可能となる．まず，各パラメータに関する事前分布を $p(\cdot)$ とし，$p(\sigma_\varepsilon^2, \boldsymbol{\beta}, \boldsymbol{V}, \rho) = p(\sigma_\varepsilon^2)p(\boldsymbol{\beta})p(\boldsymbol{V})p(\rho)$，すなわち，事前分布は，独立であるとする．また $p(v_i)(i=1, \cdots, n)$ に関しては独立に $\chi^2(q)/q$ 分布に従うと仮定する（q は自由度）.

このとき，各パラメータには，例えば次のような事前分布を与える.

$$p(\boldsymbol{\beta}) \sim N(\dot{\boldsymbol{\beta}}, \dot{\boldsymbol{E}}), \tag{6.3.71}$$

$$p(\sigma_\varepsilon^2) \sim IG\left(\frac{\dot{a}}{2}, \frac{\dot{b}}{2}\right), \tag{6.3.72}$$

$$p(v_i^{-1}|q) \sim \text{i.i.d.}\frac{\chi^2(q)}{q}, \tag{6.3.73}$$

$$p(\rho) \sim Unif(-1, 1). \tag{6.3.74}$$

ここで，$Unif(-1, 1)$ は，開集合間の一様分布を示す．ハイパー・パラメータ q の値が非常に大きいとき，$\boldsymbol{V} = \boldsymbol{I}$ と近似的に等しくなる（LeSage, 1997）．しかしながら，v_i を設定する目的は，外れ値に対する頑健性を確保することであり，ある程度小さな値を設定すべきと考えられる．例えば，2〜7 程度の小さな値であれば，不均一分散の存在を前提とした推定が可能となる．ただし，こ

---

61) GWR の重みと同じ記号 $\boldsymbol{V}$ を使っているが，まったく異なるものである.

のハイパー・パラメータにさらに事前分布を仮定した階層的なモデルを推定することも可能である（Seya et al., 2012）．このようなベイズ推論による不均一分散の考慮は，不均一分散をもたらす要因の関数形の特定を必要としないという利点がある．

事前分布の密度関数を尤度関数と合成することにより，次のように条件付き事後分布が得られる．

［1］$\boldsymbol{\beta}$ の条件付き事後分布

$$p(\boldsymbol{\beta}|\rho, \sigma_\varepsilon^2, \boldsymbol{V}) \sim N(\dot{\boldsymbol{\beta}}, \dot{\boldsymbol{E}}), \tag{6.3.75}$$

$$\ddot{\boldsymbol{\beta}} = [\sigma_\varepsilon^{-2}\boldsymbol{X}'\boldsymbol{V}^{-1}\boldsymbol{X} + \dot{\boldsymbol{E}}^{-1}]^{-1}(\sigma_\varepsilon^{-2}\boldsymbol{X}'\boldsymbol{V}^{-1}(\boldsymbol{I} - \rho\boldsymbol{W})\boldsymbol{y} + \dot{\boldsymbol{E}}^{-1}\dot{\boldsymbol{\beta}}),$$

$$\ddot{\boldsymbol{E}} = [\sigma_\varepsilon^{-2}\boldsymbol{X}'\boldsymbol{V}^{-1}\boldsymbol{X} + \dot{\boldsymbol{E}}^{-1}]^{-1}.$$

［2］σ_ε^2 の条件付き事後分布

$$p(\sigma_\varepsilon^2|\boldsymbol{\beta}, \rho, \boldsymbol{V}) \sim IG\left(\frac{n+\dot{a}}{2}, \frac{\boldsymbol{e}'\boldsymbol{V}^{-1}\boldsymbol{e}+\dot{b}}{2}\right), \tag{6.3.76}$$

$$\boldsymbol{e} = \boldsymbol{y} - \rho\boldsymbol{W}\boldsymbol{y} - \boldsymbol{X}\beta.$$

［3］v_i の条件付き事後分布

$$P\left(\frac{e_i^2+q}{v_i}\middle|\boldsymbol{\beta}, \rho, \sigma_\varepsilon^2, v_{-i}, q\right) \sim \mathrm{i.i.d.}\,\chi^2(q+1), \tag{6.3.77}$$

e_i は $\boldsymbol{e}$ の第 i 要素．

［4］ρ の条件付き事後分布

$$p(\rho|\boldsymbol{\beta}, \sigma_\varepsilon^2, \boldsymbol{V}) \propto |\boldsymbol{I} - \rho\boldsymbol{W}|\exp\left(-\frac{1}{2\sigma_\varepsilon^2}(\boldsymbol{e}'\boldsymbol{V}^{-1}\boldsymbol{e})\right), \tag{6.3.78}$$

ただし，パラメータ ρ の条件付き事後分布に関しては，標準的な分布とはなっていないため，ギブズ・サンプラーを用いることはできない．これに関して例えば Kakamu（2009）は，ランダム・ウォーク・メトロポリス・アルゴリズム（酔歩過程）を用いてサンプリングを行っている．酔歩過程では ρ を，

$$\rho^* = \rho^{t-1} + v_t, \quad v_t \sim N(0, \xi^2), \tag{6.3.79}$$

から生成する．ρ^{t-1} は，$t-1$ 回目のステップにおける ρ の値である．ξ^2 は，前述のように採択率に合わせて調整しながら決定する．採択確率は，

$$\alpha(\rho^{t-1}, \rho^*) = \min\left(\frac{p(\rho^*|\boldsymbol{rest})}{p(\rho^{(t-1)}|\boldsymbol{rest})}, 1\right), \tag{6.3.80}$$

で与えられる．すなわち，$\alpha(\rho^{t-1}, \rho^*)$ の確率で $\rho^t = \rho^*$ とし，そうでなければ

$\rho^t = \rho^{t-1}$ を維持する（ここで，$\boldsymbol{rest}$ は ρ 以外のパラメータからなるベクトル）.

6.4　空間計量経済モデルに基づく空間的自己相関の検定

第 4 章で述べた通り，グローバル・モランのみから，正しいモデル特定化を行うことは難しいため，対立仮説に特定の空間的自己相関構造を仮定した最尤法に基づく検定法が同時に用いられることが多い．ここでは特に用いられることが多い，SLM, SAR 誤差モデルを対立仮説 H_1 に，基本モデルを帰無仮説 H_0 にした場合の，Wald 検定，LR（likelihood ratio）検定，LM（Lagrangian multiplier）検定について述べる[62].

まず，誤差項における空間的自己相関の中でも特に，SAR 誤差モデル $\boldsymbol{u} = \lambda \boldsymbol{W}\boldsymbol{u} + \varepsilon$ において，$H_0 : \lambda = 0$, $H_1 : \lambda \neq 0$ とする仮説検定について述べる．

6.4.1　Wald 検定

λ の最尤推定値を $\hat{\lambda}$ としたとき，Wald 検定統計量は次式により与えられる．

$$W_\lambda = \frac{\hat{\lambda}^2}{AsyVar(\hat{\lambda})}. \tag{6.4.1}$$

ここで，漸近的分散は次式のように求められる．

$$AsyVar(\hat{\lambda}) = \left[tr[\boldsymbol{W}_B]^2 + tr[\boldsymbol{W}_B' \boldsymbol{W}_B] - \frac{\{tr(\boldsymbol{W}_B)\}^2}{n} \right]^{-1}. \tag{6.4.2}$$

ただし，$\boldsymbol{W}_B = \boldsymbol{W}(\boldsymbol{I} - \lambda \boldsymbol{W})^{-1}$ である．仮説の検定は，通常の漸近的な t 検定で行えばよい．

6.4.2　LR 検定

LR 検定の定義式は次式のようになる．

$$LR_\lambda = 2[\hat{l}_C - \tilde{l}_C]. \tag{6.4.3}$$

ただし，$\hat{l}_C$ は $\lambda = 0$ という制約がない状態での集約対数尤度であり，$\tilde{l}_C$ は $\lambda = 0$ という制約下での，集約対数尤度である．仮説の検定には，LR_λ が漸近的に自由度 1 の χ^2 分布に従うことを利用する．

---

[62] R の spdep パッケージが利用可能である．

6.4.3 LM 検定

LM 検定の定義式は次式のようになる.

$$LM_\lambda=\frac{[\boldsymbol{e}'\boldsymbol{W}\boldsymbol{e}/\tilde{\sigma}^2]^2}{T}. \tag{6.4.4}$$

ここで, $T=tr[(\boldsymbol{W}'+\boldsymbol{W})\boldsymbol{W}]$, $\boldsymbol{e}$ および $\tilde{\sigma}^2$ は, それぞれ $\lambda=0$ という制約下での残差および残差分散の ML 推定値であり (すなわち, $\boldsymbol{e}'\boldsymbol{e}/n$), OLS によって推定することができる[63]. 仮説検定には, LM_λ が漸近的に自由度 1 の χ^2 分布に従うことを利用する. LM 検定は, OLS の結果のみを用いて実行可能という点で簡便である. しかし, 誤差項が自己回帰型であるか移動平均型であるかの区別ができないという問題点がある.

SLM の場合も同様に, $H_0:\rho=0$, $H_1:\rho\neq0$ として仮説検定を行う. 本書では特に, LM 検定統計量について説明する. Wald 検定統計量, LR 検定統計量については, Anselin (1988) を参照されたい. LM 検定統計量の定義式は次式により与えられる.

$$LM_\rho=\frac{[\boldsymbol{e}'\boldsymbol{W}\boldsymbol{y}/\tilde{\sigma}^2]^2}{(R\tilde{J}_{\rho-\beta})}. \tag{6.4.5}$$

ここで, $\boldsymbol{e}$, $\tilde{\sigma}^2$, および $\tilde{\boldsymbol{\beta}}$ は, それぞれ $\rho=0$ という制約下での残差および残差分散, パラメータの ML 推定値であり, OLS により推定可能である. また, 分母は $R\tilde{J}_{\rho-\beta}=T+(\boldsymbol{W}\boldsymbol{X}\tilde{\boldsymbol{\beta}})'[\boldsymbol{I}-\boldsymbol{X}(\boldsymbol{X}'\boldsymbol{X})^{-1}\boldsymbol{X}'](\boldsymbol{W}\boldsymbol{X}\tilde{\boldsymbol{\beta}})/\tilde{\sigma}^2$ で与えられ, 仮説検定には, LM_ρ が自由度 1 の χ^2 分布に従うことを利用する.

従属変数の自己相関 (空間ラグ相関) に関する帰無仮説 $\rho=0$ も, 誤差相関に関する帰無仮説 $\lambda=0$ も棄却されない場合, 基本モデルを用いればよい. 片方が棄却された場合, その特定化に従えばよいが, 両方棄却された場合は, Anselin et al. (1996) によって提案された, 頑健 LM 検定を用いることができる. SAR 誤差相関が存在する場合, $\rho=0$ が真であっても, これを棄却する傾向にあり, 同様に空間ラグ相関が存在する場合, $\lambda=0$ が真であっても, これを棄却する傾向にある. Anselin et al. (1996) の検定統計量は, このような他の空間的自己相関の存在に頑健な統計量である.

局所的な空間ラグ相関の存在を許容したとき, SAR 誤差相関に関する新た

---

[63] OLS による残差分散推定値は, $\boldsymbol{e}'\boldsymbol{e}/(n-k-1)$ であるため, それを補正して用いればよい.

な帰無仮説は,

$$H_0: \lambda=0, \qquad \rho=\frac{\delta}{\sqrt{n}}, \delta<\infty,$$

で与えられ，局所的に空間ラグが存在するという前提下での，LM 検定統計量は，次式により与えられる.

$$LM_{\lambda\_Robust}=\frac{[\boldsymbol{e}'\boldsymbol{We}/\tilde{\sigma}^2-T(R\tilde{J}_{\rho-\beta})^{-1}(\boldsymbol{e}'\boldsymbol{Wy}/\tilde{\sigma}^2)]^2}{[T-T^2(R\tilde{J}_{\rho-\beta})^{-1}]}. \tag{6.4.6}$$

ここで，$\tilde{\boldsymbol{\beta}}$はパラメータの OLS 推定値である．$LM_{\lambda_Robust}$もまた，自由度 1 の$\chi^2$分布に従う.

同様に，局所的な SAR 誤差相関の存在を許容したとき，空間ラグ相関に関する新たな帰無仮説は,

$$H_0: \rho=0, \qquad \lambda=\frac{\tau}{\sqrt{n}}, \tau<\infty,$$

で与えられ，検定統計量は，次式により与えられる.

$$LM_{\rho\_Robust}=\frac{[\boldsymbol{e}'\boldsymbol{Wy}/\tilde{\sigma}^2-\boldsymbol{e}'\boldsymbol{We}/\tilde{\sigma}^2]^2}{[R\tilde{J}_{\rho-\beta}-T]}. \tag{6.4.7}$$

LM_{ρ_Robust}もまた，自由度 1 のχ^2分布に従う．LM 検定の具体的な手順については，星野（2011）においてフローチャート形式でわかりやすくまとめられている.

以上，SAR 誤差モデルを例に説明してきたが，SMA 誤差の場合については，Anselin et al.（1996）を，SEC 誤差の場合については，Anselin and Moreno（2003）をそれぞれ参照されたい．Saavedra（2003）は，GMM 推定値用の W, LR, LM 統計量を提案している．Egger et al.（2009）は，小標本においては，Wald 検定のパフォーマンスが良いことをモンテカルロ実験で示している．空間パネルモデルに関する検定統計量もいくつか提案されているが，基本的には上記の応用であり，ここでは，Debarsy and Ertur（2010），Baltagi and Bresson（2011）が存在することを紹介するにとどめたい.

ところで，ここで紹介したモデル特定化手法は，基本モデルから積み上げていく Specific-to-General（StG）アプローチといえるが，真のモデルを特定化するうえで，Manski モデルのような一般的なモデルから始めて，モデルを簡略化していく General-to-Specific（GtS）アプローチが望ましいか，または

StG アプローチが望ましいか，モンテカルロ実験による比較を試みた研究はあるが，はっきりとした結論は得られていない（Mur and Angulo, 2009）．この点については，今後さらなる研究が必要である．

6.5 空間計量経済モデルに基づく空間的異質性の検定

ここでは，Anselin（1988）より，分散不均一の代表的検定手法である，spatially adjusted Breusch-Pagan（SABP）検定統計量と，構造不安定性の代表的検定手法である，spatial Chow（SC）検定について説明する．

6.5.1 spatially adjusted Breusch-Pagan 検定

今，SAR 誤差モデルにおいて，誤差項の分散が不均一である状況を想定しよう．

$$\boldsymbol{u}=\lambda \boldsymbol{W}\boldsymbol{u}+\varepsilon,$$
$$\varepsilon \sim N(\boldsymbol{0}, \boldsymbol{V}). \tag{6.5.1}$$

ここで，$\boldsymbol{V}$ の対角要素が，次式のように与えられるとする．

$$\boldsymbol{V}_{ii}=h_i(\boldsymbol{Z}_i\boldsymbol{\alpha}), \qquad h_i>0. \tag{6.5.2}$$

ここで $\boldsymbol{Z}_i$ は，分散不均一を説明すると考えられる $n\times p$ 変数行列 $\boldsymbol{Z}$ の第 i 行である．また，$\boldsymbol{\alpha}$ は対応するパラメータベクトルである．$\boldsymbol{\nu}$ を，i.i.d. 誤差からなる $n\times 1$ ベクトルとし，次式を満たすものとする．

$$\varepsilon=\boldsymbol{V}^{1/2}\boldsymbol{\nu}. \tag{6.5.3}$$

式（6.5.1），(6.5.3) より，次式が得られる．

$$\boldsymbol{V}^{-1/2}(\boldsymbol{I}-\lambda \boldsymbol{W})(\boldsymbol{y}-\boldsymbol{X\beta})=\boldsymbol{\nu}. \tag{6.5.4}$$

$\boldsymbol{\alpha}=\boldsymbol{0}$ であれば，分散が均一の通常の SAR となるため，検定すべき帰無仮説は，

$$H_0 : \boldsymbol{\alpha}=\boldsymbol{0},$$

となる．ここで，SABP 検定統計量は，次式により与えられる．

$$SABP=\frac{1}{2}\boldsymbol{f}'\boldsymbol{Z}[\boldsymbol{Z}'\boldsymbol{D}\boldsymbol{Z}]^{-1}\boldsymbol{Z}'\boldsymbol{f}. \tag{6.5.5}$$

ここで，$\boldsymbol{f}$ は，$f_i=(\tilde{\sigma}_{\nu}^{-1}e_i)^2-1$ を要素とする $n\times 1$ ベクトルであり，e_i は $\boldsymbol{\alpha}=\boldsymbol{0}$ の下での ML 残差，$\tilde{\sigma}_{\nu}^2$ は ML による分散推定値である．ここで，次式で示さ

れる $\boldsymbol{D}$ の存在が，通常の（空間的自己相関が存在しないという前提における）Breusch-Pagan 検定統計量との違いである．

$$\boldsymbol{D}=\boldsymbol{I}-\frac{1}{2\tilde{\sigma}_\nu^4}\boldsymbol{dMd}'. \tag{6.5.6}$$

ただし，$\boldsymbol{d}=[\boldsymbol{1};2\tilde{\sigma}_\nu^2\boldsymbol{w}]$ において，$\boldsymbol{1}$ はその要素を 1 とする $n\times 1$ ベクトル，$\boldsymbol{w}$ は $\boldsymbol{W}(\boldsymbol{I}-\hat{\lambda}\boldsymbol{W})^{-1}$ の対角要素からなるベクトル，$\boldsymbol{M}$ は σ_ν^2 と λ の共分散の推定値である．LM_α は，自由度 p の χ^2 分布に従うため，仮説検定が可能となる[64]．

6.5.2 spatial Chow 検定

Chow 検定は，次に示すように帰無仮説と対立仮説を設定し，回帰係数がグループによって異なるか否かを仮説検定する代表的手法である．

$$H_0: \boldsymbol{y}=\boldsymbol{X\beta}+\boldsymbol{u},$$

$$H_1: \boldsymbol{y}=\begin{bmatrix}\boldsymbol{X}_i & \boldsymbol{O}\\ \boldsymbol{O} & \boldsymbol{X}_j\end{bmatrix}\begin{bmatrix}\boldsymbol{\beta}_i\\ \boldsymbol{\beta}_j\end{bmatrix}+\boldsymbol{u}.$$

グループ分けは，あらかじめ分析者が行う必要がある．ただし，空間的自己相関がある場合この通常の Chow 検定統計量は検出力が落ちるため，誤差項 $\boldsymbol{u}$ を SAR 誤差に特定しておく．このとき，SC 検定統計量は，

$$SC=\frac{\boldsymbol{e}_R'(\boldsymbol{I}-\hat{\lambda}\boldsymbol{W})'(\boldsymbol{I}-\hat{\lambda}\boldsymbol{W})\boldsymbol{e}_R-\boldsymbol{e}_U'(\boldsymbol{I}-\hat{\lambda}\boldsymbol{W})'(\boldsymbol{I}-\hat{\lambda}\boldsymbol{W})\boldsymbol{e}_U}{\hat{\sigma}_\varepsilon^2}, \tag{6.5.7}$$

で与えられる．これが自由度 k の χ^2 分布に従うため，仮説検定が可能となる．ただし，$\boldsymbol{e}_R$, $\boldsymbol{e}_U$ はそれぞれ，H_0(restricted)，H_1(unrestricted) のもとでの残差であり，$\hat{\lambda}$，$\hat{\sigma}_\varepsilon^2$ は，LM 検定の場合は H_0 の下で求める[65]．

6.6 応用モデル

6.6.1 空間予測

地球統計過程のモデリングでは，連続な空間的領域 D において連続な空間過程/確率場を仮定するため，自然な形で空間予測・内挿を行うことが可能で

---

[64] R の spdep パッケージで実装可能である．

[65] R の spregime パッケージで実装可能である．

ある．一方，格子過程のモデル（空間計量経済モデル）では，D を離散的と見なし，各ユニットにおける観測値間の空間的自己相関を $\boldsymbol{W}$ を用いて記述するものであり，そもそも任意地点における確率変数の予測は目的としていない（例えば，堤ら，2000b）．空間計量経済モデルにおいて予測地点の存在を考慮した場合，$\boldsymbol{W}$ の構造も変わるため，領域全体における空間的自己相関関係は，予測地点を含めたすべての離散的なユニット間の自己相関関係として記述することが必要となる（Tsutsumi and Seya, 2009；堤・瀬谷, 2010）．したがって，空間計量経済モデルにおいては，領域全体に弱定常性と連続性を仮定する地球統計データのモデリングとは異なり，観測地点のデータのみを用いて推定したパラメータを，予測式に単純にプラグインして予測値を求める手法は，アドホックであると考えられる[66]．こういった背景もあり，空間計量経済学の分野においては，堤ら（2000b），Kelejian and Prucha（2007b），Kato（2008）を例外として，空間予測に関する研究は，ほとんど行われてこなかった．この点は，Anselin（2010）において指摘されている点でもある．代替的なアプローチとして用いられてきたのは，予測地点におけるデータを Rubin（1976）の意味で“missing at random（MAR）”な欠損データとしてとらえ，E-M（expectation maximization）タイプのアルゴリズムを用いて復元し，観測データと欠損データからなる完全データ間の自己相関関係を記述する方法である（例えば，Martin, 1984；LeSage and Pace, 2004；Pfaffermayr, 2009）．数少ない例外として堤ら（2000b）は，データが欠損した無限格子を想定し，空間過程の弱定常性と連続性を仮定したうえで，SMA 誤差型のモデルを用いた空間予測を行う方法を提示している．

6.6.2 空間フィルタリング

Griffith らは，一連の研究（Griffith, 2003；Tiefelsdorf and Griffith, 2007）で，（変形した）空間重み行列 $\boldsymbol{W}$ を固有値分解し，その固有ベクトルの一部を説明変数として導入することで，空間的自己相関を考慮する固有ベクトル空間フィルタリング（eigenvector spatial filtering（ESF））アプローチを提案し

---

[66] 共分散が非定常となるため，例えば空間パラメータが 0.5 であるとき，i, j 間の依存関係が k, l 間の依存関係より強くても，0.7 では逆になるといった現象が起こりうる（Assunção and Krainski, 2009）．

ている[67]．このアプローチでは，固有ベクトルを説明変数として導入するだけなので，特別な推定法を要せず，パラメータのOLS推定が可能であるという利点がある．固有ベクトルはそれぞれ直交するため，非常に異なった空間分布を示すが，隣接行列 $\boldsymbol{W}$ の固有値[68]を，大きいほうから並べると，正の大きい固有値に対応する固有ベクトルは大域的な空間パターン，正の小さい固有値の固有ベクトルは局所的な空間パターン，ゼロに近い固有値の固有ベクトルはノイズ，負の固有値の固有ベクトルは負の空間的自己相関に対応することが知られている．したがって，興味のある変数 $\boldsymbol{y}$ をこれらの固有ベクトルに回帰することによって，空間的自己相関を生み出す要因について，より解釈がしやすくなる．固有ベクトルは，説明変数と直交化するように変形する場合と，そのまま導入する場合があり，後述するようにそれらはそれぞれ近似的にSEM, SLMと対応することが指摘されている．以下，ESFアプローチの解説を行う．

今，次の二つの射影行列を考えよう．

$$\boldsymbol{M}_X = \boldsymbol{I} - \boldsymbol{X}(\boldsymbol{X}'\boldsymbol{X})^{-1}\boldsymbol{X}', \quad \boldsymbol{M}_1 = \boldsymbol{I} - \boldsymbol{1}(\boldsymbol{1}'\boldsymbol{1})^{-1}\boldsymbol{1}'. \tag{6.6.1}$$

ここで，$\boldsymbol{1}$ は，1を要素とする $n \times 1$ ベクトルである．次式から得られる固有ベクトル $(\boldsymbol{r}_1, \cdots, \boldsymbol{r}_n)_{SEM}$

$$(\boldsymbol{r}_1, \cdots, \boldsymbol{r}_n)_{SEM} = evec\left[\boldsymbol{M}_X \frac{1}{2}(\boldsymbol{W} + \boldsymbol{W}')\boldsymbol{M}_X\right], \tag{6.6.2}$$

は，$\boldsymbol{W}$ が隣接行列のとき説明変数に直交する．なぜなら，$\boldsymbol{P}_X \equiv \boldsymbol{X}(\boldsymbol{X}'\boldsymbol{X})^{-1}\boldsymbol{X}'$ をハット行列としたとき，$\boldsymbol{M}_X = (\boldsymbol{I} - \boldsymbol{P}_X)$ は観測値を説明変数と直交する残差に変換するオペレータであるためである．なお，ここでは，虚数の固有値を防ぐため $\boldsymbol{W}$ を $(\boldsymbol{W} + \boldsymbol{W}')/2$ と対称行列に変換している．

一方で，次式から得られる固有ベクトル $(\boldsymbol{r}_1, \cdots, \boldsymbol{r}_n)_{SLM}$

$$(\boldsymbol{r}_1, \cdots, \boldsymbol{r}_n)_{SLM} = evec\left[\boldsymbol{M}_1 \frac{1}{2}(\boldsymbol{W} + \boldsymbol{W}')\boldsymbol{M}_1\right], \tag{6.6.3}$$

は，説明変数と相関をもつ可能性を排除しない（$\boldsymbol{M}_1$ を乗じることは，重み行列から平均成分を取り除くのみ）．これによって除外変数などによる $\boldsymbol{\beta}$ の推定

---

[67] Demšar (2013) は，類似したアプローチである空間データの主成分分析に関するレビューを行っている．

[68] 隣接行列でなければ，必ずしもこのような明確な関係はみられない (Griffith, 2010)．

値のバイアスを取り除く効果をもつ．前述の通り，固有ベクトルは，対応する固有値が正のとき正の空間的自己相関を，負のとき負の空間的自己相関を表現する．また，固有値の絶対値が大きいとき大域的な空間パターンが，小さいとき局所的な空間パターンが表現される（Griffith, 2003）．$\boldsymbol{W}$として，1, 0の隣接行列ではなく，ユークリッド距離の逆数ベースの重みを用いる場合，影響を及ぼす距離に適当な閾値を設け，非ユークリッドな部分を作成する必要がある．これは，正・負両方の空間的自己相関を表現するためである（Griffith and Peres-Neto, 2006）．我が国の研究として，大澤・林（2008）は，隣接行列の最大固有値に属する固有ベクトルを地利値と呼び，その特性について理論的・解析的な考察を行っている．また，社会ネットワーク分野では，本固有ベクトルは主体の中心性（重要性）を示す指標として用いられている．

さて，ESF アプローチでは，この固有ベクトルを説明変数として導入することでモデル化を行う．今，$\boldsymbol{R}^*_{SEM}$ と $\boldsymbol{R}^*_{SLM}$ が，それぞれ $(\boldsymbol{r}_1, \cdots, \boldsymbol{r}_n)_{SEM}$ と $(\boldsymbol{r}_1, \cdots, \boldsymbol{r}_n)_{SLM}$ の部分集合からなる行列であるとしよう．このとき，$\boldsymbol{y}=\boldsymbol{X}\beta+\boldsymbol{R}^*_{SEM}\upsilon+\varepsilon$ と $\boldsymbol{y}=\boldsymbol{X}\beta+\boldsymbol{R}^*_{SLM}\upsilon+\varepsilon$ は，それぞれ SEM と SLM のモデル化に近似的に対応することが指摘されている（Tiefelsdorf and Griffith, 2007）．

Tiefelsdorf and Griffith（2007）は，ステップワイズ法による$\boldsymbol{R}^*$の特定化手法を提案している．そこでの基準には，自由度調整済み決定係数最大化基準と残差の空間的自己相関（グローバル・モラン）最小化基準があるが，ここでは後者について説明する．ここで，後者の場合残差の空間的自己相関最小化基準で固有ベクトルを選択するため，残差の空間的な無相関性が満たされやすいが，$\boldsymbol{y}$との相関（説明力）は考慮されない点には注意が必要である．

まず，$(\boldsymbol{r}_1, \cdots, \boldsymbol{r}_n)$の部分集合$\boldsymbol{R}$と，その補集合$\boldsymbol{R}^c$を定義する．いうまでもなく，$(\boldsymbol{r}_1, \cdots, \boldsymbol{r}_n)=\boldsymbol{R}\cup\boldsymbol{R}^c$が満たされる．$\boldsymbol{R}^c$が，固有ベクトルの探索集合となる．ここから，各ステップlにおいて，標準化されたモラン統計量$\min_{\boldsymbol{r}_l\in\boldsymbol{R}^c}[Z[I(\boldsymbol{e}_l)]]$を最小化する$\boldsymbol{r}_l$を，$\boldsymbol{R}$に追加し（$\boldsymbol{e}_l$は残差ベクトル），$\boldsymbol{R}^c$から除外する試行を，残差の空間的自己相関がある値未満（0.1など）になるまで繰り返し，$\boldsymbol{R}^*$を得る．ESF アプローチに関する詳細については，Griffith（2003），Tiefelsdorf and Griffith（2007），応用例については Griffith（2012）に詳しい．

6.6.3 空間疫学

丹後ら（2007, p.1）は，空間疫学（spatial epidemiology）について，「“場所”の分類変数によって疾病頻度を比較する，つまり，どのような場所に疾病が多い（あるいは少ない）のかを明らかにすることで，当該疾病の地理的変動とその要因を追求していこうとするもの」とわかりやすく定義している．その中で特に空間統計に関わりの深い重要なテーマの一つが，疾病地図である．疾病地図とは，疾病の発生状況などを地図上に視覚的に描いたものである（丹後ら，2007, p.54）．以下，丹後ら（2007）を参考に疾病地図について簡単に説明する．

今，地域 i の人口を n_i，死亡数を d_i とするとき，死亡率 r_i は，

$$r_i=\frac{d_i}{n_i}, \tag{6.6.4}$$

で定義できる．しかしながら，この値は地域の年齢構成の影響を受ける．すなわち，高齢者が多い地域ではこの値が高くなるため，年齢調整を行う必要がある．年齢調整死亡率（directly age-adjusted death rate（DAR））は，

$$DAR_i=\sum_{m=1}^{M}\frac{N_m}{N}\frac{d_{m,i}}{n_{m,i}}, \tag{6.6.5}$$

$$N=N_1+\cdots+N_m,$$

で定義できる．ここで，$m\,(m=1,\cdots,M)$ は第 m 年齢階級を示し，N_m は基準集団における第 m 年齢階級の人口を示す．基準集団としては，例えば日本の全体がとられる．また，$n_{m,i}$，$d_{m,i}$ はそれぞれ，地域 i の第 m 年齢階級の人口と死亡数である．

また，このような直接的な比率ではなく，期待イベント数（ここでは死亡数）に対する相対値として表現した，相対リスクや，死亡数の場合は標準化死亡比（standardized mortality rate）もしばしば用いられる．

$$SMR_i=\frac{d_i}{e_i}. \tag{6.6.6}$$

ここで，e_i は地域 i における期待死亡数であり，

$$e_i=n_i\times\frac{D}{N}=n_i\times R, \tag{6.6.7}$$

として求める．ここで，D は基準集団における死亡数であり，R は基準集団における死亡率と解釈できる．

さてここで，実際の死亡率の計算にあたっては，いわゆる small number problem（Haining et al., 2010）が問題となる．これは，小地域においては式(6.6.4)の分母となる人口n_iが少ないため，死亡率の正確度や精度が低くなるという問題である．この問題への対策については，丹後ら（2007）で計算例とともにわかりやすい説明が行われているので，ここでは紹介のみにとどめる．なお，small number problem は，小地域におけるコーホート法による人口推計など，他の事例においても発生するため（瀬谷, 2013），空間疫学の手法の応用可能性は大きい．

6.6.4 空間離散選択モデル

離散選択モデルは，交通（土木学会, 1996），マーケティング（土田, 2010）を中心に，多くの分野で用いられている．離散選択モデルに，空間的自己相関を導入した先駆的な試みとしては，Case（1992），McMillen（1992）が挙げられる．以降，さまざまな手法が提案されており，それらは，Fleming（2004），Smirnov（2010）によってレビューされている．

McMillen（1992）は，空間二項プロビットモデルのパラメータを，EM アルゴリズムを用いて推定する方法を考案した．この手法は，その後提案された多くの拡張研究の基礎となるものであるため，ここで簡単に紹介したい．

$$y_i=1, \qquad if \;\; U_i=V_i+\varepsilon_i>0, \tag{6.6.8}$$

$$y_i=0, \qquad if \;\; U_i=V_i+\varepsilon_i\leq 0, \tag{6.6.9}$$

を考えよう．このとき，σ_iを観測値iに対応する標準誤差であるとし，y_iが1である確率を$\boldsymbol{\Phi}(\boldsymbol{X}_i\boldsymbol{\beta}/\sigma_i)$とすれば（$\boldsymbol{\Phi}(\cdot)$は標準正規分布の分布関数），プロビットモデルの対数尤度関数は，

$$y_i\ln\left[\boldsymbol{\Phi}\left(\frac{\boldsymbol{X}_i\boldsymbol{\beta}}{\sigma_i}\right)\right]+(1-y_i)\ln\left[1-\boldsymbol{\Phi}\left(\frac{\boldsymbol{X}_i\boldsymbol{\beta}}{\sigma_i}\right)\right],$$

で与えられる．ここで，誤差項が分散均一，すなわち$\sigma_i=\sigma$が満たされれば，比率β/σの ML 推定量は一致性をもつが，空間計量経済モデルの場合，分散が不均一となるので，通常この仮定は満たされない．そこで，McMillen（1992）は，EM アルゴリズムによる繰り返し推定でパラメータの一致推定量を得る手法を提案した．

今，次のように潜在変数を説明する SLM と SEM を考えよう．

$$\boldsymbol{U}=(\boldsymbol{I}-\rho\boldsymbol{W})^{-1}\boldsymbol{X\beta}+(\boldsymbol{I}-\rho\boldsymbol{W})^{-1}\varepsilon, \tag{6.6.10}$$

$$\boldsymbol{U}=\boldsymbol{X\beta}+(\boldsymbol{I}-\lambda\boldsymbol{W})^{-1}\boldsymbol{\varepsilon}. \tag{6.6.11}$$

ここで，$\boldsymbol{U}$ は潜在変数（効用）U_i からなる $n\times1$ のベクトルである．今，$(\boldsymbol{I}-\rho\boldsymbol{W})^{-1}\varepsilon$ と $(\boldsymbol{I}-\lambda\boldsymbol{W})^{-1}\varepsilon$ の i,j 要素を，それぞれ δ_{1ij}，δ_{2ij} とし，式 (6.6.10)，(6.6.11) の，第 i 行に着目すると，

$$U_i=\sum_j\delta_{1ij}\boldsymbol{X}_j\boldsymbol{\beta}+\sum_j\delta_{1ij}\varepsilon_j=\boldsymbol{X}_i^*\boldsymbol{\beta}+v_{1i}, \tag{6.6.12}$$

$$U_i=\boldsymbol{X}_i\boldsymbol{\beta}+\sum_j\delta_{2ij}\varepsilon_j=\boldsymbol{X}_i\boldsymbol{\beta}+v_{2i}, \tag{6.6.13}$$

が得られる．ここで，ε_i は正規分布に従うため，v_{1i}，v_{2i} も正規分布に従い，その分散はそれぞれ $Var(v_{1i})=\sigma_\varepsilon^2\sum_j\delta_{1ij}^2=\sigma_{v1i}^2$，$Var(v_{2i})=\sigma_\varepsilon^2\sum_j\delta_{2ij}^2=\sigma_{v2i}^2$，で与えられる．ただし，プロビットモデルでは，$\boldsymbol{\beta}$ と σ_ε^2 は識別できないため，$\sigma_\varepsilon^2=1$ を代入しておく．これにより，例えば SEM の場合，

$$\begin{aligned}E[v_{2i}|y_i=1]&=\sigma_{v2i}E\left(\frac{v_{2i}}{\sigma_{v2i}}\middle|\frac{v_{2i}}{\sigma_{v2i}}>-\frac{\boldsymbol{X}_i\boldsymbol{\beta}}{\sigma_{v2i}}\right)\\&=\frac{\sigma_{v2i}\phi(\boldsymbol{X}_i\boldsymbol{\beta}/\sigma_{v2i})}{\boldsymbol{\Phi}(\boldsymbol{X}_i\boldsymbol{\beta}/\sigma_{v2i})},\end{aligned} \tag{6.6.14}$$

を得る（$\phi(\cdot)$ は標準正規分布の密度関数）．したがって，SLM, SEM それぞれについて，U_i の条件付き期待値が，SLM については，

$$E[U_i|y_i=1]=\boldsymbol{X}_i^*\boldsymbol{\beta}+\frac{\sigma_{v1i}\phi(\boldsymbol{X}_i^*\boldsymbol{\beta}/\sigma_{v1i})}{\boldsymbol{\Phi}(\boldsymbol{X}_i^*\boldsymbol{\beta}/\sigma_{v1i})}, \tag{6.6.15}$$

$$E[U_i|y_i=0]=\boldsymbol{X}_i^*\boldsymbol{\beta}-\frac{\sigma_{v1i}\phi(\boldsymbol{X}_i^*\boldsymbol{\beta}/\sigma_{v1i})}{1-\boldsymbol{\Phi}(\boldsymbol{X}_i^*\boldsymbol{\beta}/\sigma_{v1i})}. \tag{6.6.16}$$

SEM については，

$$E[U_i|y_i=1]=\boldsymbol{X}_i\boldsymbol{\beta}+\frac{\sigma_{v2i}\phi(\boldsymbol{X}_i\boldsymbol{\beta}/\sigma_{v2i})}{\boldsymbol{\Phi}(\boldsymbol{X}_i\boldsymbol{\beta}/\sigma_{v2i})}, \tag{6.6.17}$$

$$E[U_i|y_i=0]=\boldsymbol{X}_i\boldsymbol{\beta}-\frac{\sigma_{v2i}\phi(\boldsymbol{X}_i\boldsymbol{\beta}/\sigma_{v2i})}{1-\boldsymbol{\Phi}(\boldsymbol{X}_i\boldsymbol{\beta}/\sigma_{v2i})}, \tag{6.6.18}$$

と求められる．式 (6.6.10)，(6.6.11) において，$\boldsymbol{U}$ は連続変数であり，これが既知であれば ML 法により通常の線形空間回帰モデルとしてパラメータを求めることができる．したがって，式 (6.6.15)～(6.6.18) によるパラメータ既知の下での期待値の埋め込みと，対数尤度最大化の繰り返し計算（EM アルゴリズム）によって，パラメータ推定値が得られる．パラメータ推定値のヘッセ行列は，直接得ることはできないため，プロビット推定値を，非線形 WLS

推定値と見なして導出する．この点の詳細については，McMillen（1992）を参照されたい．

一方，LeSage（2000）は，ベイジアン MCMC 法により，空間二項プロビットモデルのパラメータを推定する方法を提案した．LeSage（2000）の手法は，6.3.4 項で述べた手法を応用し，ε の分散不均一を明示的に扱える点に利点がある[69]．この手法は，Chakir and Parent（2009），Wang and Kockelman（2009）によって，空間多項プロビットモデルに拡張されている．和合・各務（2005）は空間二項プロビットをパネルデータに拡張し，地域別景気の動向の実証研究に適用している．一方，Pinkse and Slade（1998）は，空間二項プロビットモデルの GMM によるパラメータ推定法を提案しており，Klier and McMillen（2008）は，大規模データへの適用を意図し，Pinkse and Slade（1998）の推定量を線形化し，ロジットモデルに適用している．この手法では，線形化によって GMM の漸近特性は成り立たないが，空間パラメータが 0.5 以下であれば，おおむねよいパフォーマンスを示すことが示されている．Smirnov（2010）は，SLM 型の空間多項ロジットモデルの Pseudo-ML 推定法を提示している．しかし，空間多項選択モデルは未だ発展途上の段階にある．

他のアプローチとして，$U_i = \boldsymbol{X}_i\boldsymbol{\beta} + \zeta_i + \varepsilon_i > 0$ と置き，ランダム効果 ζ_i に CAR 型の事前分布 $p(\zeta_i|\zeta_j, j \neq i) \sim N(\eta\sum_j w_{ij}\zeta_j, \sigma^2_{\eta,i})$ を導入し，パラメータをベイズ推定することも可能である[70]．ここで，$\sigma^2_{\eta,i}$ が，ランダム効果 ζ_i の変動量をコントロールする．$\eta=1$ の場合，CAR モデルは intrinsic-CAR モデルと呼ばれ，次式で表される：$p(\zeta_i|\zeta_j, j \neq i) \sim N(\sum_j w_{ij}\zeta_j/S_i, \sigma^2_\eta/S_i)$．ただし，$S_i$ は，w_{ij} の第 i 行の行和である．ICAR は，生物の分布確率の空間的自己相関を記述する目的などで，生態学の分野で用いられることが多い（深澤ら, 2009）．CAR/ICAR については，Congdon（2005），Haining and Law（2011）などを参照されたい．

一方，効用を明示的に用いないモデルとして，Besag（1974）の autologistic モデルが挙げられる．これは単に，周囲の {1, 0} の観測値を説明変数として導入するアプローチで，マルコフ確率場から求められる CAR 型のモデルで

---

69) James LeSage 教授が提供する Spatial Econometrics Toolbox や，その移植版である R の spatialprobit パッケージが利用可能である．

70) R の CARBayes パッケージや，BayesX で実装可能である．

ある．autologistic モデルも，生態学の分野で用いられることが多い（Dormann, 2007；Miller et al., 2007）．Caragea and Kaiser（2009）は，autologistic モデルにおいて，空間ラグ項の平均成分を取り除き，誤差の相関として取り扱う centered autologistic モデルを提案しており，Hughes et al.（2011）は，シミュレーション実験で，centered autologistic モデルが，パラメータのバイアスの点で autologistic モデルより優れていることを示している[71]．autologistic モデルは，国際関係の分析で，社会学の分野で用いられることも多い（Yamagata et al., 2012）．

ここで，離散データでも特に，カウントデータに目を向けてみよう．ポアソン回帰モデルにおいて，空間的自己相関を考慮する際には注意が必要となる．実は，Besag（1974）流の周囲の地域の従属変数を導入する auto モデル：$\mu_i=\exp(\boldsymbol{X}_i\boldsymbol{\beta}+\eta\sum_j w_{ij}y_j)$では，「正」の空間的自己相関が表現できないのである．これは，ポアソン回帰モデルにおける従属変数が，0, 1, …, ∞ と，無限大の値をとりうることに起因する[72]．この改善点として，Kaiser and Cressie（1997）は，適当な打ち切り点で従属変数を打ち切る Winsorizing という一種のトリック（Haining et al., 2009）を提案している．また，前述のように，CAR 型の事前分布を導入する方法もある（Haining, 2003；Law and Haining, 2004）．しかし，CAR 型事前分布には，非定常性に起因した解釈上の難しさも存在する（Assunção and Krainski, 2009）．一方，Lambert et al.（2010）は，$\mu_i=\exp(\boldsymbol{X}_i\boldsymbol{\beta}+\eta\sum_j w_{ij}\mu_j)$のように，平均項の間の空間的自己相関としてモデル化し，完全情報・制限情報，2 種類の ML 法を提案している．

6.6.5 空間パネルモデル

空間計量経済学の興味は，長年クロスセクションデータに置かれていたが，近年，パネルデータに対するモデリング技術が発展してきている（Elhorst, 2010b）．以下，いくつかの代表的なモデルについて示そう．

$$y_{i,t}=\beta_0+\rho\sum_{j=1}^{n}w_{ij}y_{j,t}+\sum_{h=1}^{k-1}\beta_h x_{h,i,t}+\mu_i+\phi_t+\varepsilon_{i,t}, \qquad (6.6.19)$$

---

71) centered autologistic モデルのパラメータ推定は，R の ngspatial パッケージで実行可能である．

72) 二項分布に基づくモデルは，従属変数のとりうる値が有限であるため，この限りではない．

$$y_{i,t}=\beta_0+\sum_{h=1}^{k-1}\beta_h x_{h,i,t}+\mu_i+\phi_t+u_{i,t},\quad u_{i,t}=\lambda\sum_{j=1}^{n}w_{ij}u_{j,t}+\varepsilon_{i,t}. \qquad (6.6.20)$$

パネル分析の文献では多くの場合，地域固有効果μ_iと，時間固有効果ϕ_tが導入される．興味深いのは，Elhorst（2010b, p.10）に示されているように，ϕ_tと，$w_{ij}=1/n$とした場合の空間誤差相関が，数学的に一致するということである．厳密には通常，$w_{ii}=0$とするので完全に一致することはないが，ϕ_tを導入することによって，空間誤差相関は自動的に弱まることとなる．このような背景もあり，空間的自己相関に興味をもつ空間計量経済学では，特に$\phi_t=0$としたモデルが用いられることが多い．以下この仮定を置いた次式を前提とする．

$$y_{i,t}=\beta_0+\rho\sum_{j=1}^{n}w_{ij}y_{j,t}+\sum_{h=1}^{k-1}\beta_h x_{h,i,t}+\mu_i+\varepsilon_{i,t}, \qquad (6.6.21)$$

$$y_{i,t}=\beta_0+\sum_{h=1}^{k-1}\beta_h x_{h,i,t}+\mu_i+u_{i,t},\quad u_{i,t}=\lambda\sum_{j=1}^{n}w_{ij}u_{j,t}+\varepsilon_{i,t}. \qquad (6.6.22)$$

μ_iを，ダミー変数（固定効果）として扱うか，ランダム効果として扱うかに関するハウスマン検定は，通常のパネル分析と同様に重要である．空間パネル用のハウスマン検定は，Mutl and Pfaffermayr（2011）によって提案されている．

一方，Kapoor et al.（2007）は，Elhorst（2010b）と異なり，誤差相関を次のように定式化している．

$$y_{i,t}=\beta_0+\sum_{h=1}^{k-1}\beta_h x_{h,i,t}+u_{i,t},\quad u_{i,t}=\lambda\sum_{j=1}^{n}w_{ij}u_{j,t}+\xi_{i,t},\quad \xi_{i,t}=\mu_i+\varepsilon_{i,t}. \qquad (6.6.23)$$

ここで，式（6.6.22）と式（6.6.23）の違いは，μ_iを空間誤差相関の式の外に置くか，中に置くかという点である．これについてはどちらが望ましいというものではなく，研究の目的によって，適切な使い分けが重要になろう．前者は，Anselin et al.（2008）にちなんでAnselin型，後者はKapoor型と呼ばれることもある．

さて，これらのモデルのパラメータ推定は，基本的にはクロスセクションの空間計量経済モデルの拡張であり，最尤法（Elhorst, 2010b；2011；Lee and Yu, 2010b）と，S2SLS/GMM（Kapoor et al., 2007；Fingleton, 2008b；Baltagi and Liu, 2011；Mutl and Pfaffermayr, 2011）によって行うことができる．また，モデル特定化のためのLM検定統計量も提案されており，それらはAnselin et al.（2008）でわかりやすく整理されている．空間パネルモデルに関するレビューについては，Anselin et al.（2008），Elhorst（2010b），Lee and Yu（2010c）を参照されたい[73]．また，近年動学的な空間パネルモデルに関する研究も盛んに行われている．動学的な空間パネルにおいては，時空間における定常性の扱いや，初期時点の扱いが問題になる．興味のある読者は，例えば，Parent and LeSage（2010），Elhorst（2012a）を参照されたい．

空間パネルモデルは，基本的には観測地点が固定されているデータを想定するが，実際のデータでは，例えば不動産取引のように，観測地点が時点ごとに異なり，かつ観測時点が等間隔でないものも少なくない．入れ替わりのデータが少数であれば，欠損値と見なして，EM アルゴリズムによって補完しながらパラメータ推定を行えばよい（Pfaffermayr, 2009）．しかしながら，入れ替わり点が非常に多い場合，あるいは観測点配置が毎期完全に異なる場合は，パネルデータと見なすのは難しい．この場合，Pace et al.（1998）の，時空間自己回帰モデル（spatiotemporal autoregressive model（STAR））を用いることができる[74]．このモデルは，

$$\boldsymbol{y}=\boldsymbol{X}\boldsymbol{\beta}+\boldsymbol{S}\boldsymbol{x}\boldsymbol{\beta}_S+\boldsymbol{T}\boldsymbol{x}\boldsymbol{\beta}_T+\boldsymbol{S}\boldsymbol{T}\boldsymbol{x}\boldsymbol{\beta}_{ST}+\boldsymbol{T}\boldsymbol{S}\boldsymbol{x}\boldsymbol{\beta}_{TS} \\ +\phi_S\boldsymbol{S}\boldsymbol{y}+\phi_T\boldsymbol{T}\boldsymbol{y}+\phi_{ST}\boldsymbol{S}\boldsymbol{T}\boldsymbol{y}+\phi_{TS}\boldsymbol{T}\boldsymbol{S}\boldsymbol{y}, \tag{6.6.24}$$

と記述できる．ここで，$\boldsymbol{S}$ は，空間的自己相関を表す行列であり，基本的には空間計量経済モデルでいう $\boldsymbol{W}$ である．しかし，STAR では，計算の簡略化のための工夫が行われる．具体的には，全データを観測が古い順に並べ替え，「古いデータ → 新しいデータ」という一方向的な影響のみをモデル化する．したがって，$\boldsymbol{S}$ は，下三角行列として与えられることとなる．これにより，尤度関数のヤコビアン項の対数が 0 となり，パラメータ推定が大きく単純化される．一方，$\boldsymbol{T}$ は時系列相関を表す行列であり，例えば，時点が近い順に k 点に重みを与えるなどの方法が用いられる（図 6.6.1）．$\boldsymbol{ST}$ と，$\boldsymbol{TS}$ は，時間と空間の相互作用を表す行列である．通常これらの要素は異なるため，両方導入することが多い（Pace et al., 1998）．STAR は，近年さまざまな方向に拡張さ

---

[73] 空間パネルモデルの推定や検定には，Elhorst（2012b）の MATLAB ルーチンの他，R の splm パッケージなどが利用可能である．しかし，クロスセクションにおける空間計量経済モデルと異なり，空間パネルの分野は現在盛んに方法論が改善されている段階にある．したがって，ソフトウェアを用いるときには，どの手法が用いられているかを理解することが特に重要となる．

[74] STAR モデルは，Kelley Pace 教授の Spatial Statistics Toolbox（http://www.spatial-statistics.com/）の MATLAB コードで推定可能である．

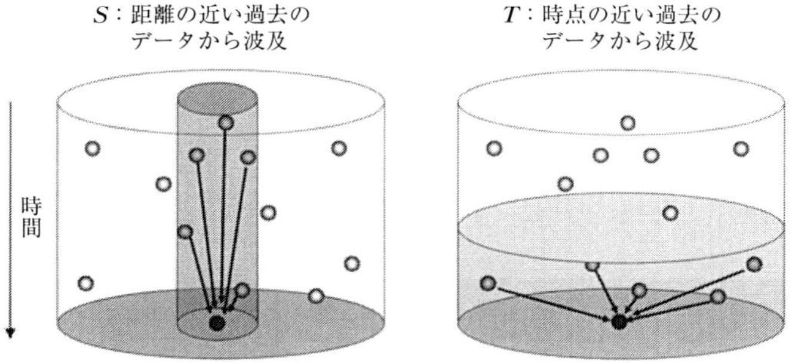

図 6.6.1　S と T の考え方

れている．例えば，Beamonte et al.（2010）は，パラメータのベイズ推定法を提示しており，また Alberto et al.（2010）は，遺伝的アルゴリズムを応用して，STAR における変数選択の問題に取り組んでいる．一方実証研究として，Nappi-Choulet and Maury（2009）は，不動産インデックスの作成に，山形ら（2011）は，不動産の環境性能の時空間波及効果の分析に STAR を用いている．STAR は，不動産分野の研究者によって提案された手法であるため，適用例は不動産分析がほとんどであるが，より広範な事例に適用可能な方法であると考えられる．

付録 A
一般化線形モデル

式 (3.2.1) で導入した基本モデルは，誤差項が正規分布に従うと仮定すれば，

$$E[y_i]=\mu_i=\boldsymbol{X}_i\boldsymbol{\beta}, \quad y_i\sim N(\mu_i, \sigma_\varepsilon^2), \tag{A.1}$$

と表すことができた[75] ($\boldsymbol{X}_i$ は $\boldsymbol{X}$ の第 i 行目の行ベクトルを示す)．一方で，GLM の発展によって，y_i が正規分布に従わないケースや，従属変数と説明変数の関係が線形でない場合などの，より一般的なケースに対応したモデル構築が可能となった．田中ら訳 (2008, p.52) によれば，このうち前者は，正規分布の良い性質が成り立つ，指数分布族と呼ばれる広いクラスの分布が扱えるようになったことにより，後者は，$E[y_i]$ と線形成分 $\boldsymbol{X}_i\boldsymbol{\beta}$ が非線形関数 $f(\cdot)$ により関連付けられる，

$$f(\mu_i)=\boldsymbol{X}_i\boldsymbol{\beta}, \tag{A.2}$$

といった場合にも利用できるようになったことによる．ここで，関数 $f(\cdot)$ はリンク関数 (link function) と呼ばれ[76]，このようなモデルは，線形モデルの一般化であるため，「一般化」線形モデルと呼ばれる．すなわち，GLM とは一言でいえば，次のようなモデルということができよう．

[1] 従属変数 y_i が指数型分布族に属するある分布に従う．

[2] その期待値 $E[y_i]$ をリンク関数 $f(\cdot)$ で変換させた値が，パラメータに関する線形関数で説明できる．

よく知られた指数分布族としては，正規分布の他にポアソン分布や二項分布が挙げられる[77]．分布の種類によって，よく用いられるリンク関数は異なる．例えば，ポアソン分布やその一般化である負の二項分布では，対数リンク関数

---

75) 簡単のため，確率変数 Y_i，とその実現値 y_i を特に区別していない．

76) ただし，久保 (2012, p.9) によれば，この訳語はまだ確定的に使われるには至っていないため，注意されたい．

77) さまざまな確率分布については，Vose (2000) (長谷川・堤訳，2003) に詳しい．

が用いられることが多く，二項分布ではロジットリンク関数が用いられることが多い．これらよく用いられるリンク関数は，正準リンク関数（canonical link function）と呼ばれ，パラメータの推定において，最尤推定量が反復重み付き最小二乗推定量（iterative reweighted least squares（IRLS）estimator）と一致するため，実用上便利である．

さて，式（A.2）より，

$$f(\mu)=f(E[\boldsymbol{y}])=\boldsymbol{X\beta}, \tag{A.3}$$

が得られたので次は，データの分散について何らかの仮定を置く必要がある．実際のデータでは，分散が平均に依存する場合が少なくないため，GLMでは，従属変数の分散と期待値の関係を，分散関数（variance function）と呼ばれる期待値μの関数で，$\phi V(\mu)$と与えることが多い（ϕはパラメータ，μはここではスカラーとする）．正規分布の場合は$V(\mu)=1$（一定），ポアソン分布の場合は$V(\mu)=\mu$となる．しかしながら，実際には，「分散 ＞ 期待値」となる過分散（overdispersion）が観測されるケースが多いため，その影響について，パラメータϕでコントロールする．いうまでもなく，正規分布においては，$V(\mu)=1$であるため，ϕが分散を表すこととなり，ポアソン分布については期待値 ＝ 分散であるため，ϕは1となる．分散関数を導入したことにより，$\boldsymbol{y}$の分散共分散行列は，

$$\boldsymbol{\Sigma}=Var(\boldsymbol{y})=\phi\boldsymbol{V}_{\mu}, \tag{A.4}$$

と導くことができる．ここで，V_{μ}は，その対角成分を$V(\mu_i)$で与える$n\times n$の対角行列である．GLMのパラメータは，最尤法や一般化推定方程式，ベイズ推定法によって推定することが多い．詳細については，Dobson（2002）（田中ら訳（2008））などを参照されたい．

以下，GLMの例として，空間統計モデルにおいて用いられることの多い，ポアソン回帰モデルについて説明する．今，あるイベントの発生数をy_iとする．イベント$\{y_1, \cdots, y_n\}$が互いに無相関で，かつそれぞれの発生頻度が非常に小さいと仮定する．このときy_iの確率分布は，

$$y_i \sim Poisson(\mu_i), \tag{A.5}$$

とポアソン分布でよく近似できることが知られている．ポアソン分布で記述できる事象の有名な例として，1頁の文章を入力するときに綴りを間違える回数や，ある地域の1年間の交通事故死者数などが挙げられる．ポアソン分布の確

率質量関数は，

$$p(y_i|\mu_i)=\frac{\mu_i^{y_i}\exp(-\mu_i)}{y_i!}, \tag{A.6}$$

で与えられる．ここで，$y_i!$ は y_i の階乗である．ポアソン分布では，y_i は，$y_i\in\{0, 1, 2, \cdots, \infty\}$ と無限の値をとりうる．ポアソン分布の重要な性質として，「期待値 ＝ 分散 ＝ μ_i」があり，μ_i という一つのパラメータによって分布の形状が規定されるため非常に使いやすいという利点がある．しかしながら，実際のデータでは，「分散 ＞ 期待値」となる過分散が発生することも多い．この場合，ポアソン分布を拡張し，μ_i のばらつきがガンマ分布に従うと仮定した負の二項分布を用いることができる．負の二項分布の確率質量関数は，

$$p(y_i|\mu_i)=\frac{\Gamma(y_i+\upsilon^{-1})}{y_i!\Gamma(\upsilon^{-1})}\left(\frac{\upsilon^{-1}}{\upsilon^{-1}+\mu_i}\right)^{\upsilon^{-1}}\left(\frac{\mu_i}{\upsilon^{-1}+\mu_i}\right)^{y_i}, \tag{A.7}$$

で与えられ，期待値と分散関数はそれぞれ，μ_i，$\mu_i+\upsilon\mu_i^2$ となる．したがって，パラメータ υ を用いて過分散を調整することができる．

ポアソン分布では，対数関数：

$$\ln(\mu_i)=\boldsymbol{X}_i\boldsymbol{\beta}, \tag{A.8}$$

がリンク関数として用いられることが多い．このとき平均成分は，

$$\mu_i=\exp(\boldsymbol{X}_i\boldsymbol{\beta})=\exp(\beta_0+x_{1,i}\beta_1+\cdots+x_{k-1,i}\beta_{k-1}), \tag{A.9}$$

と与えられる．ここで，GLM の利点として，オフセット項を利用できる点が挙げられる．今，市区町村などの地理的な意味での離散的なゾーン i ($i=1, \cdots, n$) における何らかの総数（例えば人口）を n_i，イベントの発生数を y_i とする．このとき，n_i が大きいほど，イベント発生数が多いと考えるのは自然であろう．しかしながら，久保（2012, p.131）で議論されているように，従属変数を (y_i/n_i) という無次元量に変換してモデル化すると，1/2 と 2/4 を区別不能にしてしまうという意味での情報の損失や，変換後の値がどのような分布に従うかの想定が困難になるという問題が起こる．そこで代替案として，

$$\mu_i=n_i\exp(\beta_0+x_{1,i}\beta_1+\cdots+x_{k-1,i}\beta_{k-1}), \tag{A.10}$$

のように，y_i の期待値 μ_i が n_i に比例するような形でのモデル化を考える．両辺の自然対数をとれば．

$$\ln\mu_i=\ln n_i+\boldsymbol{X}_i\boldsymbol{\beta}, \tag{A.11}$$

が得られる．ここで，$\ln n_i$ はオフセット項と呼ばれる定数であり，モデルに含

まれる既知の定数となるが，パラメータ推定に容易に取り入れることができる．ポアソン回帰モデルのパラメータβは，最尤法で推定できる．しかしながら，一般にGLMにおいて最尤推定量を得るには繰り返し計算が必要であり，反復重み付き最小二乗法の手順で求められる（Dobson, 2002（田中ら訳, 2008, pp.73–76））．また，y_iの発生確率が小さいと見なせないような場合は，二項分布に従うと仮定したモデル化が行われる．二項分布では，ポアソン分布と異なり，y_iは$y_i \in \{0, 1, 2, \cdots, m\}$と有限の値をとる．GLMは，Rなどを用いて容易に実装可能である（例えば，久保, 2012）．

付録 B

加法モデル

GLM は，$E(y_i)$ と線形成分 $\boldsymbol{X}_i\boldsymbol{\beta}$ が非線形関数 $f(\cdot)$ により関連付けられるという意味で，一般化された「線形」モデルである．しかしながら，$f(\mu_i)$ と説明変数が非線形な関係をもつ，すなわち

$$f(\mu_i)=g(\boldsymbol{X}_i\boldsymbol{\beta}), \tag{B.1}$$

となるようなモデルが必要となる場合も多い．図 B.1 は，瀬谷ら（2011）において，平成 18 年度の東京 23 区における賃料データをいくつかの説明変数に回帰して推計するヘドニック・モデルを構築した際に，説明変数の一つである「専有面積の対数」について，偏残差プロット（説明変数 $x_{h,i}$ に対して，$x_{h,i}\hat{\beta}_h+\hat{\varepsilon}_i$ をプロットする非線形性診断の指標の一つ）を行ったものである．この図より，この変数は，1.9（専有面積 60〜80 m^2）前後において，賃料と

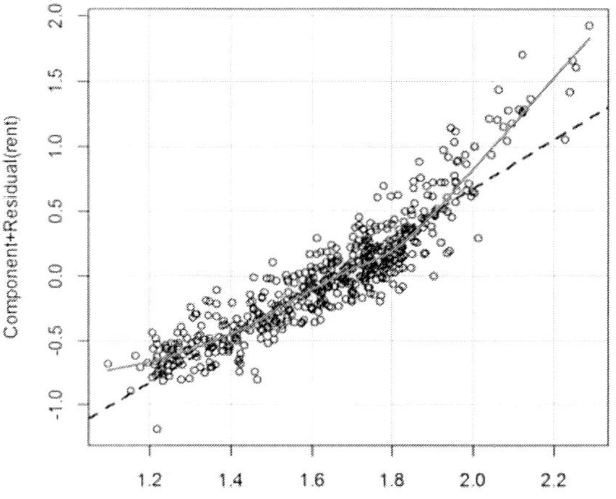

図 B.1　偏残差プロット（y 軸：$x_{h,i}\hat{\beta}_{h,i}+\hat{\varepsilon}_i$，$x$ 軸：$x_{h,i}$）．プロットには，R の crPlots 関数（car パッケージ）を利用．実線：線形推定値，点線：loess 推定値（スムージング）．

の関係が大きく変わっていることがわかる．このような非線形性が存在する場合，基本モデルでは説明変数とデータの関係性をうまく表現できない．

さて，式（B.1）で示した非線形関数$g(\cdot)$の中でも，

$$f(\mu_i)=\boldsymbol{X}_i\boldsymbol{\beta}+g_1(x_{1i})+g_2(x_{2i})+\cdots, \tag{B.2}$$

のように$g(\cdot)$がいくつかの平滑化関数の和で表されるモデルは比較的扱いやすく，一般化加法モデルと呼ばれる（Hastie and Tibshirani, 1990；Wood, 2006；辻谷・外山, 2007）．またこのモデルは，パラメトリック項$\boldsymbol{X}_i\boldsymbol{\beta}$とノンパラメトリック項$g_1(x_{1,i})+g_2(x_{2,i})+\cdots$が両方含まれているため，セミパラメトリック回帰モデルとなっていることがわかる（Ruppert et al., 2003；2009）．このうちノンパラメトリック項は，罰則付きスプライン関数を用いて特定化することが多い．以下では，$f(\cdot)$自体は線形($f(\mu_i)=\mu_i$)と仮定した加法モデル（AM）について，簡単のため説明変数が二つの場合を想定して説明を行う．

データ$(y_i, x_{1,i}, x_{2,i})$が得られたとき，AMは次式のように定式化できる．

$$y_i=\beta_0+x_{1,i}\beta_1+x_{2,i}\beta_2+g_1(x_{1,i})+g_2(x_{2,i})+\varepsilon_i. \tag{B.3}$$

ここで，g_1，g_2はそれぞれ平滑化関数であり，ε_iはi.i.d.誤差である．平滑化関数を，線形スプライン関数で特定化すると，次式が得られる．

$$y_i=\beta_0+x_{1,i}\beta_1+x_{2,i}\beta_2+\sum_{h=1}^{Q_1}b_{1,h}(x_{1,i}-\kappa_{1,h})_+ +\sum_{h=1}^{Q_2}b_{2,h}(x_{2,i}-\kappa_{2,h})_+ +\varepsilon_i. \tag{B.4}$$

ただし，$(x-\kappa)_+$は，$x<\kappa$のとき0，$x\geq\kappa$のとき$x-\kappa$とする演算子であり，κはノットを示す．$b_{1,h}$，$b_{2,h}$は，対応するパラメータである．例えば，x_1とyの関係が$x_1=0.6$付近で大きく変わるとしよう．その場合，$\kappa_1=0.6$として，0.6未満と以上で，x_1とyの関係に差をつければよい（この点の図での解説については，Ruppert et al., 2003を参照されたい）．通常このような点は複数みられるため，ノットはそれぞれの説明変数に対して複数配置する．式（B.4）の例では，変数x_1に対してQ_1個，変数x_2に対してQ_2個が配置されている．ノット数Q_1，Q_2が多すぎると，データへの過剰適合（過学習）の問題が起こるため（例えば，柳原・大滝, 2004），通常$b_{1,h}$，$b_{2,h}$のとりうる値に制限をつけた，罰則付き最小二乗法によってパラメータを推定する．これが罰則付きスプラインである．この制限の方法としてはさまざまなもの，例えば，$\max|b_{1,h}|<\overline{m}$，$\sum|b_{1,h}|<\overline{m}$，$\sum b_{1,h}^2<\overline{m}$などが考えられる（$\overline{m}$は適当な定数）．このうち，3番目の制限を採用すると，一種のリッジ推定量が得られる．リッジ推定量は，回

帰係数を0方向に縮小させる代表的なバイアス推定量の一つであり，説明変数間に多重共線性が存在する場合に，不偏性を犠牲にして，推定量の精度（precision）を改善する目的でしばしば用いられる（例えば，堤ら, 1998）.

さて，今，式（B.4）を行列表記して，

$$\boldsymbol{y}=\boldsymbol{X}\boldsymbol{\beta}+\boldsymbol{Z}\boldsymbol{b}+\boldsymbol{\varepsilon}, \tag{B.5}$$

を得る．ただし，

$$\boldsymbol{X}=\begin{bmatrix}1 & x_{1,1} & x_{2,1}\\ \vdots & \vdots & \vdots\\ 1 & x_{1,n} & x_{2,n}\end{bmatrix},\quad \boldsymbol{\beta}=[\beta_0\,;\beta_1\,;\beta_2]',$$

$$\boldsymbol{b}=[b_{1,1},\cdots,b_{1,Q_1}\,;b_{2,1},\cdots,b_{2,Q_2}]',\quad \boldsymbol{Z}=[\boldsymbol{Z}_1\,;\boldsymbol{Z}_2],$$

$$\boldsymbol{Z}_1=\begin{bmatrix}(x_{1,1}-\kappa_{1,1})_+ & \cdots & (x_{1,1}-\kappa_{1,Q_1})_+\\ \vdots & \ddots & \vdots\\ (x_{1,n}-\kappa_{1,1})_+ & \cdots & (x_{1,n}-\kappa_{1,Q_1})_+\end{bmatrix},$$

$$\boldsymbol{Z}_2=\begin{bmatrix}(x_{2,1}-\kappa_{2,1})_+ & \cdots & (x_{2,1}-\kappa_{2,Q_2})_+\\ \vdots & \ddots & \vdots\\ (x_{2,n}-\kappa_{2,1})_+ & \cdots & (x_{2,n}-\kappa_{2,Q_2})_+\end{bmatrix},$$

である．ここで，行列$\boldsymbol{D}$を，

$$\boldsymbol{D}=\begin{pmatrix}\boldsymbol{O}_{[2\times2]} & \boldsymbol{O}_{[2\times Q_1]} & \boldsymbol{O}_{[2\times Q_2]}\\ \boldsymbol{O}_{[Q_1\times2]} & \tilde{\lambda}_1^2\times\boldsymbol{I}_{[Q_1\times Q_1]} & \boldsymbol{O}_{[Q_1\times Q_2]}\\ \boldsymbol{O}_{[Q_2\times2]} & \boldsymbol{O}_{[Q_2\times Q_1]} & \tilde{\lambda}_2^2\times\boldsymbol{I}_{[Q_2\times Q_2]}\end{pmatrix}, \tag{B.6}$$

と定義し，$\boldsymbol{R}=[\boldsymbol{X}\,;\boldsymbol{Z}]$，$\ddot{\boldsymbol{\beta}}=[\boldsymbol{\beta}'\,;\boldsymbol{b}']'$と置くと，ラグランジュ乗数$\tilde{\lambda}_1,\tilde{\lambda}_2\geq0$を用いて，$\ddot{\boldsymbol{\beta}}$の罰則付き最小二乗推定量は，

$$\|\boldsymbol{y}-\boldsymbol{R}\ddot{\boldsymbol{\beta}}\|^2+\ddot{\boldsymbol{\beta}}'\boldsymbol{D}\ddot{\boldsymbol{\beta}}, \tag{B.7}$$

を解くことにより（$\|\cdot\|$はベクトルのノルム），

$$\hat{\ddot{\boldsymbol{\beta}}}_{\tilde{\lambda}}=(\boldsymbol{R}'\boldsymbol{R}+\boldsymbol{D})^{-1}\boldsymbol{R}'\boldsymbol{y}, \tag{B.8}$$

によって与えられる．$\tilde{\lambda}_1$，$\tilde{\lambda}_2$が0付近の小さい値をとるとき，データへの過剰適合を起こしやすい．一方でこの値が大きすぎると，x_1やx_2とyの関係の非線形性を十分にとらえられない．

ここで，固定効果$b_{1,h}$，$b_{2,h}$を，ランダム効果$u_{1,h}\sim$i.i.d.$N(0,\sigma_{1u}^2)$，$u_{2,h}\sim$i.i.d.$N(0,\sigma_{2u}^2)$でそれぞれ置き換え，混合モデル（mixed model）として定式化

することを考える．これによって，線形スプライン関数が平滑化され，データへの過剰適合を避ける効果が得られ（Ruppert et al. 2003, p.109），また混合モデルのための多くの統計パッケージが利用可能になるという利点がある．式(B.7) において，$b_{1,h}$，$b_{2,h}$を，$u_{1,h}$，$u_{2,h}$で置き換え，σ_ε^2で割ると，

$$\frac{1}{\sigma_\varepsilon^2}\|\boldsymbol{y}-\boldsymbol{X\beta}-\boldsymbol{Zu}\|^2+\frac{\tilde{\lambda}_1^2}{\sigma_\varepsilon^2}\|\boldsymbol{u}_1\|^2+\frac{\tilde{\lambda}_2^2}{\sigma_\varepsilon^2}\|\boldsymbol{u}_2\|^2, \tag{B.9}$$

が得られる．ただし，$\boldsymbol{u}=[\boldsymbol{u}_1';\boldsymbol{u}_2']'$, $\boldsymbol{u}_1=[u_{1,1},\cdots,u_{1,Q_1}]'$，$\boldsymbol{u}_2=[u_{2,1},\cdots,u_{2,Q_2}]'$である．ここで，$\sigma_{1u}^2=\sigma_\varepsilon^2/\tilde{\lambda}_1^2$，$\sigma_{2u}^2=\sigma_\varepsilon^2/\tilde{\lambda}_2^2$とみれば，式（B.9）は，$\boldsymbol{\beta}$と$\boldsymbol{u}$のBLUPを求める一般的な基準に他ならない（Ruppert et al. 2003, p.100）．換言すれば，式（B.7）の罰則付き最小二乗法は，混合モデルにおいてBLUPを求めることに等しい．よって，

$$\boldsymbol{y}=\boldsymbol{X\beta}+\boldsymbol{Zu}+\boldsymbol{\varepsilon}=\boldsymbol{R}\ddot{\boldsymbol{\beta}}+\boldsymbol{\varepsilon}, \tag{B.10}$$

$$Cov\begin{bmatrix}\boldsymbol{u}\\ \boldsymbol{\varepsilon}\end{bmatrix}=\begin{bmatrix}\sigma_{1,u}^2\boldsymbol{I}_{[Q_1]} & \boldsymbol{O} & \boldsymbol{O}\\ \boldsymbol{O} & \sigma_{2,u}^2\boldsymbol{I}_{[Q_2]} & \boldsymbol{O}\\ \boldsymbol{O} & \boldsymbol{O} & \sigma_\varepsilon^2\boldsymbol{I}_{[n]}\end{bmatrix}, \tag{B.11}$$

という混合モデルにおいてestimated BLUPを求めればよく，推定量は

$$\hat{\ddot{\boldsymbol{\beta}}}_\lambda=(\boldsymbol{R}'\boldsymbol{R}+\boldsymbol{D})^{-1}\boldsymbol{R}'\boldsymbol{y}, \tag{B.12}$$

によって与えられる．ただし，$\tilde{\lambda}_1^2=\sigma_\varepsilon^2/\sigma_{1,u}^2$，$\tilde{\lambda}_2^2=\sigma_\varepsilon^2/\sigma_{2,u}^2$であり，分散パラメータは，通常REMLによって求められる（Ruppert et al. 2003, pp.100–101）．行列$\boldsymbol{R}(\boldsymbol{R}'\boldsymbol{R}+\boldsymbol{D})^{-1}\boldsymbol{R}'$は，線形回帰モデルにおけるハット行列のように，観測値を予測値に変換する行列であり，そのトレースはモデルの自由度を与える．この値は，平滑化関数の滑らかさの尺度と解釈でき，説明変数ごとにこれを求めることも可能である（Ruppert et al. 2003, pp.175–176）．これによって，非線形性の程度を定量化することができる．また，非線形性を考慮すべきかについては，尤度比検定を用いて統計的に判定することができ，Rのmgcv, SemiParパッケージなどで実装可能である．

AMは，近年空間統計の分野で用いられることの多い地理的加法モデルの基礎となるモデルであるため，理解しておくことは重要である．なお，AMをGLMの枠組みに拡張したものがGAMであり，それについてはWood (2006) などを参照されたい．

付録 C
ベイズ統計学の基礎

C.1 ベイズの定理

通常の統計学（頻度主義）では[78)]，パラメータは特定の固定された値をもつとし，それを推定しようと試みるが，ベイズ統計学の枠組みでは，パラメータは確率分布をもつと考える．その確率分布は分析者が事前に与える必要があり，事前分布（prior distribution）と呼ばれる．ベイズ推定では，観測データを用いて事前分布を更新することで事後分布（posterior distribution）を得，その事後分布に基づいて統計学的な推論（Bayesian inference）を行う．事前分布の選択はパラメータ推定結果に影響を与えるため，出来る限り無情報の事前分布（non informative prior）を与えようとする立場がある．これには近年，マルコフ連鎖モンテカルロ MCMC 法などの計算技術の進展によって，無情報の事前分布を与えた場合でも事後分布をシミュレーションによって評価可能になったことも大きい．しかし一方で，我々が事前にもつ情報を事前分布の形でモデルに導入できるという点は，ベイズ推定の大きな利点でもある．例えば，本城・工藤（1998）は，土木分野における例として，「建設に入る前の設計に必要なパラメータベクトル $\boldsymbol{\theta}$ については，事前の試験や調査，また過去の類似構造物についての経験に基づき，情報が得られる」と指摘している．

一般に，パラメータベクトル $\boldsymbol{\theta}$ に関する事前確率密度関数を $p(\boldsymbol{\theta})$，尤度関数を $p(\boldsymbol{y}|\boldsymbol{\theta})$ としたとき，$\boldsymbol{\theta}$ の事後確率密度関数は，

78) 統計学の主要な三つのアプローチである，頻度主義とベイズ主義，さらには尤度主義については，Sober（2008）（松王訳, 2012）を参照されたい．

$$p(\boldsymbol{\theta}|\boldsymbol{y})=\frac{p(\boldsymbol{\theta},\boldsymbol{y})}{\int p(\boldsymbol{\theta},\boldsymbol{y})d\boldsymbol{\theta}}=\frac{p(\boldsymbol{y}|\boldsymbol{\theta})p(\boldsymbol{\theta})}{m(\boldsymbol{y})}\propto p(\boldsymbol{y}|\boldsymbol{\theta})p(\boldsymbol{\theta}), \tag{C.1}$$

で与えられる（例えば，大森, 2005）．$p(\boldsymbol{\theta}|\boldsymbol{y})$は，事前情報とデータに関する情報をそれぞれ事前分布，尤度関数の形ですべて組み込んでいる．$m(\boldsymbol{y})=\int p(\boldsymbol{\theta},\boldsymbol{y})d\boldsymbol{\theta}$の項は$\boldsymbol{y}$の周辺確率密度関数であり，基準化定数と呼ばれる．この項は解析的に評価することが困難なことが多く，$\boldsymbol{\theta}$には依存しないため($m(\boldsymbol{y})$)，式（C.1）のように省略して書かれることが多い．ベイズ推定では，このようにパラメータに対する事前の信念や知識を，事前分布を通してモデルに取り入れることで，柔軟なモデル化を行うことが可能である．実際，空間的自己相関を，事前分布を通してモデル化するアプローチも存在する（深澤ら, 2009）．

C.2 MCMC法

$\boldsymbol{\theta}$に関する事後分布が得られた後には，パラメータに関する統計学的な推論を行う．そのためには，関心のあるパラメータをθ_jとしたとき，関心のない局外母数$\boldsymbol{\theta}_{-j}$を積分消去する必要がある．これにより，周辺確率密度関数が

$$p(\theta_j|\boldsymbol{y})=\int p(\boldsymbol{\theta}|\boldsymbol{y})d\boldsymbol{\theta}_{-j}, \tag{C.2}$$

のように求められる．この周辺確率密度を用いて，θ_jに関する点推定・区間推定を行うことが出来る．通常の統計学と違い，求められたパラメータは分布をもっているが，点推定値$\hat{\theta}_j$に興味がもたれることは多い．点推定値としては，損失関数のとり方により，周辺事後分布の平均，中央値，モードなどが用いられる（照井, 2010, pp.15-16）．区間推定には，分布の信用区間（Bayesian credible interval）：$100(1-\alpha)$%を用いる（大森, 2005, p.164）．例えば，$\alpha=0.05$のとき，信用区間は，パラメータ$\hat{\theta}$が区間（l,m）に含まれる確率が95%であることを示しており，その概念は，頻度主義における信頼区間[79]より直感的で理解しやすい．数式では，

[79] 例えば，松王訳（2012）．

$$\Pr(l<\hat{\theta}_j<m)=\int_l^m p(\hat{\theta}_j|\boldsymbol{y})d\theta_j=1-\alpha, \qquad 0<\alpha<1, \tag{C.3}$$

と定義される．回帰モデルのパラメータ推論（有意性の検定）は，「信用区間に 0 が含まれるか否か」によって行う．例えば，95% 信用区間でみて，$[0.5<\hat{\theta}_j<1.0]$であれば，信用区間に 0 が含まれていないため，パラメータは正に有意と判断できる．ただし，式（C.2）の多重積分は，$\boldsymbol{\theta}$の次元が大きいとき計算が困難になるため，何らかの近似計算が必要となることが多い．これに対して現在までにさまざまなモンテカルロ積分法が提案されてきたが[80]，特に，Gelfand and Smith（1990）が統計科学に持ち込んだ MCMC 法は，効率的に高次元積分の評価が可能な画期的な手法であり，ベイズ統計学の発展・実用化に大きく寄与した．ちなみに，第一著者の Alan Gelfand 教授は，著名な空間統計学者でもある．

MCMC 法は，その名の通り，マルコフ連鎖を使ったモンテカルロ法である．MCMC 法以前の手法は，分布からの独立なサンプリングに基づくものが多かったが，MCMC 法では，系列相関のあるサンプル系列に対して，モンテカルロ法を用いる．ここで，系列相関のあるサンプル系列を生み出すのに，マルコフ連鎖を用いる．マルコフ連鎖には，適当な初期値から始めて十分な回数を繰り返していくと，確率標本の分布が正則条件の下で不変分布に収束していくという性質がある（大森, 2005, pp.166–167）．したがって，この不変分布が事後分布になるようにマルコフ連鎖を構成することにより，マルコフ連鎖の確率標本を事後分布からの確率標本とすることができる．代表的なアルゴリズムには，ギブズ・サンプラー（Gibbs sampler）とメトロポリス–ヘイスティングスアルゴリズム（Metropolis–Hastings（MH）algorithm）がある．以下，これらについて説明しよう．

ギブズ・サンプラーは，条件付き事後分布（full conditional distribution）が利用可能な場合のアルゴリズムである．事後分布の確率密度関数を$p(\boldsymbol{\theta}|\boldsymbol{y})$ $(\boldsymbol{\theta}\subset\Re^J)$としたとき，条件付き事後分布の密度関数は次のように表すことができる．

---

[80] シミュレーションを用いずに，関数近似で対応する Rue and Martino（2007）の integrated nested Laplace approximation（INLA）法も，近年大きな発展をみせている．

$$
\begin{gathered}
p(\theta_1|\boldsymbol{y}, \theta_2, \cdots, \theta_J) \\
p(\theta_2|\boldsymbol{y}, \theta_1, \theta_3, \cdots, \theta_J) \\
\vdots \\
p(\theta_J|\boldsymbol{y}, \theta_1, \cdots, \theta_{J-1})
\end{gathered} \tag{C.4}
$$

このとき，ギブズ・サンプラーは，次のようなアルゴリズムとなる．

［0］初期値の設定：$\boldsymbol{\theta}^{(0)}=(\theta_1^{(0)}, \theta_2^{(0)}, \cdots, \theta_J^{(0)})'$

［1］**for** $t=1$ to T **do**

［2］sample $\theta_1^{(t+1)} \sim p(\theta_1|\boldsymbol{y}, \theta_2^{(t)}, \cdots, \theta_J^{(t)})$

［3］sample $\theta_2^{(t+1)} \sim p(\theta_2|\boldsymbol{y}, \theta_1^{(t+1)}, \theta_3^{(t)}, \cdots, \theta_J^{(t)})$

［4］…

［5］sample $\theta_J^{(t+1)} \sim p(\theta_J|\boldsymbol{y}, \theta_1^{(t+1)}, \cdots, \theta_{J-1}^{(t+1)})$

［6］$\boldsymbol{\theta}^{(t+1)} \leftarrow (\theta_1^{(t+1)}, \theta_2^{(t+1)}, \cdots, \theta_J^{(t+1)})'$

［7］**end for**

ここで，$T\rightarrow\infty$ のとき，標本系列 $(\theta_1^{(t)}, \theta_2^{(t)}, \cdots, \theta_J^{(t)}), t=1, \cdots, T$ の経験分布は，同時分布（事後分布）へ収束する．このとき，あるパラメータ θ_j に関する標本系列 $(\theta_j^{(t)}), t=1, \cdots, T$ をとり出せば，周辺事後密度関数 $p(\theta_j|\boldsymbol{y})$ の推定値が求められ，ベイズ推論が可能となる（照井, 2010, p.58）．例えば，事後平均は $\bar{p}_j=\sum_{t=1}^{T} p(\theta_j^{(t)}|\boldsymbol{y}, rest)/T$ とすればよい．実際には，稼働検査期間（burn-in period）と呼ばれる初期値に依存する期間を除く部分について，平均や標準偏差を求める．

条件付き事後分布からのサンプリングが簡単にできない場合，MH アルゴリズムが用いられる．MH アルゴリズムは，乱数の発生が難しい事後分布の代わりに，それを近似する提案分布 $q(\boldsymbol{\theta}^*|\boldsymbol{\theta}^{(t-1)})$ からサンプリングを行う方法である．提案分布が，正規分布のような対称分布である場合，$q(\boldsymbol{\theta}^*|\boldsymbol{\theta}^{(t-1)})=q(\boldsymbol{\theta}^{(t-1)}|\boldsymbol{\theta}^*)$ が成り立つため，より簡便なメトロポリスアルゴリズムを用いることができる．メトロポリスアルゴリズムは，次のように記述できる．

［0］初期値の設定：$\boldsymbol{\theta}^{(0)}=(\theta_1^{(0)}, \theta_2^{(0)}, \cdots, \theta_J^{(0)})'$

［1］**for** $t=1$ to T **do**

［2］sample $\boldsymbol{\theta}^*$ *from proposal* $q(\boldsymbol{\theta}^*|\boldsymbol{\theta}^{(t-1)})$

［3］compute ratio $\alpha=\dfrac{p(\boldsymbol{\theta}^*|\boldsymbol{y})}{p(\boldsymbol{\theta}^{(t-1)}|\boldsymbol{y})}=\exp[\ln(p(\boldsymbol{\theta}^*|\boldsymbol{y})-p(\boldsymbol{\theta}^{(t-1)}|\boldsymbol{y}))]$

[4] if $\alpha \geq 1$, $set\ \boldsymbol{\theta}^{(t)} = \boldsymbol{\theta}^*$

else if $\alpha < 1$, $set\ \boldsymbol{\theta}^{(t)} = \begin{cases} \boldsymbol{\theta}^* & with\ probability\ \alpha \\ \boldsymbol{\theta}^{(t-1)} & with\ probability\ (1-\alpha) \end{cases}$

[5] **end if**

[6] **end for**

基本的には，確率密度関数において確率の高いところで多くサンプリングしたいので，下図 C.1 の 1 次元の例で示すように，事後分布の値を増加させる動き（図左）は，確率 1 で採択（accept）する．しかしながら，事後分布の値を減少させる動き（図右）をすべて拒絶（reject）してしまうと，確率が一番高いところから動けなくなってしまい，状態空間を動き回ることができなくなってしまうので，これについてもある採択確率 α で受容することとする．採択確率（acceptance ratio）α は，25～40%程度がよいとされているが（例えば，Gelman et al., 1996），これは $\boldsymbol{\theta}$ の次元によって異なるので注意が必要である．

提案分布としては，正規分布 $q(\boldsymbol{\theta}^*|\boldsymbol{\theta}^{(t-1)}) = N(\boldsymbol{\theta}^*|\boldsymbol{\theta}^{(t-1)}, \boldsymbol{E}_0)$ が用いられることが多い．ただし，多次元では，事後分布をよく近似するような提案分布を見つけるのは難しいため，ギブズ・サンプラーのように，各パラメータそれぞれについて，1 次元の提案分布 q_j を想定するほうが実用的である．このとき，酔歩過程（random walk process）を用いることができる．今，あるパラメータ θ_j に関する提案分布 $q(\theta_j^*|\theta_j^{(t-1)})$ は，酔歩過程を用いて，

$$q(\theta_j^*|\theta_j^{(t-1)}) = N(\theta_j^*|\theta_j^{(t-1)}, \xi^2), \tag{C.5}$$

と表現できる．ξ^2 は，採択確率を決める重要なパラメータであり，適切な採

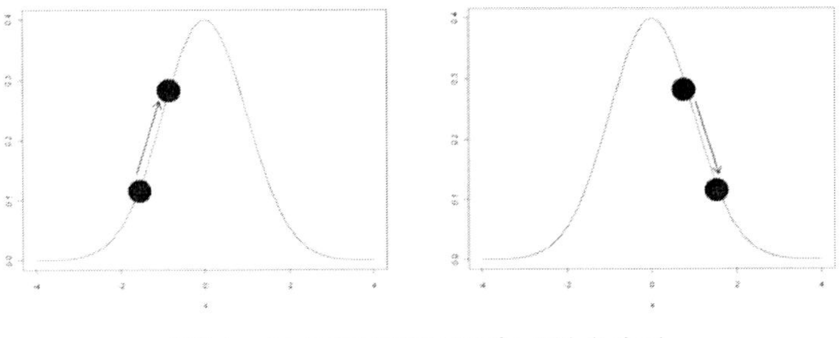

図 C.1　メトロポリスアルゴリズムの例（1 次元）

択率に近づくように，アルゴリズムの中で調整する．この値が小さいほど採択率は高くなるので，例えば，採択率を40%程度にしたい場合，（burn-inの間に，）各計算ステップtにおける採択率が0.3を下回れば，ξ^2を0.9倍し，0.5を上回れば，1.1倍するなどが簡便な方策として考えられる（Han and Lee, 2013）．

さて，提案分布が対称でよい場合は，このように酔歩過程などを用いることができるが，例えばパラメータのとりうる状態空間が正に限られる場合など，正規分布が提案分布としてそぐわない場合も多い（Banerjee et al., 2004, p. 115）．この場合，提案分布が非対称な$q(\boldsymbol{\theta}^*|\boldsymbol{\theta}^{(t-1)})$を用いる必要があり，メトロポリスアルゴリズムを対称でない場合に一般化した，MHアルゴリズムを用いる．MHアルゴリズムにおける採択確率は，

$$\alpha=\frac{p(\boldsymbol{\theta}^*|\boldsymbol{y})q(\boldsymbol{\theta}^{(t-1)}|\boldsymbol{\theta}^*)}{p(\boldsymbol{\theta}^{(t-1)}|\boldsymbol{y})q(\boldsymbol{\theta}^*|\boldsymbol{\theta}^{(t-1)})}, \tag{C.6}$$

で与えられる．MCMC法に関する詳細については，大森（1996），Andrieu et al.（2003），伊庭（2005），Brooks et al.（2011）を参照されたい．

C.3 線形回帰モデルのベイズ推定

本節では，次のような線形回帰モデルを例にベイズ推定について説明する．

$$\boldsymbol{y}\sim N(\boldsymbol{X}\boldsymbol{\beta}, \sigma_\varepsilon^2\boldsymbol{I}). \tag{C.7}$$

この回帰モデルの尤度は，

$$\begin{aligned}p(\boldsymbol{y}|\boldsymbol{\beta}, \sigma_\varepsilon^2)&=\prod_{i=1}^{n}\frac{1}{\sqrt{2\pi\sigma_\varepsilon^2}}\exp\left[-\frac{(y_i-\boldsymbol{X}_i\boldsymbol{\beta})^2}{2\sigma_\varepsilon^2}\right] \\ &\propto(\sigma_\varepsilon^2)^{-n/2}\exp\left[-\frac{(\boldsymbol{y}-\boldsymbol{X}\boldsymbol{\beta})'(\boldsymbol{y}-\boldsymbol{X}\boldsymbol{\beta})}{2\sigma_\varepsilon^2}\right],\end{aligned} \tag{C.8}$$

で与えられる．ここで，$(\boldsymbol{y}-\boldsymbol{X}\boldsymbol{\beta})'(\boldsymbol{y}-\boldsymbol{X}\boldsymbol{\beta})$は，$\boldsymbol{y}-\boldsymbol{X}\boldsymbol{\beta}=(\boldsymbol{y}-\boldsymbol{X}\widehat{\boldsymbol{\beta}})+(\boldsymbol{X}\widehat{\boldsymbol{\beta}}-\boldsymbol{X}\boldsymbol{\beta})=\widehat{\varepsilon}+\boldsymbol{X}(\widehat{\boldsymbol{\beta}}-\boldsymbol{\beta})$となり，$\boldsymbol{X}'\widehat{\varepsilon}=\boldsymbol{0}$を利用して展開すれば，

$$\begin{aligned}&(\boldsymbol{y}-\boldsymbol{X}\boldsymbol{\beta})'(\boldsymbol{y}-\boldsymbol{X}\boldsymbol{\beta}) \\ &\quad=[\widehat{\varepsilon}+\boldsymbol{X}(\widehat{\boldsymbol{\beta}}-\boldsymbol{\beta})]'[\widehat{\varepsilon}+\boldsymbol{X}(\widehat{\boldsymbol{\beta}}-\boldsymbol{\beta})] \\ &\quad=\widehat{\varepsilon}'\widehat{\varepsilon}+(\boldsymbol{\beta}-\widehat{\boldsymbol{\beta}})'\boldsymbol{X}'\boldsymbol{X}(\boldsymbol{\beta}-\widehat{\boldsymbol{\beta}}) \\ &\quad=(n-k)s^2+(\boldsymbol{\beta}-\widehat{\boldsymbol{\beta}})'\boldsymbol{X}'\boldsymbol{X}(\boldsymbol{\beta}-\widehat{\boldsymbol{\beta}}),\end{aligned} \tag{C.9}$$

と変形することができる．ただし，$\widehat{\boldsymbol{\beta}}=(\boldsymbol{X}'\boldsymbol{X})^{-1}\boldsymbol{X}'\boldsymbol{y}$，$s^2=(n-k)^{-1}(\boldsymbol{y}-\boldsymbol{X}\widehat{\boldsymbol{\beta}})'$

$(\boldsymbol{y}-\boldsymbol{X}\widehat{\boldsymbol{\beta}})$である．式（C.9）を式（C.8）に代入すると，

$$p(\boldsymbol{y}|\boldsymbol{\beta},\sigma_\varepsilon^2)\propto(\sigma_\varepsilon^2)^{-n/2}\exp\left[-\frac{(n-k)s^2+(\boldsymbol{\beta}-\widehat{\boldsymbol{\beta}})'\boldsymbol{X}'\boldsymbol{X}(\boldsymbol{\beta}-\widehat{\boldsymbol{\beta}})}{2\sigma_\varepsilon^2}\right], \tag{C.10}$$

を得る．この尤度を，事前分布と組み合わせることで，事後分布を得る．事前分布としては，共役事前分布（conjugate prior）と呼ばれる便利な事前分布が用いられることが少なくない．この事前分布は，ある確率分布のクラスに入る事前分布を設定し，これに尤度関数を乗じて得られた事後分布が，再び同じ確率分布のクラスに入る場合の事前分布である（照井, 2010, p.6）．

今，$\boldsymbol{\beta}$とσ_ε^2の事前分布として，

$$p(\boldsymbol{\beta},\sigma_\varepsilon^2)=p(\boldsymbol{\beta}|\sigma_\varepsilon^2)p(\sigma_\varepsilon^2), \tag{C.11}$$

を考える．ここで，σ_ε^2を与えたときの$\boldsymbol{\beta}$の条件付き事前分布が正規分布$\boldsymbol{\beta}|\sigma_\varepsilon^2\sim N(\boldsymbol{\beta}_0,\sigma_\varepsilon^2\boldsymbol{E}_0{}^{-1})$，$\sigma_\varepsilon^2$の事前分布が逆ガンマ分布$\sigma_\varepsilon^2\sim IG(a_0/2,b_0/2)$に従うと仮定する．それぞれの密度関数は，

$$p(\boldsymbol{\beta}|\sigma_\varepsilon^2)=\frac{1}{(2\pi\sigma_\varepsilon^2)^{k/2}}|\boldsymbol{E}_0|^{1/2}\exp\left[-\frac{(\boldsymbol{\beta}-\boldsymbol{\beta}_0)'\boldsymbol{E}_0(\boldsymbol{\beta}-\boldsymbol{\beta}_0)}{2\sigma_\varepsilon^2}\right], \tag{C.12}$$

$$p(\sigma_\varepsilon^2)=\frac{(b_0/2)^{a_0/2}}{\Gamma(a_0/2)}(\sigma_\varepsilon^2)^{-(a_0/2+1)}\exp\left(-\frac{b_0}{2\sigma_\varepsilon^2}\right), \tag{C.13}$$

で与えられる．ベイズの定理より，事後確率密度関数は，$p(\boldsymbol{\beta},\sigma_\varepsilon^2|\boldsymbol{y})\propto p(\boldsymbol{y}|\boldsymbol{\beta},\sigma_\varepsilon^2)p(\boldsymbol{\beta}|\sigma_\varepsilon^2)p(\sigma_\varepsilon^2)$となるため，中妻（2003, p.88），照井（2010, pp.35-37）などに示された簡単な計算により，それぞれのパラメータの条件付き事後分布が，

$$\boldsymbol{\beta}|\sigma_\varepsilon^2,\boldsymbol{y}\sim N(\tilde{\boldsymbol{\beta}},\sigma_\varepsilon^2\tilde{\boldsymbol{E}}), \tag{C.14}$$

$$\sigma_\varepsilon^2|\boldsymbol{y}\sim IG\left(\frac{\tilde{a}}{2},\frac{\tilde{b}}{2}\right), \tag{C.15}$$

と得られる．ただし，$\tilde{\boldsymbol{\beta}}=(\boldsymbol{X}'\boldsymbol{X}+\boldsymbol{E}_0)^{-1}(\boldsymbol{X}'\boldsymbol{X}\widehat{\boldsymbol{\beta}}+\boldsymbol{E}_0\boldsymbol{\beta}_0)$，$\tilde{\boldsymbol{E}}=(\boldsymbol{X}'\boldsymbol{X}+\boldsymbol{E}_0)^{-1}$，$\tilde{a}=a_0+n$，$\tilde{b}=b_0+(n-k)s^2+(\boldsymbol{\beta}_0-\widehat{\boldsymbol{\beta}})'[(\boldsymbol{X}'\boldsymbol{X})^{-1}+\boldsymbol{E}_0^{-1}]^{-1}(\boldsymbol{\beta}_0-\boldsymbol{\beta})$である．したがって，これらの条件付き分布に基づいてギブズ・サンプラーを行えばよい．ベイズ推定はOLS推定量が，事前分布における平均成分方向に補正されるという意味で，縮小（shrinkage）推定量である．

以上では，$p(\boldsymbol{\beta},\sigma_\varepsilon^2)=p(\boldsymbol{\beta}|\sigma_\varepsilon^2)p(\sigma_\varepsilon^2)$を仮定したが，今度は

$$p(\boldsymbol{\beta},\sigma_\varepsilon^2)=p(\boldsymbol{\beta})p(\sigma_\varepsilon^2), \tag{C.16}$$

のような独立な事前分布を考え，

$$\boldsymbol{\beta} \sim N(\dot{\boldsymbol{\beta}}, \dot{\boldsymbol{E}}), \tag{C.17}$$

$$\sigma_\varepsilon^2 \sim IG\left(\frac{\dot{a}}{2}, \frac{\dot{b}}{2}\right), \tag{C.18}$$

と与えた場合，条件付き事後分布は，

$$\boldsymbol{\beta}|\sigma_\varepsilon^2,\quad \boldsymbol{y} \sim N(\ddot{\boldsymbol{\beta}}, \ddot{\boldsymbol{E}}), \tag{C.19}$$

$$\sigma_\varepsilon^2|\boldsymbol{\beta},\quad \boldsymbol{y} \sim IG\left(\frac{\ddot{a}}{2}, \frac{\ddot{b}}{2}\right), \tag{C.20}$$

という形で与えられる（照井, 2010, p.88；大森, 2005, pp.174-175）．ただし，$\ddot{\boldsymbol{\beta}}=[\sigma_\varepsilon^{-2}\boldsymbol{X}'\boldsymbol{X}+\dot{\boldsymbol{E}}^{-1}]^{-1}(\sigma_\varepsilon^{-2}\boldsymbol{X}'\boldsymbol{y}+\dot{\boldsymbol{E}}^{-1}\dot{\boldsymbol{\beta}})$，$\ddot{\boldsymbol{E}}=[\sigma_\varepsilon^{-2}\boldsymbol{X}'\boldsymbol{X}+\dot{\boldsymbol{E}}^{-1}]^{-1}$，$\ddot{a}=\dot{a}+n$，　$\ddot{b}=\dot{b}+(\boldsymbol{y}-\boldsymbol{X\beta})'(\boldsymbol{y}-\boldsymbol{X\beta})$である．したがって，これらの条件付き分布に基づいてギブズ・サンプラーを行えばよい．

また，無情報事前分布（non-informative prior）を想定し，可能な限りデータ情報のみからの推定を試みる場合も多い．すなわち

$$p(\boldsymbol{\beta}, \sigma_\varepsilon^2)=p(\boldsymbol{\beta})p(\sigma_\varepsilon^2), \tag{C.21}$$

において，

$$p(\boldsymbol{\beta}) \propto 1, \tag{C.22}$$

$$p(\sigma_\varepsilon^2) \propto \frac{1}{\sigma_\varepsilon^2}, \tag{C.23}$$

とする．このとき，条件付き事後分布は，

$$\boldsymbol{\beta}|\sigma_\varepsilon^2,\quad \boldsymbol{y} \sim N(\widehat{\boldsymbol{\beta}}, \sigma_\varepsilon^2(\boldsymbol{X}'\boldsymbol{X})^{-1}), \tag{C.24}$$

$$\sigma_\varepsilon^2|\boldsymbol{y} \sim IG\left(\frac{n-k}{2}, \frac{(n-k)s^2}{2}\right), \tag{C.25}$$

と与えられる（中妻, 2003, p.90）．したがって，これらの条件付き分布に基づいてギブズ・サンプラーを行えばよい．

ベイズ統計に関するさらなる詳細については，中妻（2003）や，大森（2005）や，安道（2010, p.46）で紹介されている文献，また，その後出版された松原（2010），渡辺（2012）などを参照されたい．

参考文献

Abadir, K. and Magnus, J. (2002) Notation in econometrics : A proposal for a standard, *The Econometrics Journal*, 5, 76-90.

Agarwal, D.K. and Gelfand, A.E. (2005) Slice sampling for simulation based fitting of spatial data models, *Statistics and Computing*, 15 (1), 61-69.

Alberto, I., Beamonte, A., Gargallo, P., Mateo, P.M. and Salvador, M. (2010) Variable selection in STAR models with neighbourhood effects using genetic algorithms, *Journal of Forecasting*, 29 (8), 728-750.

Aldstadt, J. and Getis, A. (2006) Using AMOEBA to create a spatial weights matrix and identify spatial clusters, *Geographical Analysis*, 38 (4), 327-343.

Anselin, L. (1986) Some further notes on spatial models and regional science, *Journal of Regional Science*, 26 (4), 799-802.

Anselin, L. (1988) *Spatial Econometrics : Methods and Models*, Kluwer, Dordrecht.

Anselin, L. (1995) Local indicators of spatial association—LISA, *Geographical Analysis*, 27 (2), 93-115.

Anselin, L. (1996) The Moran scatterplot as an ESDA tool to assess local instability in spatial association, *Spatial Analytical Perspectives on GIS* (eds. Fischer, M.M., Scholten, H.J. and Unwin, D.), 111-125, Taylor and Francis, London.

Anselin, L. (2001) Spatial econometrics, *A Companion to Theoretical Econometrics* (eds. Baltagi, B.), 310-330, Blackwell, Oxford.

Anselin, L. (2002) Under the food : Issues in the specification and interpretation of spatial regression models, *Agricultural Economics*, 27 (3), 247-267.

Anselin, L. (2009) Spatial regression, *The SAGE Handbook of Spatial Analysis* (eds. Fotheringham, A.S. and Rogerson, P.A.), 255-275, SAGE, Los Angeles.

Anselin, L. (2010) Thirty years of spatial econometrics, *Papers in Regional Science*, 89 (1), 3-25.

Anselin, L. and Bera, A.K. (1998) Spatial dependence in linear regression models with an introduction to spatial econometrics, *Handbook of Applied Economic Statistics* (eds. Ullah, A. and Giles, D.E.), 237-289, Marcel Dekker, New York.

Anselin, L., Bera, A.K., Florax, R.J.G.M. and Yoon, M.J. (1996) Simple diagnostic tests for spatial dependence, *Regional Science and Urban Economics*, 26 (1), 77-104.

Anselin, L. and Griffith, D.A. (1988) Do spatial effects really matter in regression analysis?, *Papers in Regional Science*, 65 (1), 11-34.

Anselin, L., Le Gallo, J. and Jayet, H. (2008) Spatial panel econometrics, *The Econometrics of Panel Data, Fundamentals and Recent Developments in Theory and Practice, Third Edition* (eds. Mátyás, L. and Sevestre, P.), 627-662, Kluwer, Dordrecht.

Anselin, L. and Lozano-Gracia, N. (2008) Errors in variables and spatial effects in hedonic house price models of ambient air quality, *Empirical Economics*, 34 (1), 5-34.

Anselin, L. and Moreno, R. (2003) Properties of tests for spatial error components, *Regional Science and Urban Economics*, 33 (5), 595-618.

Anselin, L. and Rey, S. (1991) Properties of tests for spatial dependence in linear regression models, *Geographical Analysis*, 23 (2), 112-131.

Arbia, G. (2006) *Spatial Econometrics : Statistical Foundations and Applications to Regional Growth Convergence*, Springer, New York.

Arbia, G. (2011) A lustrum of SEA : Recent research trends following the creation of the Spatial Econometrics Association (2007-2011), *Spatial Economic Analysis*, 6 (4), 377-395.

Armstrong, M. (1998) *Basic Linear Geostatistics*, Springer, Berlin.

Armstrong, M. and Jabin, R. (1981) Variogram models must be positive-definite, *Journal of the International Association of Mathematical Geology*, 13 (5), 455-459.

Assunção, R. and Krainski, E. (2009) Neighborhood dependence in Bayesian spatial models, *Biometrical Journal*, 51 (5), 851-869.

Atkinson, P.M. and Lloyd, C.D. (2007) Non-stationary variogram models for geostatistical sampling optimisation : An empirical investigation using elevation data, *Computers & Geosciences*, 33 (10), 1285-1300.

Atkinson, P.M. and Tate, N.J. (2000) Spatial scale problems and geostatistical solutions : A review, *Professional Geographer*, 52 (4), 607-623.

Baltagi, B.H. and Bresson, G. (2011) Maximum likelihood estimation and Lagrange multiplier tests for panel seemingly unrelated regressions with spatial lag and spatial errors : An application to hedonic housing prices in Paris, *Journal of Urban Economics*, 69 (1), 24-42.

Baltagi, B.H. and Liu, L. (2011) Instrumental variable estimation of a spatial autoregressive panel model with random effects, *Economics Letters*, 111 (2), 135-137.

Banerjee, S., Carlin, B.P. and Gelfand, A.E. (2004) *Hierarchical Modeling and Analysis for Spatial Data*, Chapman & Hall/CRC, Boca Raton.

Banerjee, S., Gelfand, A.E., Finley, A.O. and Sang, H. (2008) Gaussian predictive process models for large spatial data sets, *Journal of the Royal Statistical Society, Series B*, 70 (4), 825-848.

Bardossy, A. (1988) Notes on the robustness of the kriging system, *Mathematical Geology*, 20 (3), 189-203.

Beamonte, A., Gargallo, P. and Salvador, M. (2010) Analysis of housing price by means of STAR models with neighborhood effects : A Bayesian approach, *Journal of Geographical Systems*, 12 (2), 227-240.

Berger, J.O., de Oliveira, V. and Sansó, B. (2001) Objective Bayesian analysis of spatially correlated data, *Journal of the American Statistical Association*, 96 (456), 1361-1374.

Besag, J. (1974) Spatial interaction and the statistical analysis of lattice systems (with discussion), *The Journal of the Royal Statistical Society, Series B*, 36 (2), 192-236.

Bevilacqua, M., Gaetan, C., Mateu, J. and Porcu, E. (2012) Estimating space and space-time covariance functions for large data sets : A weighted composite likelihood approach, *Journal of the American Statistical Association*, 107 (497), 268-280.

Blangiardo, M., Cameletti, M., Baio, G. and Rue, H. (2013) Spatial and spatio-temporal models with R-INLA, *Spatial and Spatio-temporal Epidemiology*, 7, 39-55.

Boots, B. (2003) Developing local measures of spatial association for categorical data, *Journal of Geographical Systems*, 5 (2), 139-160.

Borssoi, J.A., De Bastiani, F., Uribe-Opazo, M.A. and Galea, M. (2011) Local influence of explanatory variables in Gaussian spatial linear models, *Chilean Journal of Statistics*, 2 (2), 29-38.

Brasington, D.M. and Hite, D. (2005) Demand for environmental quality : A spatial hedonic analysis, *Regional Science and Urban Economics*, 35 (1), 57–82.

Brunsdon, C., Fotheringham, A. S. and Charlton, M. E. (1996) Geographically weighted regression : A method for exploring spatial nonstationarity, *Geographical Analysis*, 28 (4), 281–298.

Caragea, P.C. and Kaiser, M.S. (2009) Autologistic models with interpretable parameters, *Journal of Agricultural, Biological, and Environmental Statistics*, 14 (3), 281–300.

Case, A. (1992) Neighborhood influence and technological change, *Regional Science and Urban Economics*, 22 (3), 491–508.

Casetti, E. (1972) Generating models by the expansion method : Applications to geographic research, *Geographical Analysis*, 4 (1), 81–91.

Chakir, R. and Parent, O. (2009) Determinants of land use changes : A spatial multinomial probit approach, *Papers in Regional Science*, 88 (2), 327–344.

Chilès, J-P. and Delfiner, P. (2012) *Geostatistics : Modeling Spatial Uncertainty, Second Edition*, Wiley, New York.

Chua, S.H. (1982) Optimal estimators of mean areal precipitation in regions of orographic influence, *Journal of Hydrology*, 57 (1–2), 713–728.

Chun, Y. and Griffith, D. A. (2013) *Spatial Statistics and Geostatistics : Theory and Applications for Geographic Information Science and Technology*, SAGE, London.

Cliff, A.D. and Ord, J.K. (1973) *Spatial Autocorrelation*, Pion, London.

Cliff, A.D. and Ord, J.K. (1981) *Spatial Processes : Methods and Applications*, Pion, London.

Collins, J.B. and Woodcock, C.E. (1999) Geostatistical estimation of resolution-dependent variance in remotely sensed images, *Photogrammetric Engineering & Remote Sensing*, 65 (1), 41–50.

Congdon, P. (2005) *Bayesian Models for Categorical Data*, Wiley, New York.

Cook, R.D. (1986) Assessment of local influence (with discussion), *Journal of the Royal Statistical Society, Series B*, 48 (2), 133–169.

Corrado, L. and Fingleton, B. (2012) Where is the economics in spatial econometrics?, *Journal of Regional Science*, 52 (2), 210–239.

Cowles, M. K. (2003) Efficient model-fitting and model-comparison for high-dimensional Bayesian geostatistical models, *Journal of Statistical Planning and Inference*, 112 (1–2), 221–239.

Cressie, N.A.C. (1985) Fitting variogram models by weighted least squares, *Mathematical Geology*, 17 (5), 563–586.

Cressie, N.A.C. (1990) The origins of kriging, *Mathematical Geology*, 22 (3), 239–252.

Cressie, N.A.C. (1993) *Statistics for Spatial Data, Revised Edition*, Wiley, New York.

Cressie, N.A.C. and Hawkins, D.M. (1980) Robust estimation of the variogram, *Mathematical Geology*, 12 (2), 115–125.

Cressie, N.A.C. and Huang, H.C. (1999) Classes of nonseparable, spatio-temporal stationary covariance functions, *Journal of the American Statistical Association*, 94 (448), 1330–1340.

Cressie, N.A.C. and Johannesson, G. (2008) Fixed rank kriging for very large spatial data sets, *Journal of the Royal Statistical Society, Series B*, 70 (1), 209–226.

Cressie, N.A.C., Shi, T. and Kang, E.L. (2010) Fixed rank filtering for spatio-temporal data, *Journal of Computational and Graphical Statistics*, 19 (3), 724–745.

Cressie, N.A.C. and Wikle, C.K. (2011) *Statistics for Spatio-Temporal Data*, Wiley, New York.

Curran, P.J. and Atkinson, P.M. (1998) Geostatistics and remote sensing, *Progress in Physical*

Geography, 22 (1), 61-78.

Curriero, F.C. (2006) On the use of non-Euclidean distance measures in geostatistics, *Mathematical Geology*, 38 (8), 907-926.

Curriero, F.C. and Lele, S. (1999) A composite likelihood approach to semivariogram estimation, *Journal of Agricultural, Biological, and Environmental Statistics*, 4 (1), 9-28.

Curry, L. (1966) A note on spatial association, *The Professional Geographer*, 18 (2), 97-99.

Dall'erba, S. (2005) Distribution of regional income and regional funds in Europe 1989-1999 : An exploratory spatial data analysis, *The Annals of Regional Science*, 39 (1), 121-148.

Damian, D., Sampson, P.D. and Guttorp, P. (2001) Bayesian estimation of semi-parametric non-stationary spatial covariance structures, *Environmetrics*, 12 (2), 161-178.

Darbeheshti, N. and Featherstone, W.E. (2009) Non-stationary covariance function modelling in 2D least-squares collocation, *Journal of Geodesy*, 83 (6), 495-508.

Darbeheshti, N. and Featherstone, W.E. (2010) A review of non-stationary spatial methods for geodetic least-squares collocation, *Journal of Spatial Science*, 55 (2), 185-204.

De Cesare, L., Myers, D.E. and Posa, D. (2001) Product-sum covariance for space-time modeling : An environmental application, *Environmetrics*, 12 (1), 11-23.

De Cesare, L., Myers, D.E. and Posa, D. (2002) FORTRAN programs for space-time modeling, *Computers & Geosciences*, 28 (2), 205-212.

De Oliveira, V., Kedem, B. and Short, D.A. (1997) Bayesian prediction of transformed Gaussian random fields, *Journal of the American Statistical Association*, 92 (440), 1422-1433.

Debarsy, N. and Ertur, C. (2010) Testing for spatial autocorrelation in a fixed effects panel data model, *Regional Science and Urban Economics*, 40 (6), 453-470.

Demšar, U., Harris, P., Brunsdon, C., Fotheringham, A.S. and McLoone, S. (2013) Principal component analysis on spatial data : An overview, *Annals of the Association of American Geographers*, 103 (1), 106-128.

Deng, M. (2008) An anisotropic model for spatial processes, *Geographical Analysis*, 40 (1), 26-51.

Diniz-Filho, J.A.F. and Bini, L.M. (2012) Thirty-five years of spatial autocorrelation analysis in population genetics : An essay in honour of Robert Sokal (1926-2012), *Biological Journal of the Linnean Society*, 107 (4), 721-736.

Deutsch, C.V. and Journel, A.G. (1997) *GSLIB : Geostatistical Software Library and User's Guide, Second Edition*, Oxford University Press, Oxford.

Diggle, P.J. (2003) *Statistical Analysis of Spatial Point Patterns, Second Edition*, Arnold, London.

Diggle, P.J. and Ribeiro Jr., P.J. (2007) *Model-based Geostatistics*, Springer, New York.

Dobson, A.D. (2002) *An Introduction to Generalized Linear Models, Second Edition*, Chapman & Hall/CRC, Boca Raton. (田中　豊, 森川敏彦, 山中竹春, 冨田　誠 訳 (2008)『一般化線形モデル入門第2版』, 共立出版).

Dormann, C.F. (2007) Assessing the validity of autologistic regression, *Ecological Modelling*, 207 (2-4), 234-242.

Dowd, P.A. (1982) Lognormal kriging—The general case, *Mathematical Geology*, 14 (5), 475-499.

Drukker, D.M., Prucha, I.R. and Raciborski, R. (2010) A command for estimating spatial-autoregressive modelessive disturbs with spatial-autoregrances and additional endogenous variables, *The Stata Journal*, 1 (1), 1-13.

Dubin, R. A. (1988) Estimation of regression coefficient in the presence of spatially autocorrelated error terms, *The Review of Economics and Statistics*, 70 (3), 466-474.

Durbin, J. (1960) The fitting of time-series models, *Revue de l'Institut International de Statistique*, 28(3), 233-244.

Ecker, M.D. and Gelfand, A.E. (1999) Bayesian modeling and inference for geometrically anisotropic spatial data, *Mathematical Geology*, 31 (1), 67-83.

Ecker, M.D. and Gelfand, A.E. (2003) Spatial modeling and prediction under stationary non-geometric range anisotropy, *Environmental and Ecological Statistics*, 10 (2), 165-178.

Egger, P., Larch, M., Pfaffermayr, M. and Walde, J. (2009) Small sample properties of maximum likelihood versus generalized method of moments based tests for spatially autocorrelated errors, *Regional Science and Urban Economics*, 39 (6), 670-678.

Elhorst, J. P. (2010a) Applied spatial econometrics : Raising the bar, *Spatial Economic Analysis*, 5 (1), 9-28.

Elhorst, J.P. (2010b) Spatial panel data models, *Handbook of Applied Spatial Analysis* (eds. Fischer, M.M. and Getis, A.), 377-407, Springer, Berlin, Heidelberg, Dordrecht, London, New York.

Elhorst, J.P. (2012a) Dynamic spatial panels : Models, methods, and inferences, *Journal of Geographical Systems*, 14 (1), 5-28.

Elhorst, J.P. (2012b) MATLAB software for spatial panels, *International Regional Science Review*, in print.

Elhorst, J.P., Lacombe, D.J. and Piras, G. (2012) On model specification and parameter space definitions in higher order spatial econometric models, *Regional Science and Urban Economics*, 42 (1-2), 211-220.

Elsner, J.B., Hodges, R.E. and Jagger, T.H. (2011) Spatial grids for hurricane climate research, *Climate Dynamics*, 39 (1-2), 21-36.

Fernández-Vázquez, E., Mayor-Fernández, M. and Rodríguez-Vález, J. (2009) Estimating spatial autoregressive models by GME-GCE techniques, *International Regional Science Review*, 32 (2), 148-172.

Fingleton, B. (2008a) A generalized method of moments estimator for a spatial model with moving average errors, with application to real estate prices, *Empirical Economics*, 34 (1), 35-57.

Fingleton, B. (2008b) A generalized method of moments estimator for a spatial panel model with an endogenous spatial lag and spatial moving average errors, *Spatial Economic Analysis*, 3 (1), 27-44.

Fingleton, B. (2009) Spatial autoregression, *Geographical Analysis*, 41 (4), 385-391.

Fingleton, B. and Le Gallo, J. (2008) Estimating spatial models with endogenous variables, a spatial lag and spatially dependent disturbances : Finite sample properties, *Papers in Regional Science*, 87 (3), 319-339.

Finley, A.O. (2011) Comparing spatially-varying coefficients models for analysis of ecological data with non-stationary and anisotropic residual dependence, *Methods in Ecology and Evolution*, 2 (2), 143-154.

Finley, A.O., Banerjee, S. and Carlin, B.P. (2007) spBayes : An R package for univariate and multivariate hierarchical point-referenced spatial models, *Journal of Statistical Software*, 19 (4), online.

Finley, A.O., Sang, H., Banerjee, S. and Gelfand, A.E. (2009) Improving the performance of predictive process modeling for large datasets, *Computational Statistics & Data Analysis*, 53 (8), 2873-2884.

Fleming, M. (2004) Techniques for estimating spatially dependent discrete choice models, *Advances in Spatial Econometrics* (eds. Anselin, L., Florax, R. and Rey, S.), 145-167, Springer, Amsterdam.

Florax, R. and Folmer, H. (1992). Specification and estimation of spatial linear regression models : Monte Carlo evaluation of pre-test estimators, *Regional Science and Urban Economics*, 22 (3), 405-432.

Folmer, H. and Oud, J. (2008) How to get rid of W : A latent variables approach to modelling spatially lagged variables, *Environment and Planning A*, 40 (10), 2526-2538.

Fortin, M-J. and Dale, M.R.T. (2005) *Spatial Analysis : A Guide for Ecologists*, Cambridge University Press, Cambridge.

Fotheringham, A. S., Brunsdon, C. and Charlton, M. E. (2002) *Geographically Weighted Regression : The Analysis of Spatially Varying Relationships*, Wiley, Chichester.

Fotheringham, A. S., Charlton, M. E. and Brunsdon, C. (1998) Geographically weighted regression : A natural evolution of the expansion method for spatial data analysis, *Environment and Planning A*, 30 (11), 1905-1927.

Fuentes, M. (2002) Spectral methods for nonstationary spatial processes, *Biometrika*, 89 (1), 197-210.

Fuentes, M. (2006) Testing for separability of spatial-temporal covariance functions, *Journal of Statistical Planning and Inference*, 136 (2-1), 447-466.

Fuentes, M. (2007) Approximate likelihood for large irregularly spaced spatial data, *Journal of the American Statistical Association*, 102 (477), 321-331.

Fujimoto, K., Chou, C. and Valente, T.W. (2011) The network autocorrelation model using two-mode data : Affiliation exposure and potential bias in the autocorrelation parameter, *Social Networks*, 33 (3), 231-243.

Fujita, M., Krugman, P. and Venables, A.J. (1999) *The Spatial Economy : Cities, Regions and International Trade*, MIT Press, Cambridge. (小出博之 (訳) (2000) 『空間経済学—都市・地域・国際貿易の新しい分析』, 東洋経済新報社).

Furrer, R., Genton, M. G and Nychka, D. (2006) Covariance tapering for interpolation of large spatial data sets, *Journal of Computational and Graphical Statistics*, 15 (3), 502-523.

Gaetan, C. and Guyon, X. (2010) *Spatial Statistics and Modeling*, Springer, New York.

Gamerman, D. (2010) Dynamic spatial models including spatial time series, *Handbook of Spatial Statistics* (eds. Gelfand, A.E., Diggle, P.J., Fuentes, M. and Guttorp, P.), 437-448, Chapman & Hall/CRC, Boca Raton.

Geary, R.C. (1954) The contiguity ratio and statistical mapping, *The Incorporated Statistician*, 5 (3), 115-145.

Gelfand, A.E., Banerjee, S. and Gamerman, D. (2005) Spatial process modelling for univariate and multivariate dynamic spatial data, *Environmetrics*, 16 (5), 465-479.

Gelfand, A.E., Banerjee, S., Sirmans, C.F., Tu, Y. and Ong., S.E. (2007) Multilevel modeling using spatial processes : Application to the Singapore housing market, *Computational Statistics & Data Analysis*, 51 (7), 3567-3579.

Gelfand, A.E., Diggle, P.J., Fuentes, M. and Guttorp, P. (eds) (2010) *Handbook of Spatial Statistics*, Chapman & Hall/CRC, Boca Raton.

Gelfand, A.E., Kim, H.-J., Sirmans, C.F. and Banerjee, S. (2003) Spatial modeling with spatially varying coefficient processes, *Journal of the American Statistical Association*, 98 (462), 387-396.

Gelfand, A.E. and Smith, A.F.M. (1990) Sampling-based approaches to calculating marginal densities, *Journal of the American Statistical Association*, 85 (410), 398-409.

Getis, A. (2008) A history of the concept of spatial autocorrelation : A geographer's perspective, *Geographical Analysis*, 40 (3), 297-309.

Getis, A. and Aldstadt, J. (2004) Constructing the spatial weights matrix using a local statistic, *Geographical Analysis*, 36 (2), 90-104.

Getis, A. and Ord, J.K. (1992) The analysis of spatial association by use of distance statistics, *Geographical Analysis*, 24, (3), 189-206.

Geweke, J. (1992) Evaluating the accuracy of sampling-based approaches to calculating posterior moments, *Bayesian Statistics 4* (eds. Bernado, J.M., Berger, J.O., Dawid, A.P. and Smith, A.F.M), 169-193, Oxford University Press, Oxford.

Gibbons, S. and Overman, H.G. (2012) Mostly pointless spatial econometrics?, *Journal of Regional Science*, 52 (2), 172-191.

Glatzer, E. and Müller, W.G. (2004) Residual diagnostics for variogram fitting, *Computers & Geosciences*, 30 (8), 859-866.

Gneiting, T. (2002) Nonseparable, stationary covariance functions for space-time data, *Journal of the American Statistical Association*, 97 (458), 590-600.

Goovaerts, P. (1997) *Geostatistics for Natural Resources Evaluation*, Oxford University Press, Oxford.

Goovaerts, P. (1999) Geostatistics in soil science : State-of-the-art and perspectives, *Geoderma*, 89 (1-2), 1-45.

Goovaerts, P. (2005) Geostatistical analysis of disease data : Estimation of cancer mortality risk from empirical frequencies using Poisson kriging, *International Journal of Health Geographics*, 4 (31), on lilne.

Goovaerts, P., Webster, R. and Dubois, J.-P. (1997) Assessing the risk of soil contamination in the Swiss Jura using indicator geostatistics, *Environmental and Ecological Statistics*, 4 (1), 49-64

Gotway, C.A. and Stroup, W.W. (1997) A generalized linear model approach to spatial data analysis and prediction, *Journal of Agricultural, Biological, and Environmental Statistics*, 2 (2), 157-178.

Gotway, C.A. and Wolfinger, R.D. (2003) Spatial prediction of counts and rates, *Statistics in Medicine*, 22 (9), 1415-1432.

Gotway, C.A. and Young, L.J. (2002) Combining incompatible spatial data, *Journal of the American Statistical Association*, 97 (458), 632-648.

Griffith, D.A. (1996) Some guidelines for specifying the geographic weights matrix contained in spatial statistical models, *Practical Handbook of Spatial Statistics* (ed. Arlinghaus, S.L.), 65-82, CRC Press, Boca Raton.

Griffith, D.A. (2003) *Spatial Autocorrelation and Spatial Filtering : Gaining Understanding through Theory and Scientific Visualization*, Springer, Berlin.

Griffith, D.A. (2007) Spatial structure and spatial interaction : 25 years later, *The Review of Regional Studies*, 37 (1), 28-38.

Griffith, D.A. (2009) Spatial autocorrelation, *International Encyclopedia of Human Geography* (eds. Kitchin, R. and Thrift, N.), 308-316. Elsevier, New York.

Griffith, D.A. (2010) Spatial filtering, *Handbook of Applied Spatial Analysis : Software Tools, Methods and Applications* (eds. Fischer, M.M. and Getis, A.), 301-318, Springer, Berlin.

Griffith, D.A. (2012) Spatial statistics : A quantitative geographer's perspective, *Spatial Statistics*, 1, 3-15.

Griffith, D.A. and Arbia, G. (2010) Detecting negative spatial autocorrelation in georeferenced random variables, *International Journal of Geographical Information Science*, 24 (3), 417-437.

Griffith, D. A. and Paelinck, J. H. P. (2010) *Non-standard Spatial Statistics and Spatial Econometrics*, Springer, Berlin.

Griffith, D.A. and Peres-Neto, P.R. (2006) Spatial modeling in ecology : The flexibility of eigenfunction spatial analyses in exploiting relative location information, *Ecology*, 87 (10), 2603-2613.

Guttorp, P. and Gneiting, T. (2006) Studies in the history of probability and statistics XLIX : On the Matérn correlation family, *Biometrika*, 93 (4), 989-995.

Haining, R. (1990) *Spatial Data Analysis in the Social and Environmental Sciences*, Cambridge University Press, Cambridge.

Haining, R. (2003) *Spatial Data Analysis : Theory and Practice*, Cambridge University Press, Cambridge.

Haining, R. and Law, J. (2011) Geographical information systems models and spatial data analysis, *Research Tools in Natural Resource and Environmental Economics* (eds. Batabyal, A. and Nijkamp, P.), 377-401, World Scientific, Singapore.

Haining, R., Law, J. and Griffith, D.A. (2009) Modelling small area counts in the presence of overdispersion and spatial autocorrelation, *Computational Statistics and Data Analysis*, 53 (8), 2923-2937.

Haining, R., Kerry, R. and Oliver, M. A. (2010) Geography, spatial data analysis, and geostatistics : An overview, *Geographical Analysis*, 42 (1), 7-31.

Hall, A.R. (2005) *Generalized Method of Moments* (*Advanced Texts in Econometrics*), Oxford University Press, Oxford.

Han, X. and Lee, L.-F. (2013) Bayesian estimation and model selection for spatial Durbin error model with finite distributed lags, *Regional Science and Urban Economics,* 43(5) ,816-837.

Handcock, M.S. and Stein, M.L. (1993) A Bayesian analysis of kriging, *Technometrics*, 35 (4), 403-410.

Hansen, L.P. (1982) Large sample properties of generalized methods of moments estimators, *Econometrica*, 50 (4), 1029-1054.

Harris, P., Brunsdon, C. and Fotheringham, A.S. (2011) Links, comparisons and extensions of the geographically weighted regression model when used as a spatial predictor, *Stochastic Environmental Research and Risk Assessment*, 25 (2), 123-138.

Harris, R., Singleton, A., Grose, D., Brunsdon, C. and Longley, P. (2010) Grid-enabling geographically weighted regression : A case study of participation in higher education in England, *Transactions in GIS*, 14 (1), 43-61.

Haskard, K.A. and Lark, R.M. (2009) Modelling non-stationary variance of soil properties by tempering an empirical spectrum, *Geoderma*, 153 (1-2), 18-28.

Hastie, T. and Tibshirani, R. (1990) *Generalized Additive Models*, Chapman & Hall/CRC, London.

Hayashi, F. (2000) *Econometrics*, Princeton University Press, Princeton.

Hays, J.C., Kachi, A. and Franzese Jr., R.J. (2010) A spatial model incorporating dynamic, endogenous network interdependence : A political science application, *Statistical Methodology*, 7 (3), 406-428.

Hengl, T., Heuvelink, G.B.M. and Rossiter, D.G. (2007) About regression-kriging : From equations to case studies, *Computers & Geosciences*, 33 (10), 1301-1315.

Hengl, T., Minasny, B. and Gould., M. (2009) A geostatistical analysis of geostatistics, *Scientometrics*, 80 (2), 491-514.

Hepple L.W. (1995a) Bayesian techniques in spatial and network econometrics : 1. Model comparison and posterior odds, *Environment and Planning A*, 27 (3), 447-469.

Hepple, L. W. (1995b) Bayesian techniques in spatial and network econometrics : 2. Computational methods and algorithms, *Environment and Planning A*, 27 (4), 615-644.

Higdon, D. (1998) A process-convolution approach to modeling temperatures in the North Atlantic Ocean, *Journal of Environmental and Ecological Statistics*, 5 (2), 173-190.

Higdon, D.M., Swall, J. and Kern, J. (1999) Non-stationary spatial modeling, *Bayesian Statistics 6* (eds. Bernardo, J.M., Berger, J.O., David, A.P. and Smith, A.F.M.), 761-768, Oxford University Press, Oxford.

Hodges, J. S., Carlin, B. P. and Fan, Q. (2003) On the precision of the conditionally autoregressive prior in spatial models, *Biometrics*, 59 (2), 317-322.

Hoeting, J.A., Davis, R.A., Merton, A.A. and Thompson, S.E. (2006) Model selection for geostatistical models, *Ecological Applications*, 16 (1), 87-98.

Huang, B., Wu, B. and Barry, M. (2010). Geographically and temporally weighted regression for modeling spatio-temporal variation in house prices, *International Journal of Geographical Information Science*, 24 (3), 383-401.

Huang, C., Hsing, T. and Cressie, N.A.C. (2011) Nonparametric estimation of the variogram and its spectrum, *Biometrika*, 98 (4), 775-789.

Hughes, J., Haran, M. and Caragea, P.C. (2011) Autologistic models for binary data on a lattice, *Environmetrics*, 22 (7), 857-871.

Irvine, K.M., Gitelman, A.I. and Hoeting, J.A. (2007) Spatial design and properties of spatial correlation : Effects on covariance estimation, *Journal of Agricultural, Biological and Environmental Statistics*, 12 (4), 1-20.

Islam, K.S. and Asami, Y. (2009) Housing market segmentation : A review, *Review of Urban & Regional Development Studies*, 21 (2-3), 93-109.

Jacqmin-Gadda, H., Commenges, D., Nejjari, C. and Dartigues, J. F. (1997) Tests of geographical correlation with adjustment for explanatory variables : An application to dyspnoea in the elderly, *Statistics in Medicine*, 16 (11), 1283-1297.

Johnson, D.S. and Hoeting, J.A. (2011) Bayesian multimodel inference for spatial regression models, *PLoS ONE*, 6 (11) : e25677. doi : 10.1371/journal.pone.0025677.

Journel, A. G. (1983) Nonparametric estimation of spatial distributions, *Journal of the International Association for Mathematical Geology*, 15 (3), 445-468.

Journel, A.G. and Huijbregts, C.J. (1978) *Mining Geostatistics*, Academic Press, London.

Jun, M. and Genton, M.G. (2012) A test for stationarity of spatio-temporal random fields on planar and spherical domains, *Statistica Sinica*, 22, 1737-1764.

Kaiser, M.S. and Cressie, N.A.C. (1997) Modeling Poisson variables with positive spatial dependence, *Statistics & Probability Letters*, 35 (4), 423-432.

Kakamu, K. (2009) Small sample properties and model choice in spatial models：A Bayesian approach, *Far East Journal of Applied Mathematics*, 34 (1), 31–56.

Kammann, E.E. and M.P. Wand (2003) Geoadditive models, *Journal of the Royal Statistical Society, Series C*, 52 (1), 1–18.

Kandala, N.–B. (2006) Bayesian geo-additive modelling of childhood morbidity in Malawi, *Applied Stochastic Models in Business and Industry*, 22 (2), 139–154.

Kandala, N.–B., Fahrmeir, L., Klasen, S. and Priebe, J. (2009) Geo-additive models of childhood undernutrition in three sub-Saharan African countries, *Population, Space and Place*, 15 (5), 461–473.

Kapoor, M., Kelejian, H.H. and Prucha, I.R. (2007) Panel data models with spatially correlated error components, *Journal of Econometrics*, 140 (1), 97–130.

Kato, T. (2008) A further exploration into the robustness of spatial autocorrelation specifications, *Journal of Regional Science*, 48 (3), 615–639.

Katzfuss, M. and Cressie, N. (2012) Bayesian hierarchical spatio–temporal smoothing for very large datasets, *Environmetrics*, 23 (1), 94–107.

Kaufman, C., Schervish, M and Nychka, D. (2008) Covariance tapering for likelihood-based estimation in large spatial datasets, *Journal of the American Statistical Association*, 103 (484), 1556–1569.

Kaufman, L. and Rousseeuw, P.J. (1990) *Finding Groups in Data：An Introduction to Cluster Analysis*, Wiley, New York.

Kazianka, H. and Pilz, J. (2012) Objective Bayesian analysis of spatial data with uncertain nugget and range parameters, *The Canadian Journal of Statistics*, 40 (2), 304–327.

Kelejian, H. H. and Robinson, D. P. (1992) Spatial autocorrelation：A new computationally simple test with an application to per capita country police expenditures, *Regional Science and Urban Economics*, 22 (3), 317–331.

Kelejian, H.H. (2008) A spatial J-test for model specification against a single or a set of non-nested alternatives, *Letters in Spatial and Resource Sciences*, 1 (1), 3–11.

Kelejian, H.H. and Piras, G. (2011) An extension of Kelejian's J-test for non-nested spatial models, *Regional Science and Urban Economics*, 41 (3), 281–292.

Kelejian, H.H. and Piras, G. (2012) Estimation of spatial models with endogenous weighting matrices, and an application to a demand model for cigarettes, presented at the VI World Conference of the Spatial Econometrics Association, Salvador, July 11–13, 2012.

Kelejian, H. H. and Prucha, I. R. (1997) Estimation of spatial regression models with autoregressive errors by two-stage least squares procedures：A serious problem, *International Regional Science Review*, 20 (1–2), 103–111.

Kelejian, H.H. and Prucha, I.R. (1998) A generalized spatial two-stage least squares procedure for estimating a spatial autoregressive model with autoregressive disturbances, *Journal of Real Estate Finance and Economics*, 17 (1), 99–121.

Kelejian, H. H. and Prucha, I. R. (1999) A generalized moments estimator for the autoregressive parameter in a spatial model, *International Economic Review*, 40 (2), 509–533.

Kelejian, H.H. and Prucha, I.R. (2001) On the asymptotic distribution of the Moran I test statistic with applications, *Journal of Econometrics*, 104 (2), 219–257.

Kelejian, H. H. and Prucha, I. R. (2004) Estimation of simultaneous systems of spatially interrelated cross sectional equations, *Journal of Econometrics*, 118 (1–2), 27–50.

Kelejian, H.H. and Prucha, I.R. (2007a) HAC estimation in a spatial framework, *Journal of Econometrics*, 140 (1), 131-154.

Kelejian, H.H. and Prucha, I.R. (2007b) The relative efficiencies of various predictors in spatial models containing spatial lags, *Regional Science and Urban Economics*, 37 (3), 283-432.

Kelejian, H.H. and Prucha, I.R. (2010) Specification and estimation of spatial autoregressive models with autoregressive and heteroskedastic disturbances, *Journal of Econometrics*, 157 (1), 53-67.

Kelejian, H.H. and Robinson, D.P. (1992) Spatial autocorrelation : A new computationally simple test with an application to per capita country police expenditures, *Regional Science and Urban Economics*, 22 (3), 317-331.

Kelejian, H.H. and Robinson, D.P. (1993) A suggested method of estimation for spatial interdependent models with autocorrelated errors, and an application to a country expenditure model, *Papers in Regional Science*, 72 (3), 297-312.

Kelejian, H.H. and Robison, D.P. (1995) Spatial correlation : A Suggested alternative to the autoregressive model, *New Directions in Spatial Econometrics* (eds. Anselin, L. and Florax, R.J.G.M.), 75-95, Springer, Berlin.

Kitanidis, P.K. (1983) Statistical estimation of polynomial generalized covariance functions and hydrological applications, *Water Resources Research*, 19 (4), 909-921.

Kitanidis, P.K. (1985) Maximum likelihood parameter estimation of hydrologic spatial processes by the Gauss-Newton method, *Journal of Hydrology*, 79 (1-2), 53-71.

Kitanidis, P.K. (1997) *Introduction to Geostatistics : Applications in Hydrogeology*, Cambridge University Press, Cambridge.

Klier, T. and McMillen, D.P. (2008) Clustering of auto supplier plants in the United States : Generalized method of moments spatial logit for large samples, *Journal of Business & Economic Statistics*, 26 (4), 460-471.

Kostov, P. (2010) Model boosting for spatial weighting matrix selection in spatial lag models, *Environment and Planning B*, 37 (3), 533-549.

Krige, D.G. (1951) A statistical approach to some basic mine valuation problems on the witwatersrand, *Journal of the Chemical, Metallurgical and Mining Society of South Africa*, 52 (6), 119-139.

Kyriakidis, P.C. (2004) A geostatistical framework for area-to-point spatial interpolation, *Geographical Analysis*, 36 (3), 259-289.

Kyung, M. and Ghosh, S. K. (2010) Maximum likelihood estimation for directional conditionally autoregressive models, *Journal of Statistical Planning and Inference*, 140 (11), 3160-1379.

Lam, N. (1993) Spatial interpolation methods : A review, *The American Cartographer*, 10 (2), 129-149.

Lambert, D.M., Brown, J.P. and Florax, R.J.G.M. (2010) A two-step estimator for a spatial lag model of counts : Theory, small sample performance and an application, *Regional Science and Urban Economics*, 40 (4), 241-252.

Law, J. and Haining, R. (2004) A Bayesian approach to modeling binary data : The case of high-intensity crime areas, *Geographical Analysis*, 36 (3), 197-216.

Lee, H. and Ghosh, S.K. (2008) A reparametrization approach for dynamic space-time models, *Journal of Statistical Theory and Practice*, 2 (1), 1-14.

Lee, J.-J., Jang, C.-S., Wang, S.-W. and Liu, C.-W. (2007) Evaluation of potential health risk of arsenic-affected groundwater using indicator kriging and dose response model, *Science of the Total Environment*, 384 (1-3), 151-162.

Lee, J.-J., Liu, C.-W., Jang, C.-S. and Liang, C.-P. (2008) Zonal management of multi-purpose use of water from arsenic-affected aquifers by using a multi-variable indicator kriging approach, *Journal of Hydrology*, 359 (3-4), 260-273.

Lee, L.-F. (2004) Asymptotic distributions of quasi-maximum likelihood estimators for spatial autoregressive models, *Econometrica*, 72 (6), 1899-1925.

Lee, L.-F. (2007) GMM and 2SLS estimation of mixed regressive, spatial autoregressive models, *Journal of Econometrics*, 137 (2), 489-514.

Lee, L.-F. and Yu, J. (2010a) Introduction to spatial econometrics by James LeSage and R. Kelley Pace. Boca Raton, Florida : Chapman & Hall/CRC, 2009. 374pp. $89.95, Hardback, *Geographical Analysis*, 42 (3), 356-359.

Lee, L.-F. and Yu, J. (2010b) Estimation of spatial autoregressive panel data models with fixed effects, *Journal of Econometrics*, 154 (2), 165-185.

Lee, L.-F. and Yu, J. (2010c) Some recent developments in spatial panel data models, *Regional Science and Urban Economics*, 40 (5), 255-271.

Lee, S.-I. (2001) Developing a bivariate spatial association measure : An integration of Pearson's r and Moran's I, *Journal of Geographical Systems*, 3 (4), 369-385.

LeSage, J. P. (1997) Bayesian estimation of spatial autoregressive models, *International Regional Science Review*, 20 (1), 113-129.

LeSage, J. P. (1999) *The Theory and Practice of Spatial Econometrics*, online textbook, Department of Economics, University of Toledo.

LeSage, J.P. (2000) Bayesian estimation of limited dependent variable spatial autoregressive models, *Geographical Analysis*, 32 (1), 19-35.

LeSage, J.P. and Pace, R.K. (2004) Models for spatially dependent missing data, *The Journal of Real Estate Finance and Economics*, 29 (2), 233-254.

LeSage, J. P. and Pace, R. K. (2009) *Introduction to Spatial Econometrics*, Chapman & Hall/CRC, Boca Raton.

LeSage, J.P. and Pace, R.K. (2011) Pitfalls in higher order model extensions of basic spatial regression methodology, *The Review of Regional Studies*, 41 (1), 13-26.

LeSage, J.P. and Polasek, W. (2008) Incorporating transportation network structure in spatial econometric models of commodity flows, *Spatial Economic Analysis*, 3 (2), 225-245.

Leuangthong, O., Khan, K.D. and Deutsch, C.V. (2008) *Solved Problems in Geostatistics*, Wiley, Hoboken.

Leung, Y., Mei, C.-L. and Zhang, W.-X. (2000a) Testing for spatial autocorrelation among the residuals of the geographically weighted regression, *Environment and Planning A*, 32, 871-890.

Leung, Y., Mei, C.-L. and Zhang, W.-X. (2000b) Statistical tests for spatial nonstationarity based on the geographically weighted regression model, *Environment and Planning A*, 32 (1) 9-32.

Li, J. and Heap, A.D. (2011) A review of comparative studies of spatial interpolation methods in environmental sciences : Performance and impact factors, *Ecological Informatics*, 6 (3-4), 228-241.

Ma, C. (2002) Spatio-temporal covariance functions generated by mixtures, *Mathematical Geology*, 34 (8), 965-975.

Manski, C.F. (1993) Identification of endogenous social effects : The reflection problem, *The Review of Economic Studies*, 60 (3), 531-542.

Marchant, B.P. and Lark, R.M. (2007) Robust estimation of the variogram by residual maximum likelihood, *Geoderma*, 140 (1-2), 62-72.

Martin, R.J. (1984). Exact maximum likelihood for incomplete data from a correlated Gaussian process, *Communications in Statistics Theory and Methods*, 13 (10), 1275-1288.

Matérn, B. (1960) Spatial variation : Stochastic models and their application to some problems in forest surveys and other sampling investigations, *Meddelanden fran Statens Skogsforskningsinstitut*, 49 (5), 1-144.

Matérn, B. (1986). *Spatial Variation*, Springer, New York.

Mateu, J., Porcu, E. and Gregori, P. (2008) Recent advances to model anisotropic space-time data, *Statistical Methods and Applications*, 17 (2), 209-223.

Matheron, G. (1963) Principles of geostatistics, *Economic Geology*, 58 (8), 1246-1266.

McMillen, D.P. (1992) Probit with spatial autocorrelation, *Journal of Regional Science*, 32 (3), 335-348.

Mei, C.L., Wang, N. and Zhang, W.X. (2006) Testing the importance of the explanatory variables in a mixed geographically weighted regression model, *Environment and Planning A*, 38 (3), 587-598.

Miller, J., Franklin, J. and Aspinall, R. (2007) Incorporating spatial dependence in predictive vegetation models, *Ecological Modelling*, 202 (3-4), 225-242.

Minasny, B., Vrugt, J.A. and McBratney, A.B. (2011) Confronting uncertainty in model-based geostatistics using Markov chain Monte Carlo simulation, *Geoderma*, 163 (3-4), 150-162.

Mitchell, M.W., Genton, M.G. and Gumpertz, M.L. (2006) A likelihood ratio test for separability of covariances, *Journal of Multivariate Analysis*, 97 (5), 1025-1043.

Moran, P.A.P. (1948) The interpretation of statistical maps, *Journal of the Royal Statistical Society, Series B*, 10 (2), 243-251.

Moran, P.A.P. (1950) A test for the serial dependence of residuals, *Biometrika*, 37 (1-2), 178-181.

Mur, J. and Angulo, A. (2006) The spatial Durbin model and the common factor tests, *Spatial Economic Analysis*, 1 (2), 207-226.

Mur, J. and Angulo, A. (2009) Model selection strategies in a spatial setting : Some additional results, *Regional Science and Urban Economics*, 39 (2), 200-213.

Murakami, D. and Tsutsumi, M. (2012) Practical spatial statisics for areal interpolation, *Environment and Planning B*, 39 (6) 1016-1033.

Mutl, J. and Pfaffermayr, M. (2011) The Hausman test in a Cliff and Ord panel model, *The Econometrics Journal*, 14 (1), 48-76.

Nappi-Choulet, I. and Maury, T. (2009) A spatiotemporal autoregressive price index for the Paris office property market, *Real Estate Economics*, 37 (2), 305-340.

Nychka, D. (2000) Spatial process estimates as smoothers, *Smoothing and Regression—Approaches, Computation, and Application* (ed. Schimek, M.G.), 393-424, Wiley, New York.

Olea, R.A. (1999) *Geostatistics for Engineers and Earth Scientists*, Kluwer, Boston.

Oliver, M.A. (ed.) (2010) *Geostatistical Applications for Precision Agriculture*, Springer, Berlin.

Opsomerl, J.D., Ruppert, D., Wand, M.P., Holst, U. and Hössjer, O. (1999) Kriging with nonparametric variance function estimation, *Biometrics*, 55 (3), 704-710.

Ord, J.K. (1975) Estimation methods for models of spatial interaction, *Journal of the American Statistical Association*, 79 (349), 120–126.

Ord, J.K. and Getis, A. (1995) Local spatial autocorrelation statistics : Distributional issues and an application, *Geographical Analysis*, 27 (4), 286–306.

Ord, J.K. and Getis, A. (2001) Testing for local spatial autocorrelation in the presence of global autocorrelation, *Journal of Regional Science*, 41 (3), 411–432.

Ord, J.K. and Getis, A. (2012) Local spatial heteroscedasticity (LOSH), *The Annals of Regional Science*, 48 (2), 529–539.

Ortiz, J. and Deutsch, C.V. (2002) Calculation of uncertainty in the variogram, *Mathematical Geology*, 34 (2), 169–183.

Pace, R.K., Barry, R., Clapp, J.M. and Rodriguez, M. (1998) Spatiotemporal autoregressive models of neighborhood effects, *The Journal of Real Estate Finance & Economics*, 17 (1), 15–33.

Pace, R.K. and LeSage, J.P. (2004) Chebyshev approximation of log-determinants of spatial weight matrices, *Computational Statistics & Data Analysis*, 45 (2), 179–196.

Pace, R.K. and LeSage, J.P. (2008) A spatial Hausman test, *Economics Letters*, 101 (3), 282–284.

Pace, R.K. and LeSage, J.P. (2010) Omitted variable biases of OLS and spatial lag models, *Perspectives on Spatial Data Analysis* (eds. Anselin, L. and Rey, S.J.) 17–28, Springer, New York.

Paciorek, C.J. and Schervish, M.J. (2006) Spatial modelling using a new class of nonstationary covariance functions, *Environmetrics*, 17 (5), 483–506.

Paelinck, J.H.P. and Klaassen, L. (1979) *Spatial Econometrics*, Saxon House, Farnborough.

Paez, M.S., Gamerman, D., Landim, F.M.P. and Salazar, E. (2008) Spatially-varying dynamic coefficient models, *Journal of Statistical Planning and Inference*, 138 (4), 1038–1058.

Pardo-Igúzquiza, E. and Olea, R.A. (2012) VARBOOT : A spatial bootstrap program for semivariogram uncertainty assessment, *Computers & Geosciences*, 41, 188–198.

Parent, O. and LeSage, J.P. (2010) A spatial dynamic panel model with random effects applied to commuting times, *Transportation Research Part B*, 44 (5), 633–645.

Pfaffermayr, M. (2009) Maximum likelihood estimation of a general unbalanced spatial random effects model : A Monte Carlo study, *Spatial Economic Analysis*, 4 (4), 467–483.

Pinkse, J. and Slade, M.E. (1998) Contracting in space : An application of spatial statistics to discrete-choice models, *Journal of Econometrics*, 85 (1), 125–154.

Pinkse, J. and Slade, M.E. (2010) The future of spatial econometrics, *Journal of Regional Science*, 50 (1), 103–117.

Piras, G. (2010) sphet : Spatial models with heteroskedastic innovations in R, *Journal of Statistical Software*, 35 (1), online.

Remy, N., Boucher, A. and Wu, J. (2009) *Applied Geostatistics with SGeMS : A User's Guide*, Cambridge University Press, Cambridge.

Ripley, B.D. (1981) *Spatial Statistics*, Wiley, New York.

Robinson, P.M. (2008) Developments in the analysis of spatial data, *Journal of the Japan Statistical Society*, 38 (1), 87–96.

Rossiter, D.G. (2007) Technical note : Co-kriging with the gstat package of the R environment for statistical computing, http://www.itc.nl/~rossiter/teach/R/R_ck.pdf

Rouhani, S. and Myers, D.E. (1990) Problems in space-time Kriging of geohydrological data,

Mathematical Geology, 22 (5), 611-623.

Rubin, D.B. (1976) Inference with missing data, *Biometrika*, 63 (3), 581-592.

Rue, H. and Held, L. (2005) *Gaussian Markov Random Fields : Theory and Applications*, Chapman & Hall/CRC, London.

Rue, H. and Martino, S. (2007) Approximate Bayesian inference for hierarchical Gaussian Markov random field models, *Journal of Statistical Planning and Inference*, 137 (10), 3177-3192.

Rue, H., Martino, S. and Chopin, N. (2009) Approximate Bayesian inference for latent Gaussian models by using integrated nested Laplace approximations, *Journal of the Royal Statistical Society, Series B*, 71 (2), 319-392.

Ruppert, D., Wand, M.P. and Carroll, R.J. (2003) *Semiparametric Regression* (*Cambridge Series in Statistical and Probabilistic Mathematics*), Cambridge University Press, Cambridge.

Ruppert, D., Wand, M. P. and Carroll, R. J. (2009) Semiparametric regression during 2003-2007, *Electronic Journal of Statistics*, 3, 1193-1256.

Rusche, K., Kies, U. and Schulte, A. (2011) Measuring spatial co-agglomeration patterns by extending ESDA techniques, *Jahrbuch für Regionalwissenschaft*, 31 (1), 11-25.

Saavedra, L. A. (2003) Tests for spatial lag dependence based on method of moments estimation, *Regional Science and Urban Economics*, 33 (1), 27-58.

Sahu, S. K., Gelfand, A. E. and Holland, D. M. (2006) Spatio-temporal modeling of fine particulate matter, *Journal of Agricultural, Biological, and Environmental Statistics*, 11 (1), 61-86.

Salvati, N., Tzavidis, N., Pratesi, M. and Chambers, R. (2012) Small area estimation via M-quantile geographically weighted regression, *TEST*, 21 (1), 1-28.

Sampson, P.D. (2010) Constructions for nonstationary spatial process, *Handbook of Spatial Statistics* (eds. Gelfand, A.E., Diggle, P.J., Fuentes, M. and Guttorp, P.), 45-56, Chapman & Hall/CRC, Boca Raton.

Sampson, P.D. and Guttorp, P. (1992). Nonparametric estimation of nonstationary spatial covariance structure, *Journal of the American Statistical Association*, 87 (417), 108-119.

Schabenberger, O. and Gotway, C.A. (2005) *Statistical Methods for Spatial Data Analysis*, Chapman & Hall/CRC, Boca Raton.

Schmidt, A. M. and O'Hagan, A. (2003) Bayesian inference for nonstationary spatial covariance structure via spatial deformations, *Journal of the Royal Statistical Society, Series B*, 65 (3), 745-758.

Schmoyer, R.L. (1994) Permutation tests for correlation in regression errors, *Journal of the American Statistical Association*, 89 (428), 1507-1516.

Seya, H. Yamagata, Y. and Tsutsumi, M. (2013) Automatic selection of a spatial weight matrix in spatial econometrics : Application to a spatial hedonic approach. *Regional Science and Urban Economics*, 43 (3), 429-444.

Seya, H., Tsutsumi, M. and Yamagata, Y. (2012) Income convergence in Japan : A Bayesian spatial Durbin model approach, *Economic Modelling*, 29 (1), 60-71.

Sherman, M. (2010) *Spatial Statistics and Spatio-Temporal Data : Covariance Functions and Directional Properties*, Wiley, Chichester.

Skøien, J. O., Pebesma, E.J. and Blöschl, G. (2009) Rtop—An R package for interpolation along the stream network, Proceedings StatGIS 2009, Geoinformatics for Environmental

Surveillance.

Skøien, J.O., Merz, R. and Blöschl, G. (2006) Top-kriging—Geostatistics on stream networks, *Hydrology and Earth System Sciences*, 10, 277–287.

Smirnov, O. A. (2005) Computation of the information matrix for models with spatial interaction on a lattice, *Journal of Computational and Graphical Statistics*, 14 (4), 910–927.

Smirnov, O. A. (2010) Modeling spatial discrete choice, *Regional Science and Urban Economics*, 40 (5), 292–298.

Smirnov, O.A. and Anselin, L. (2001) Fast maximum likelihood estimation of very large spatial autoregressive models : A characteristic polynomial approach, *Computational Statistics & Data Analysis*, 35 (3), 301–319.

Smith, B.J., Yan, J. and Cowles, M.K. (2008) Unified geostatistical modeling for data fusion and spatial heteroskedasticity with R package ramps, *Journal of Statistical Software*, 25 (10).

Smith, T. E. (2009) Estimation bias in spatial models with strongly connected weight matrices, *Geographical Analysis*, 41 (3), 307–332.

Sober, E. (2008) *Evidence and Evolution : The Logic Behind the Science*, Cambridge University Press, Cambridge.（松王政浩訳 (2012) 『科学と証拠—統計の哲学入門—』, 名古屋大学出版会).

Stakhovych, S. and Bijmolt, T.H.M. (2009) Specification of spatial models : A simulation study on weights matrices, *Papers in Regional Science*, 88 (2), 389–408.

Stein, A., Van Der Meer, F.D. and Gorte, B. (eds.) (1999) *Spatial Statistics for Remote Sensing*, Kluwer, Dordrecht.

Stein, M.L. (1999) *Interpolation of Spatial Data : Some Theory for Kriging*, Springer, New York.

Stein, M.L., Chi, Z. and Welty, L.J. (2004) Approximating likelihoods for large spatial data sets, , *Journal of the Royal Statistical Society, Series. B*, 66 (2), 275–296.

Sun, Y., Li, B. and Genton, M.G. (2012) Geostatistics for large datasets, *Advances and Challenges in Space-time Modelling of Natural Events* (eds. Montero, J.M., Porcu, E. and Schlather, M.), 55–77, Springer, Berlin.

Tamesue, K. Tsutsumi, M. and Yamagata, Y. (2013) Income disparity and correlation in Japan, *Review of Urban & Regional Development Studies*, 25 (1), 2–15.

Tiefelsdorf, M. (2000) *Modelling Spatial Processes*, Springer, Berlin.

Tiefelsdorf, M. and Griffith, D. (2007) Semiparametric filtering of spatial auto-correlation : The eigenvector approach, *Environment and Planning A*, 39 (5), 1193–1221.

Tobler, W. (1970) A computer movie simulating urban growth in the Detroit region, *Economic Geography*, 46 (2), 234–240.

Tolosana-Delgado, R. and Pawlowsky-Glahn, V. (2007) Kriging regionalized positive variables revised : Sample space and scale considerations, *Mathematical Geology*, 39 (6), 529–558.

Townsley, M. (2009) Spatial autocorrelation and impacts on criminology, *Geographical Analysis*, 41 (4), 452–461.

Tsutsumi, M. and Seya, H. (2008) Measuring the impact of large-scale transportation project on land price using spatial statistical models, *Paper in Regional Science*, 87 (3), 385–401.

Tsutsumi, M. and Seya, H. (2009) Hedonic approaches based on spatial econometrics and spatial statistics : Application to evaluation of project benefits, *Journal of Geographical Systems*,11 (4), 357–380.

Tsutsumi, M., Shimada, A. and Murakami, D. (2011) Land price maps of Tokyo metropolitan area, *Procedia Social and Behavioral Sciences*, 21, 193-202.

Van Der Meer, F. (1996) Classification of remotely-sensed imagery using an indicator kriging approach : Application to the problem of calcite-dolomite mineral mapping, *International Journal of Remote Sensing*, 17 (6), 1233-1249.

Varin, C., Reid, N. and Firth, D. (2011) An overview of composite likelihood methods, *Statistica Sinica*, 21 (1), 5-42.

Vecchia, A.V. (1988) Estimation and model identification for continuous spatial processes, *Journal of the Royal Statistical Society, Series B*, 50 (2), 297-312.

Ver Hoef, J.M., Peterson, E. and Theobald, D. (2006) Spatial statistical models that use flow and stream distance, *Environmental and Ecological Statistics*, 13 (4), 449-464.

Vose, D. (2000) *Risk Analysis—A Quantitative Guide, Second Edition*, Wiley, Chichester. (長谷川専，堤　盛人 訳 (2003) 『入門リスク分析—基礎から実践』，勁草書房).

Wackernagel, H. (1998) *Multivariate Geostatistics : An Introduction with Applications, Second Edition*, Springer, New York. (地球統計学研究会 訳編・青木謙治 監訳 (2003) 『地球統計学』，森北出版).

Wall, M.M. (2004) A close look at the spatial structure implied by the CAR and SAR models, *Journal of Statistical Planning and Inference*, 121 (2), 311-324.

Waller, L.A. and Gotway, C.A. (2004) *Applied Spatial Statistics for Public Health Data*, Wiley, New York.

Wand, M.P. (2009), SemiPar—An R package for semiparametric regression, (The SemiPar 1.0 users'manual), http://www.uow.edu.au/~mwand/SemiPar.html, (accessed 2013 Apr. 21).

Wang, F. and Wall, M. M. (2003) Incorporating parameter uncertainty into prediction intervals for spatial data modeled via a parametric variogram, *Journal of Agricultural, Biological, and Environmental Statistics*, 8 (3), 296-309.

Wang, X. and Kockelman, K.M. (2009) Baysian inference for ordered response data with a dynamic spatial-ordered probit model, *Journal of Regional Science*, 49 (5), 877-913.

Warnes, J.W. (1986) A sensitivity analysis for universal kriging, *Mathematical Geology*, 18 (7), 653-676.

Webster, R. and Oliver, M. A. (2007) *Geostatistics for Environmental Scientists, Second Edition*, Wiley, Chichester.

Wheeler, D. C. (2007) Diagnostic tools and a remedial method for collinearity in geographically weighted regression, *Environment and Planning A*, 39 (10), 2464-2481.

Wheeler, D.C. and Calder, C.A. (2007) An assessment of coefficient accuracy in linear regression models with spatially varying coefficients, *Journal of Geographical Systems*, 9 (2), 145-166.

White, H. (1980) A heteroskedastic-covariance matrix estimator and a direct test for heteroskedasticity, *Econometrica*, 48 (4), 817-838.

Wood, S.N. (2006) *Generalized Additive Models : An Introduction with R*, Chapman & Hall/CRC, New York.

Yaglom, A.M. (1962) *An Introduction to the Theory of Stationary Random Functions*, Dover, New York.

Yamagata, Y., Yang, J. and Galaskiewicz, J. (2012). A contingency theory of policy innovation : How different theories explain the ratification of the UNFCCC and Kyoto

Protocol, *International Environmental Agreements*：*Politics, Law and Economics*, 13(3), 251-270.

Yamanishi, Y. and Tanaka, Y. (2003) Geographically weighted functional multiple regression analysis：A numerical investigation, *Journal of Japanese Society of Computational Statistics*, 15 (2), 307-317.

Zimmerman, D.L. (1993) Another look at anisotropy in geostatistics, *Mathematical Geology*, 25 (4), 453-470.

Zimmerman, D. L. (2010) Likelihood-based methods, *Handbook of Spatial Statistics* (eds. Gelfand, A.E., Diggle, P.J., Fuentes, M. and Guttorp, P.), 45-56, Chapman & Hall/CRC, Boca Raton.

浅野　哲，中村二朗（2009）『計量経済学（第二版）』，有斐閣.

有川正俊，太田守重（2007）『GISのためのモデリング入門』，ソフトバンククリエイティブ.

安道知寛（2010）『ベイズ統計モデリング（統計ライブラリー）』，朝倉書店.

井上　亮（2009）「共クリギングによる土地取引価格の時空間内挿に関する研究」，『平成20年度（財）日本建設情報総合センター研究助成成果報告書』，第2008-09号．http://www.jacic.or.jp/kenkyu/11/11-09.pdf , (accessed 2013 Apr.21).

井上　亮，清水英範，吉田雄太郎，李　勇鶴（2009）「時空間クリギングによる東京23区・全用途地域を対象とした公示地価の分布と変遷の視覚化」，『GIS—理論と応用』，17 (1), 13-24.

伊庭幸人（2005）「マルコフ連鎖モンテカルロ法の基礎」，伊庭幸人，種村正美，大森裕浩，和合　肇，佐藤整尚，高橋明彦，『計算統計II（統計科学のフロンティア12）』，1-106，岩波書店.

大澤義明，林　利充（2008）「隣接グラフと地利値最大化」，『日本建築学会計画系論文集』，73（633），2417-2424.

大津宏康，尾ノ井芳樹，大西有三，高橋　徹，坪倉辰雄（2004）「力学的地盤リスク要因による建設コスト変更の評価に関する研究」，『土木学会論文集』，756/VI-62, 117-129.

大森裕浩（1996）「マルコフ連鎖モンテカルロ法」，『千葉大学経済研究』，10（4），237-287.

大森裕浩（2005）「マルコフ連鎖モンテカルロ法の基礎と統計科学への応用」，伊庭幸人，種村正美，大森裕浩，和合　肇，佐藤整尚，高橋明彦，『計算統計II（統計科学のフロンティア12）』，153-211，岩波書店.

奥野隆史（編）（1996）『都市と交通の空間分析』，大明堂，1996.

奥村　誠，足立康史，吉川和広（1989）「空間相互作用をとりいれた地域モデルの推定法」，『土木計画学研究・論文集』，7, 115-122.

川嶋弘尚，酒井英昭（1989）『現代スペクトル解析』，森北出版.

北村行伸（2005）『パネルデータ分析』，岩波書店.

久保拓弥（2012）『データ解析のための統計モデリング入門— 一般化線形モデル・階層ベイズモデル・MCMC—』，岩波書店.

貞広幸雄（2000）「空間集計データにおける面補間法の推定精度評価」，『都市計画』，225, 75-81.

清水千弘，唐渡広志（2007）『不動産市場の計量経済分析（応用ファイナンス講座4）』，朝倉書店.

白木　渡，恒国光義，松島　学，安田　登（1997）「地盤物性値間の回帰関係を利用したコクリッギングによる送電用鉄塔基礎の支持力の推定」，『土木学会論文集』，582/III-

41,47-58.
瀬谷　創（2013）『空間統計モデルの構造決定に関する理論・実証研究』，筑波大学学位論文.
瀬谷　創，堤　盛人，吉田　靖，川口有一郎（2011）「空間的自己相関を考慮した不動産賃料の空間予測モデルに関する実証比較分析」，『ジャレフ・ジャーナル』，5,1-21.
谷村　晋・金　明哲（2010）『地理空間データ分析（R で学ぶデータサイエンス 7）』，共立出版.
種村正美（2005）「マルコフ連鎖モンテカルロ法の空間統計への応用」，伊庭幸人，種村正美，大森裕浩，和合　肇，佐藤整尚，高橋明彦，『計算統計 II（統計科学のフロンティア 12）』，107-152，岩波書店.
爲季和樹，堤　盛人（2012）「時空間ランダム効果モデルによる広域放射量分布作成の可能性」，『応用測量論文集』，23，CD-ROM.
丹後俊郎，横山徹爾，髙橋邦彦（2007）『空間疫学への招待—疾病地図と疾病集積性を中心として（医学統計学シリーズ 7）』，朝倉書店.
地理情報システム学会（編）（2004）『地理情報科学事典』，朝倉書店.
塚井誠人，小林潔司（2007）「長期記憶性を考慮した社会資本の生産性測定」，『土木学会論文集 D』，63（3），255-274.
辻谷将明，外山信夫（2007）「R による GAM 入門」，『行動計量学』，34（1），111-131.
土田尚久（2010）「マーケティング・サイエンスにおける離散選択モデルの展望」，『経営と制度』，8,63-91.
堤　盛人，清水英範，井出裕史（1998）「多重共線性に対する適切化手法とその実証的比較研究—地価の回帰分析を例として—」，『応用力学論文集』，1,137-145.
堤　盛人，清水英範，井出裕史（1999）「誤差項の仮定からの違背が空間データを用いた回帰分析の結果に及ぼす影響—地価回帰モデルによる実証研究—」，『GIS—理論と応用』，7（1），19-26.
堤　盛人，清水英範，井出裕史（2000a）「空間的自己相関を記述するための重み行列の構造が分析結果に及ぼす影響」，『土木計画学研究・論文集』，17,321-325.
堤　盛人，清水英範，井出裕史（2000b）「誤差要素モデルに基づく Kriging を用いた空間内挿」，『応用力学論文集』，3,125-132.
堤　盛人，瀬谷　創（2010）「便益計測への空間ヘドニック・アプローチの適用」，『土木学会論文集 D』，66（2），178-196.
堤　盛人，瀬谷　創（2013）「土木計画における応用空間統計学の可能性」，『土木学会論文集 D3（土木計画学）』，68（5），I，1-21.
堤　盛人，宮城卓也，山崎　清（2012a）「建物市場を考慮した応用都市経済モデルの可能性」，『土木学会論文集 D3』，68（4），333-343.
堤　盛人，山崎　清，小池淳司，瀬谷　創（2012b）「応用都市経済モデルの課題と展望」，『土木学会論文集 D3』，68（4），344-357.
堤　盛人，吉田　靖，瀬谷　創，川口有一郎（2008）「MCMC 法によるデータ欠損問題と空間的相関を考慮した不動産賃料予測モデル：東京 23 区における賃貸マンション市場の実証分析」，『ジャレフ・ジャーナル（不動産ファイナンス・不動産経済学研究）』，3,1-13.
照井伸彦（2010）『R によるベイズ統計分析（シリーズ〈統計科学のプラクティス〉2)』，朝倉書店.
土木学会（1996）『非集計行動モデルの理論と実際』，土木学会.
中妻照雄（2003）『ファイナンスのための MCMC 法によるベイズ分析』，三菱経済研究所.
中谷友樹（2008）「空間疫学と地理情報システム」，『保健医療科学』，57（2），99-106.

八田達夫，唐渡広志（2007）「都心ビル容積率緩和の便益と交通量増大効果の測定」，『運輸政策研究』，9（4），2–16.
深澤圭太，石濱史子，小熊宏之，武田知己，田中信行，竹中明夫（2009）「条件付自己回帰モデルによる空間自己相関を考慮した生物の分布データ解析」，『日本生態学会誌』，59,171–186.
福田大輔（2004）『社会的相互作用が交通行動に及ぼす影響のミクロ計量分析』，東京大学学位論文.
古谷知之（2011）『R による空間データの統計分析（シリーズ〈統計科学のプラクティス〉5)』，朝倉書店.
星野匡郎（2011）「空間ヘドニック法」，栢植隆宏，栗山浩一，三谷羊平（編）『環境評価の最新テクニック』，勁草書房.
本多　眞，鈴木　誠，上田　稔，近藤寛通（1997）「地形情報を用いた基礎地盤面のモデル化と推定」，『土木学会論文集』，561（III-38），63–74.
政春尋志（2011）『地図投影法—地理空間情報の技法—』，朝倉書店.
間瀬　茂（2010）『地球統計学とクリギング法』，オーム社.
間瀬　茂，武田　純（2001）『空間データモデリング』，共立出版.
松田節郎，小池克明（2004）「地熱地域における温度検層データを用いた地温分布の 3 次元解析」，『情報地質』，15（1），15–24.
松原　望（2010）『ベイズ統計学概説—フィッシャーからベイズへ』，培風館.
矢島美寛（2011a）「時空間統計解析の理論と応用」，国友直人，山本　拓（監），小西貞則，国友直人（編），『21 世紀の統計科学 II 自然・生物・健康の統計科学』，東京大学出版会.
矢島美寛（2011b）「時系列解析から時空間統計解析への展望」，『日本統計学会誌』，41（1），219–244.
矢島美寛，平野敏弘（2012）「時空間大規模データに対する統計的解析法」，『統計数理』，60（1），57–71.
柳原宏和，大瀧　慈（2004）「B-スプラインノンパラメトリック回帰モデルにおける過剰適合の回避について」，『応用統計学』，33（1），51–69.
柳本武美（1995）「推定方程式に基づく推定—最尤法とモーメント法から—」，『応用統計学』，24（1），1–12.
山形与志樹，村上大輔，瀬谷　創，堤　盛人，川口有一郎（2011）「環境性能評価が不動産価格に与える影響の時空間波及分析」，『ジャレフ・ジャーナル』，5,23–39.
李　勇鶴（2009）『空間統計手法を応用した地価の時空間内挿に関する研究』，東京大学学位論文.
和合　肇，各務和彦（2005）「空間的相互作用を考慮した地域別景気の動向」，『フィナンシャル・レビュー』，78,71–84.
渡辺　理，樋口洋一郎（2005）「ネットワーク自己相関分析：モバイル IT システム利用行動における連携利用パターンの把握と活用に関する考察」，『情報処理学会論文誌』，46（5），1222–1232.
渡辺澄夫（2012）『ベイズ統計の理論と方法』，コロナ社.

索　　引

ま　行

や　行

ら　行

わ　行

著者略歴

瀬谷　創（せや　はじめ）

1984年　茨城県に生まれる
2013年　筑波大学大学院システム情報工学研究科博士後期課程修了
現　在　神戸大学大学院工学研究科市民工学専攻准教授
　　　　博士（工学）

堤　盛人（つつみ　もりと）

1968年　広島県に生まれる
1993年　東京大学大学院工学系研究科修士課程修了
現　在　筑波大学システム情報系教授
　　　　博士（工学）

統計ライブラリー
空間統計学
—自然科学から人文・社会科学まで—

定価はカバーに表示

2014年3月25日　初版第1刷
2021年8月25日　　第6刷

著　者　瀬　谷　　創
　　　　堤　　盛　人
発行者　朝　倉　誠　造
発行所　株式会社　朝　倉　書　店
東京都新宿区新小川町 6-29
郵便番号　162-8707
電話　03(3260)0141
FAX　03(3260)0180
https://www.asakura.co.jp

〈検印省略〉

Printed in Korea

ISBN 978-4-254-12831-4　C 3341